Grundzüge der Parametrischen Optimierung

Oliver Stein

Grundzüge der
Parametrischen Optimierung

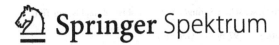 Springer Spektrum

Oliver Stein
Institut für Operations Research (IOR)
Karlsruher Institut für Technologie (KIT)
Karlsruhe, Baden-Württemberg, Deutschland

ISBN 978-3-662-61989-6   ISBN 978-3-662-61990-2   (eBook)
https://doi.org/10.1007/978-3-662-61990-2

Die Deutsche Nationalbibliothek verzeichnet diese Publikation in der Deutschen Nationalbibliografie; detaillierte bibliografische Daten sind im Internet über http://dnb.d-nb.de abrufbar.

Planung/Lektorat: Annika Denkert
Springer Spektrum ist ein Imprint der eingetragenen Gesellschaft Springer-Verlag GmbH, DE und ist ein Teil von Springer Nature.
Die Anschrift der Gesellschaft ist: Heidelberger Platz 3, 14197 Berlin, Germany

I guess I should warn you, if I turn out to be particularly clear, you've probably misunderstood what I've said.

(Alan Greenspan)

Vorwort

Dieses Lehrbuch ist aus den Lecture Notes zu meiner Vorlesung „Parametrische Optimierung" entstanden, die ich am Karlsruher Institut für Technologie seit 2009 regelmäßig halte. Die Adressaten dieser Vorlesung sind in erster Linie Studierende des Wirtschaftsingenieurwesens im Masterprogramm. Im vorliegenden Lehrbuch spiegelt sich dies darin wider, dass mathematische Sachverhalte zwar stringent behandelt, aber erheblich ausführlicher motiviert und illustriert werden als in einem Lehrbuch für einen rein mathematischen Studiengang. Das Buch richtet sich daher an Studierende, die mathematisch fundierte Verfahren in ihrem Studiengang verstehen und anwenden möchten, wie dies etwa in den Natur-, Ingenieur- und Wirtschaftswissenschaften der Fall ist. Da die ausführlichere Motivation naturgemäß auf Kosten des Stoffumfangs geht, beschränkt dieses Buch sich auf die Darstellung von *Grundzügen* der parametrischen Optimierung.

Gegenstand ist der Einfluss veränderlicher Parameter auf die Lösung von Optimierungsproblemen. In der Optimierungspraxis spielen solche Untersuchungen eine grundlegende Rolle, um etwa quantitative Aussagen über die Parameterabhängigkeit von Optimalpunkten und -werten treffen zu können oder um die Güte einer numerisch gewonnenen Lösung beurteilen zu können. Für eine Reihe parameterabhängiger Optimierungsverfahren (z. B. Barriere-, Strafterm-, Innere-Punkte- und Homotopieverfahren) lässt sich die parametrische Optimierung außerdem zum Beweis von Konvergenzaussagen heranziehen.

Eine weitere wesentliche Anwendung der parametrischen Optimierung besteht in der Behandlung von Modellen, in denen mehrere Optimierungsprobleme mit Hilfe von Parameterabhängigkeiten gekoppelt werden, etwa Nash-Spiele, Bilevelprobleme sowie Probleme der robusten und semi-infiniten Optimierung. Aussagen der parametrischen Optimierung sind außerdem für Dekompositionsverfahren, bei Enveloppen-Argumenten und in der Mehrzieloptimierung hilfreich.

Kap. 1 motiviert zunächst grundlegende Fragestellungen der parametrischen Optimierung anhand einer Reihe von Anwendungen und illustriert an einfachen Beispielen, welche Probleme bei der Beantwortung dieser Fragen auftreten können. Beispielsweise ist in Anwendungen häufig eine *differenzierbare* Abhängigkeit der

Optimalpunkte und -werte von den Parametern erwünscht, welche allerdings nur unter gewissen Voraussetzungen garantiert werden kann. Mit solchen *Sensitivitätsaussagen* befasst sich Kap. 2.

Falls in einer Anwendung differenzierbare Parameterabhängigkeit nicht zu erwarten ist, interessiert man sich dafür, ob Optimalpunkte und -werte dann wenigstens *stetig* mit den Parametern variieren, und spricht von *Stabilitätsaussagen*. Diese bilden den Inhalt von Kap. 3. Schließlich zeigt Kap. 4 exemplarisch für semi-infinite Probleme, Nash-Spiele und Homotopieverfahren, wie sich die gewonnenen allgemeinen Resultate zur Behandlung spezieller Problemklassen einsetzen lassen. Kap. 5 stellt Lösungen einiger der im Text eingestreuten Übungsaufgaben bereit, die zum weiteren Verständnis wesentlich sind.

Dieses Lehrbuch kann als Grundlage einer vierstündigen Vorlesung dienen. Es stützt sich teilweise auf Darstellungen der Autoren B. Bank, J. Guddat, D. Klatte, B. Kummer und K. Tammer [2], W.W. Hogan [29], H.Th. Jongen, P. Jonker und F. Twilt [36], D. Klatte und B. Kummer [39], R.T. Rockafellar und R.J.B. Wets [49] sowie G. Still [61]. Neben Grundkenntnissen in Analysis und linearer Algebra wird auch eine gewisse Vertrautheit mit der endlichdimensionalen nichtlinearen Optimierung vorausgesetzt. Zu Grundlagen der (lokalen) nichtlinearen Optimierung sei auf [56] verwiesen, zur konvexen und globalen Optimierung auf [55] und zu allgemeinen Grundlagen der Optimierung auf [21, 45].

An dieser Stelle möchte ich Frau Dr. Annika Denkert vom Springer-Verlag herzlich für die Einladung danken, dieses Buch zu publizieren. Frau Bianca Alton und Frau Regine Zimmerschied danke ich für die sehr hilfreiche Zusammenarbeit bei der Gestaltung des Manuskripts. Ein großer Dank gilt außerdem meinen Mitarbeitern Dr. Tomáš Bajbar, Christoph Neumann, Dr. Marcel Sinske, Dr. Paul Steuermann und Dr. Nathan Sudermann-Merx sowie zahlreichen Studierenden, die mich während der Entwicklung dieses Lehrmaterials auf inhaltliche und formale Verbesserungsmöglichkeiten aufmerksam gemacht haben. Der vorliegende Text wurde in LaTeX2e gesetzt. Die Abbildungen stammen aus *Xfig* oder wurden als Ausgabe von *Matlab* erzeugt.

In kleinerem Schrifttyp gesetzter Text bezeichnet Material, das zur Vollständigkeit angegeben ist, beim ersten Lesen aber übersprungen werden kann.

Karlsruhe   Oliver Stein
im Juni 2020

Inhaltsverzeichnis

Einführende Beispiele

In diesem Kapitel illustrieren Beispiele einige grundsätzliche Fragestellungen der parametrischen Optimierung, ohne dass die mathematischen Begriffe bereits rigoros eingeführt werden.

In Abschn. 1.1 wiederholen wir zunächst das Konzept der Sensitivitätsanalyse aus der linearen Optimierung. Dabei arbeiten wir drei zentrale Fragen heraus, die im Laufe dieses Lehrbuchs immer wieder auftreten werden. Diese Fragen spielen auch in Abschn. 1.2 eine wichtige Rolle, der als mikroökonomische Anwendung der parametrischen Optimierung Hotellings Lemma vorstellt. Eine vierte zentrale Frage, die beispielsweise bei Konvergenzaussagen zu Algorithmen der nichtlinearen Optimierung auftritt, behandelt Abschn. 1.3.

In Abschn. 1.4 betrachten wir kurz das parametrische Hilfsproblem, das bei Dekompositionsverfahren (etwa in der gemischt-ganzzahligen oder in der mehrstufigen stochastischen Optimierung) auftritt, bevor Abschn. 1.5 die parametrischen Aspekte von robusten und semi-infiniten Optimierungsproblemen beleuchtet. Abschn. 1.6 und 1.7 widmen sich der Einordnung von Bilevelproblemen bzw. Nash-Spielen in die parametrische Optimierung, und Abschn. 1.8 stellt einen Zusammenhang zwischen parametrischer Optimierung und Mehrzieloptimierung her.

Abschließend verdeutlicht Abschn. 1.9 anhand einfacher Beispiele, dass sich die erwähnten zentralen Fragen nicht ohne Weiteres so beantworten lassen, wie man es vielleicht erwarten würde.

1.1 Schattenpreise und drei zentrale Fragen

Jedes lineare Optimierungsproblem lässt sich bekanntlich [45] in der Form

$$LP: \quad \max \ c^\mathsf{T} x \quad \text{s.t.} \quad Ax \le b, \ x \ge 0$$

© Der/die Herausgeber bzw. der/die Autor(en), exklusiv lizenziert durch Springer-Verlag GmbH, DE, ein Teil von Springer Nature 2021
O. Stein, *Grundzüge der Parametrischen Optimierung*,
https://doi.org/10.1007/978-3-662-61990-2_1

mit Vektoren $c \in \mathbb{R}^n$, $b \in \mathbb{R}^p$ sowie einer (p, n)-Matrix A schreiben. Die „Lösung" von LP besteht aus zwei Informationen, nämlich einem optimalen Punkt $x^\star \in \mathbb{R}^n$ und dem zugehörigen optimalen Wert $z^\star = c^\mathsf{T} x^\star \in \mathbb{R}$.

Man kann sich bei Bedarf auf den Standpunkt stellen, dass $x^\star$ und $z^\star$ durch die *Daten A*, b und c des Problems LP festgelegt sind, weshalb es beispielsweise gerechtfertigt wäre, die Abhängigkeiten $x^\star(A, b, c)$ und $z^\star(A, b, c)$ explizit zu notieren. Auch das Optimierungsproblem selbst würde man dann mit $LP(A, b, c)$ bezeichnen.

In Anwendungen kann es tatsächlich sinnvoll sein, zumindest einen Teil der Daten als veränderliche Parameter zu betrachten. Modelliert LP beispielsweise ein Gewinnmaximierungsproblem unter Kapazitätsrestriktionen $Ax \leq b$ und stehen Investitionsmittel zur Verfügung, mit denen man die Kapazitätsgrenzen b ausbauen kann, so bietet es sich an, zwar A und c als fest, aber b als veränderlich anzunehmen. Damit übernimmt b die Rolle eines *Parametervektors*.

Man interessiert sich also für Optimalpunkte $x^\star(b)$ und Optimalwerte $z^\star(b)$ der parametrischen Probleme $LP(b)$. Abb. 1.1 illustriert diese Situation für ein zweidimensionales lineares Optimierungsproblem mit drei durch $Ax \leq b$ modellierte Ungleichungsrestriktionen und $c > 0$.

Eine erste wichtige Frage besteht darin, welche Ausprägungen von $b \in \mathbb{R}^p$ dabei überhaupt betrachtet werden sollen. Aus Anwendungssicht ist es häufig sinnvoll, von einem nominalen Parameter $\bar{b}$ auszugehen, für den ein Optimalpunkt $x^\star(\bar{b})$ und sein Optimalwert $z^\star(\bar{b})$ bekannt sind. Man interessiert sich dann dafür, wie sich die Veränderung von $\bar{b}$ zu anderen Vektoren b auf Optimalpunkt und -wert auswirkt. Als Nächstes muss man entscheiden, „wie weit weg" von $\bar{b}$ man sich mit b bewegen möchte.

Die spezielle Struktur der linearen Optimierung ermöglicht es, sich mit den Ausprägungen von b *beliebig weit* von $\bar{b}$ zu entfernen und dabei Optimalpunkte und -werte von $LP(b)$ systematisch zu verfolgen. Für eindimensionale Änderungen, also für $b(t) = \bar{b} + t\beta$ mit einem festen Richtungsvektor β und eindimensionalem Parameter $t \in \mathbb{R}^1$ mit nominalem Wert $\bar{t} = 0$, wird eine dafür mögliche Modifikation des Simplex-Algorithmus in [45] vorgestellt.

In allgemeinen nichtlinearen Problemen $P(b)$ liegt für eine solche *globale* Parameterstudie typischerweise nicht genügend Struktur vor. Stattdessen muss man sich damit begnügen, nur die Auswirkungen *lokaler* Änderungen von $\bar{b}$ zu untersuchen, mathematisch gespro-

Abb. 1.1 LP mit veränderlichen Kapazitätsgrenzen b

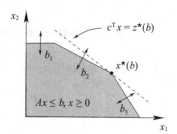

chen also für b aus einer Umgebung von $\bar{b}$. Sofern die Funktionen $x^\star(b)$ und $z^\star(b)$ an $\bar{b}$ *differenzierbar* sind, lassen sich solche lokalen Änderungen beispielsweise mit Hilfe der Jacobi-Matrix $Dx^\star(\bar{b})$ und des Gradienten $\nabla z^\star(\bar{b})$ zumindest approximativ (nämlich „nach erster Ordnung") quantifizieren. Für eine solche Untersuchung sind einige Fragen zentral, die uns auch in anderen Anwendungen immer wieder begegnen werden.

Zunächst haben wir bislang implizit vorausgesetzt, dass die Optimalpunkte $x^\star(b)$ von $P(b)$ einerseits existieren und andererseits eindeutig sind, was schon bei linearen Optimierungsproblemen nicht notwendigerweise der Fall ist [45]. Wenn aber die Mengen der Optimalpunkte $S(b)$ von $P(b)$ nicht einelementig (d. h. leer oder mehrelementig) sind, müsste man die Veränderung der *Mengen* $S(b)$ untersuchen. Mit Stetigkeitseigenschaften solcher *mengenwertigen Abbildungen* werden wir uns in Kap. 3 tatsächlich befassen, allerdings würde die Einführung eines Differenzierbarkeitsbegriffs für mengenwertige Abbildungen den Rahmen dieses Lehrbuchs sprengen. Für viele Anwendungen ist er auch nicht erforderlich, da entweder $S(b)$ für die betrachteten Parameter b sehr wohl einpunktig ist, also $S(b) = \{x^\star(b)\}$ gilt, oder Stetigkeitseigenschaften der mengenwertigen Abbildung S ausreichen.

Dies führt aber auf eine erste zentrale Frage der parametrischen Optimierung.

? Zentrale Frage 1 (ZF1)

Für einen nominalen Parameter $\bar{b}$ sei ein globaler Optimalpunkt $\bar{x}^\star$ des Problems $P(\bar{b})$ gegeben. Unter welchen Voraussetzungen existiert eine Umgebung von $\bar{b}$, so dass alle Probleme $P(b)$ mit b aus dieser Umgebung einen eindeutigen globalen Optimalpunkt $x^\star(b)$ besitzen?

Für eine lokale Untersuchung ist es außerdem wichtig, dass man diese Umgebung *nicht vorgibt,* sondern dass sie nur zu *existieren* braucht. Anderenfalls würde man bereits von einer globalen Untersuchung sprechen, nämlich auf der gesamten vorgegebenen Umgebung.

Zu betonen ist, dass der in der Frage ZF1 vorausgesetzte globale Optimalpunkt $\bar{x}^\star$ von $P(\bar{b})$ zunächst nicht eindeutig zu sein braucht. Sobald aber Voraussetzungen zur Beantwortung der Frage ZF1 gefunden sind, muss er eindeutig sein, weil der Punkt $\bar{b}$ zu seiner eigenen Umgebung gehört. Es gilt also notwendigerweise $x^\star(\bar{b}) = \bar{x}^\star$. Die zugehörige Optimalwertfunktion $z^\star(b) = c^\mathsf{T} x^\star(b)$ erfüllt entsprechend $z^\star(\bar{b}) = \bar{z}^\star$, wobei $\bar{z}^\star$ den Optimalwert des Problems $P(\bar{b})$ bezeichnet.

Nach der Beantwortung der Frage ZF1 kann man als Nächstes untersuchen, wie „schön" (im Sinne von Glattheit) die Funktionen $x^\star(b)$ und $z^\star(b)$ sind.

? Zentrale Frage 2 (ZF2)

Wie glatt sind die Funktionen $x^\star(b)$ und $z^\star(b)$ am Punkt $\bar{b}$?

Aussagen zur Stetigkeit dieser Funktionen nennt man *Stabilitätsresultate* und Aussagen zur Differenzierbarkeit *Sensitivitätsresultate.*

Bei der *Stabilitätsanalyse* eines nominalen Optimierungsproblems fragt man also danach, ob optimale Punkte und der optimale Wert des Problems stetig von den Eingangsdaten abhängen. Dies hat beispielsweise eine grundlegende Bedeutung für die Anwendung numerischer Verfahren der nichtlinearen Optimierung auf parameterfreie Probleme, denn wegen möglicher Messfehler in den Eingangsdaten und numerischer Rundungsfehler muss man davon ausgehen, nicht Optimalpunkte des nominalen Problems, sondern de facto die eines leicht gestörten Problems zu berechnen. Entscheidend für die Güte der berechneten Optimalpunkte ist dann, dass sie „nicht zu weit" von den Optimalpunkten des ungestörten Problems entfernt liegen, also *stetig* mit den Störungen variieren. Auf diese Analyse kommen wir ausführlich in Kap. 3 zurück.

Falls sich die Frage ZF2 mit der Differenzierbarkeit der Funktionen $x^\star(b)$ und $z^\star(b)$ an $\bar{b}$ beantworten lässt, beantwortet die in Kap. 2 betrachtete *Sensitivitätsanalyse* hingegen primär, wie stark (nach erster Ordnung) sich Optimalpunkte und -werte lokal um einen nominalen Parameter ändern. Zu diesem Zweck schließt sich eine dritte zentrale Frage an.

❓ Zentrale Frage 3 (ZF3)

Wie lauten die Ableitungen $Dx^\star(\bar{b})$ und $\nabla z^\star(\bar{b})$?

In [45] werden die Fragen ZF1, ZF2 und ZF3 bei *linearen* Optimierungsproblemen zumindest für die Optimalwerte $z^\star(b)$ umfassend beantwortet. Zu gegebenem $\bar{b} \in \mathbb{R}^p$ bezeichne dafür $\bar{x}^\star$ eine optimale zulässige Basislösung von $LP(\bar{b})$ mit optimalem Wert $\bar{z}^\star$ sowie $\bar{y}^\star$ eine optimale zulässige Basislösung des zugehörigen Dualproblems. Das Paar $(\bar{x}^\star, \bar{y}^\star)$ heißt *primal-dual nichtdegeneriert,* wenn weder eine Basisvariable von $\bar{x}^\star$ noch eine Basisvariable von $\bar{y}^\star$ verschwinden.

In [45] wird gezeigt, dass sich die Frage ZF1 mit der Voraussetzung der primal-dualen Nichtdegeneriertheit von $(\bar{x}^\star, \bar{y}^\star)$ beantworten lässt, d. h., es gibt dann eine Umgebung von $\bar{b}$, so dass alle Probleme $LP(b)$ mit b aus dieser Umgebung einen eindeutigen globalen Optimalpunkt $x^\star(b)$ besitzen. Ferner wird mit Hilfe des starken Dualitätssatzes der linearen Optimierung die Formel

$$z^\star(b) \; = \; b^\mathsf{T} \bar{y}^\star$$

gezeigt, wobei wesentlich ist, dass auf der rechten Seite der feste Vektor $\bar{y}^\star$ anstelle des variablen Vektors $y^\star(b)$ auftritt. Die Fragen ZF2 und ZF3 lassen sich damit schnell beantworten, denn $z^\star$ ist auf der Umgebung von $\bar{b}$ dann eine lineare Funktion mit Gradient

$$\nabla z^\star(\bar{b}) \; = \; \bar{y}^\star.$$

In einem Gewinnmaximierungsproblem mit Kapazitätsrestriktionen sagt der Wert der optimalen Dualvariable $\bar{y}_i^\star$ demnach aus, *wie stark* (nach erster Ordnung) der Gewinn ansteigt, wenn man die Kapazitätsgrenze $\bar{b}_i$ erhöht. In der ökonomischen Literatur werden die Werte $\bar{y}_i^\star$, $i = 1, \ldots, p$, daher auch als *Schattenpreise* der Restriktionen bezeichnet. Neben der Allokation (kleiner) Investitionsmittel lässt sich als andere Anwendung damit auch beantworten, welche Kapazitätsgrenzen man vordringlich überwachen muss, wenn sie mit Unsicherheit behaftet sein sollten.

Man kann sich fragen, ob ein analoges Resultat auch für nichtlineare Probleme $P(b)$ gilt, wenn man die Dualvariablen durch die entsprechenden dualen Objekte, nämlich die Lagrange-Multiplikatoren eines Optimalpunkts, ersetzt. In Abschn. 2.3 werden wir sehen, dass dies tatsächlich möglich ist.

1.2 Hotellings Lemma und dieselben Fragen

Für ein grundsätzlich anders motiviertes Resultat aus der Mikroökonomik werden wir in diesem Abschnitt feststellen, dass dieselben zentralen Fragen wie bei Schattenpreisen auftreten.

In einem Polypol transformiere ein Unternehmen den Vektor von Inputs $x \in \mathbb{R}^n$ mit Hilfe der Produktionsfunktion $F : \mathbb{R}^n \rightarrow \mathbb{R}^m$ in einen Vektor von Outputs. Inputpreise seien durch den positiven Vektor $w \in \mathbb{R}^n$ gegeben und Outputpreise durch den positiven Vektor $p \in \mathbb{R}^m$. Der Gewinn beträgt damit $p^\mathsf{T} F(x) - w^\mathsf{T} x$. Zu gegebenen Preisen p und w maximiere das Unternehmen seinen Gewinn, wähle x also als Maximalpunkt des unrestringierten nichtlinearen Problems

$$P(p, w): \quad \max_{x \in \mathbb{R}^n} p^\mathsf{T} F(x) - w^\mathsf{T} x,$$

dessen Abhängigkeit von den Parametervektoren p und w wir im Folgenden untersuchen werden.

Dazu setzt man in der Ökonomieliteratur häufig voraus, dass für gegebene nominale Parameter $(\bar{p}, \bar{w}) > 0$ eine Umgebung existiert, so dass für alle (p, w) aus dieser Umgebung das Problem $P(p, w)$ nicht nur einen eindeutigen globalen Maximalpunkt $x^\star(p, w)$ besitzt, sondern dass die Funktion $x^\star$ auch an $(\bar{p}, \bar{w})$ differenzierbar ist. Der maximale Gewinn in Abhängigkeit von (p, w) ist damit durch die Funktion

$$\pi(p, w) = p^\mathsf{T} F(x^\star(p, w)) - w^\mathsf{T} x^\star(p, w)$$

gegeben, die ebenfalls an $(\bar{p}, \bar{w})$ differenzierbar ist, sofern man die Differenzierbarkeit von F an $\bar{x}^\star := x^\star(\bar{p}, \bar{w})$ voraussetzt.

Als partielle Gradienten der Funktion π nach p bzw. w würde man nach Anwendung von Produkt- und Kettenregel *eigentlich* die recht länglichen Ausdrücke

$$\nabla_p \pi(\bar{p}, \bar{w}) = F(\bar{x}^\star) + \nabla_p x^\star(\bar{p}, \bar{w}) \nabla F(\bar{x}^\star) \bar{p} - \nabla_p x^\star(\bar{p}, \bar{w}) \bar{w}$$

und

$$\nabla_w \pi(\bar{p}, \bar{w}) = \nabla_w x^\star(\bar{p}, \bar{w}) \nabla F(\bar{x}^\star) \bar{p} - \nabla_w x^\star(\bar{p}, \bar{w}) \bar{w} - \bar{x}^\star$$

erwarten. Hotellings Lemma [30] besagt aber, dass diese Ausdrücke erstens viel einfacher sind und sie dadurch zweitens eine wichtige ökonomische Interpretation besitzen. Es gilt nämlich

$$\nabla_p \pi(\bar{p}, \bar{w}) = F(\bar{x}^\star)$$

sowie

$$\nabla_w \pi(\bar{p}, \bar{w}) = -\bar{x}^\star.$$

Die wichtige Interpretation dieser Beziehungen besteht darin, dass der Polypolist zwar vielleicht seine optimale Entscheidung über den Input $\bar{x}^\star$ und den resultierenden Output $F(\bar{x}^\star)$ gerne als Geschäftsgeheimnis hüten würde, dass man beide Informationen aber aus einer öffentlich bekannten Gewinnfunktion π durch partielles Ableiten *rekonstruieren* kann.

Um Hotellings Lemma tatsächlich verwenden zu können, muss geklärt werden, wie die oben genannten in der Literatur häufig verwendeten Voraussetzungen überhaupt zu garantieren sind. Zum Beweis des Resultats müssen außerdem die angegebenen Formeln für die partiellen Ableitungen verifiziert werden. Es treten also die folgenden zentralen Fragen auf.

? Zentrale Frage 1 (ZF1)

Für einen nominalen Parameter $(\bar{p}, \bar{w}) > 0$ sei ein globaler Optimalpunkt $\bar{x}^\star$ des Problems $P(\bar{p}, \bar{w})$ gegeben. Unter welchen Voraussetzungen existiert eine Umgebung von $(\bar{p}, \bar{w})$, so dass alle Probleme $P(p, w)$ mit (p, w) aus dieser Umgebung einen eindeutigen globalen Optimalpunkt $x^\star(p, w)$ besitzen?

? Zentrale Frage 2 (ZF2)

Unter welchen Voraussetzungen sind die Funktionen $x^\star$ und π differenzierbar an $(\bar{p}, \bar{w})$?

? Zentrale Frage 3 (ZF3)

Wie lautet der Gradient $\nabla \pi(\bar{p}, \bar{w})$?

Diese drei Fragen sind im Wesentlichen identisch mit den Fragen ZF1, ZF2 und ZF3, die bei der Betrachtung von Schattenpreisen in Abschn. 1.1 aufgetreten sind.

1.3 Algorithmen und eine vierte Frage

In der nichtlinearen Optimierung existieren numerische Lösungsverfahren, die restringierte Probleme durch eine Folge unrestringierter Probleme approximieren, etwa das Straftermverfahren und das Barriereverfahren [56]. Beispielsweise behandelt das Straftermverfahren das Problem P, über einer abgeschlossenen Menge $M \subseteq \mathbb{R}^n$ eine Funktion $f : M \to \mathbb{R}$ zu minimieren, durch die Einführung einer Straftermfunktion $\alpha : \mathbb{R}^n \to \mathbb{R}$ für M, also eines α mit den Eigenschaften

$$\forall x \in M : \quad \alpha(x) = 0,$$
$$\forall x \in \mathbb{R}^n \setminus M : \quad \alpha(x) > 0.$$

Mit einem Straftermparameter $t > 0$ betrachtet man dann das unrestringierte Problem

$$P(t): \quad \min_{x \in \mathbb{R}^n} \ f(x) + t \cdot \alpha(x).$$

Abb. 1.2 illustriert für die Straftermfunktion $\alpha(x) = (\max\{0, x\})^2$ und wachsende Straftermparameter t die Approximationen $P(t)$ des Problems

$$P: \quad \min \ -x \quad \text{s.t.} \quad x \leq 0.$$

Zum Straftermverfahren kann man das folgende Konvergenzresultat beweisen [56], dessen Struktur typisch auch für Aussagen über andere numerische Verfahren wie das Barriereverfahren ist: Die Funktion $\alpha : \mathbb{R}^n \to \mathbb{R}$ sei eine stetige Straftermfunktion für M, (t^k) sei eine monoton wachsende Folge mit $\lim_k t^k = +\infty$, und für alle $k \in \mathbb{N}$ sei x^k ein globaler Minimalpunkt von $P(t^k)$. Dann ist jeder Häufungspunkt $x^\star$ der Folge (x^k) ein globaler Minimalpunkt von P.

Das Problem P steht hierbei formal in Zusammenhang mit dem parametrischen Problem $P(+\infty)$. Daher wird vom obigen Konvergenzresultat eine bislang noch nicht aufgetretene weitere zentrale Frage der parametrischen Optimierung beantwortet (wobei wir hier formal $t^\star := +\infty$ setzen).

? Zentrale Frage 4 (ZF4)

Es sei (t^k) eine Folge von Parametern mit $\lim_k t^k = t^\star$, und für alle $k \in \mathbb{N}$ sei x^k ein globaler Optimalpunkt von $P(t^k)$. Unter welchen Voraussetzungen konvergiert dann die Folge (x^k) gegen einen globalen Optimalpunkt $x^\star$ von $P(t^\star)$?

Im entscheidenden Unterschied zu den Fragen ZF1, ZF2 und ZF3, in denen zunächst ein nominaler Parameter $\bar{t}$ vorliegt und dann das Verhalten von $P(t)$ für t aus einer Umgebung von $\bar{t}$ untersucht wird, setzt die Frage ZF4 erst eine konvergente Folge von Parametern (t^k)

Abb. 1.2 Approximation per Straftermverfahren

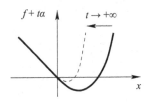

voraus und fragt dann nach dem „Grenzverhalten" der Probleme $P(t^k)$ für $k \to \infty$. Grob vereinfachend kann man den Unterschied auch darin sehen, ob die Probleme $P(t)$ *ab* oder *bis* zu einem gewissen festen Parameter untersucht werden.

1.4   Dekompositionsverfahren

Die Hauptidee von Dekompositionsverfahren besteht darin, die Minimierung einer von zwei Variablengruppen $x \in \mathbb{R}^n$ und $y \in \mathbb{R}^m$ abhängigen Funktion $f(x, y)$ über einer Menge $M \subseteq \mathbb{R}^n \times \mathbb{R}^m$ in die sukzessive Minimierung zunächst bezüglich x und dann bezüglich y (oder umgekehrt) zu zerlegen. Für den einfachen Fall, dass M das kartesische Produkt einer Menge $X \subseteq \mathbb{R}^n$ und einer Menge $Y \subseteq \mathbb{R}^m$ ist (also $M = X \times Y$), gilt

$$\min_{(x,y)\in M} f(x, y) = \min_{x\in X} \min_{y\in Y} f(x, y) = \min_{y\in Y} \min_{x\in X} f(x, y)$$

(z. B. [55]). Ein solches Resultat lässt sich auch auf den Fall einer allgemeinen Menge $M \subseteq \mathbb{R}^n \times \mathbb{R}^m$ übertragen. Dazu erinnern wir an die Definition der *Parallelprojektion* von M in den „y-Raum" $\mathbb{R}^m$ [55]

$$\mathrm{pr}_y M = \{y \in \mathbb{R}^m \mid \exists x \in \mathbb{R}^n : (x, y) \in M\}.$$

Zu jedem $y \in \mathrm{pr}_y M$ kann man außerdem die Punkte x sammeln, deren Existenz dafür sorgt, dass y in der Projektion von M liegt, also die *Fasern*

$$X(y) = \{x \in \mathbb{R}^n \mid (x, y) \in M\}.$$

Diese Mengen sind in Abb. 1.3 illustriert.

Beispielsweise in [54] wird gezeigt, dass die Berechnung des Minimalwerts von f über M sich laut der Formel

$$\min_{(x,y)\in M} f(x, y) = \min_{y\in\mathrm{pr}_y M} \min_{x\in X(y)} f(x, y)$$

zerlegen lässt (sofern alle auftretenden Minimalwerte angenommen werden).

Abb. 1.3 Dekomposition einer Menge M

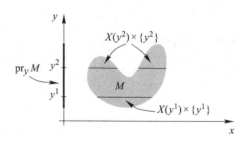

Dieses Ergebnis wird häufig in Situationen angewendet, in denen y „komplizierende"
Variablen sind, während für festes $y \in \mathrm{pr}_y M$ das Problem

$$\min_x \; f(x, y) \quad \text{s.t.} \quad x \in X(y)$$

„einfach" ist, etwa linear, konvex oder (bei gemischt-ganzzahligen Problemen) kontinuier-
lich.

Während für gegebenes $y \in \mathrm{pr}_y M$ der „innere" Optimalwert

$$v(y) := \min_{x \in X(y)} \; f(x, y)$$

dann vergleichsweise leicht zu berechnen ist, werden zur Lösung des „äußeren" Problems,
$v(y)$ über $\mathrm{pr}_y M$ zu minimieren, Algorithmen entwickelt, die der jeweiligen Schwierigkeit
angepasst sind. Da $v(y)$ als vom Parameter y abhängiger Optimalwert des inneren Problems
eine Funktion ist, spielen dafür Aussagen der parametrischen Optimierung über Eigenschaften von Optimalwertfunktionen wie v eine wesentliche Rolle.

Neben den zentralen Fragen ZF1, ZF2, ZF3 und ZF4 untersucht man beispielsweise im
Rahmen der verallgemeinerten Benders-Dekomposition [54], wann v eine konvexe Funktion
ist und wie sich für ihre algorithmische Approximation Gradienten oder Subgradienten
bestimmen lassen. Mit denselben Techniken wird dort auch eine funktionale Beschreibung
der Parallelprojektion $\mathrm{pr}_y M$ hergeleitet. Ähnliche Resultate spielen außerdem eine wichtige
Rolle bei der Lösung mehrstufiger stochastischer Optimierungsprobleme [37].

Über Dekompositionstechniken hinaus ist die Untersuchung von Optimalwertfunktionen
wie v auch in vielen anderen Bereichen erforderlich. Zum Beispiel ist die Distanz eines
Punkts z zu einer Menge $M \subseteq \mathbb{R}^n$,

$$\mathrm{dist}(z, M) \; = \; \inf_{x \in M} \|x - z\|,$$

der Optimalwert des zugrunde liegenden Projektionsproblems [55]. Betrachtet man den
Punkt z als variabel, so ist die Funktion $\mathrm{dist}(\cdot, M)$ die Optimalwertfunktion der durch z
parametrisierten Projektionsprobleme. Die Eigenschaften solcher Distanzfunktionen gehen
beispielsweise in die Theorie von Fehlerschranken ein [58].

Eine weitere Anwendung von Optimalwertfunktionen liefert der folgende Abschnitt.

1.5 Robuste und semi-infinite Optimierung

Stabilitäts- und Sensitivitätsuntersuchungen wie in den Fragen ZF1, ZF2 und ZF3 führt man
an einer bereits berechneten nominalen Lösung eines Optimierungsproblems durch, also
a posteriori. Wenn ein Optimierungsproblem von „ungewissen Parametern" abhängt (z. B.
unsicheren Inputmengen eines Produktionsprozesses), dann kann man diese

Unsicherheit im Rahmen der robusten Optimierung auch *a priori* behandeln, indem man das Optimierungsproblem gegen die Ungewissheit „immunisiert".

Für solche Betrachtungen ist das Konzept der *Hüllfunktionen* (auch als *Enveloppen* oder *Einhüllende* bekannt) grundlegend: Hängt eine Funktion $f(t, x)$ von einem Parameter $t \in T \subseteq \mathbb{R}^r$ ab, so heißt

$$\overline{f}(x) = \sup_{t \in T} f(t, x)$$

obere Hüllfunktion (Abb. 1.4) und

$$\underline{f}(x) = \inf_{t \in T} f(t, x)$$

untere Hüllfunktion von f auf T. Hüllfunktionen werden häufig zur Modellierung von Worst-Case-Ansätzen herangezogen.

Wir betrachten beispielsweise ein Optimierungsproblem

$$P(t): \quad \min_{x \in \mathbb{R}^n} f(x) \quad \text{s.t.} \quad g(t, x) \leq 0,$$

bei dem die Ungleichungsrestriktion von einem Parameter $t \in T \subseteq \mathbb{R}^r$ abhängt. Der *robuste Ansatz* (oder *pessimistische* oder *Worst-Case-Ansatz*) besteht darin, ein Optimierungsproblem zur Familie $P(t)$, $t \in T$, so zu formulieren, dass die Ungleichung unabhängig von der tatsächlichen Ausprägung des Parameters t garantiert erfüllt ist, nämlich

$$R: \quad \min_{x \in \mathbb{R}^n} f(x) \quad \text{s.t.} \quad \overline{g}(x) = \sup_{t \in T} g(t, x) \leq 0.$$

Zum Beispiel kann R die Kosten angeben, unter denen ein Produktionsprozess selbst im Fall einer schlechtestmöglichen Versorgung mit Inputmengen implementiert werden kann.

Es ist leicht zu sehen, dass R sich äquivalent zu

$$R': \quad \min_{x \in \mathbb{R}^n} f(x) \quad \text{s.t.} \quad g(t, x) \leq 0 \quad \forall t \in T$$

umformulieren lässt. Wenn die Menge T unendlich viele Punkte enthält, unterliegt die Entscheidungsvariable x des Problems R damit unendlich vielen Ungleichungsrestriktionen, die mit $t \in T$ indiziert sind (im Gegensatz zu unserer üblichen Notation $g_i(x) \leq 0, i \in I$, für eine endliche Indexmenge I). Neben der Entscheidungsvariable x spielt t also nicht mehr die Rolle eines Parameters, sondern lediglich die einer *Indexvariable*.

Abb. 1.4 Obere Hüllfunktion
einer Schar linearer Funktionen
$f(t, \cdot), t \in T$

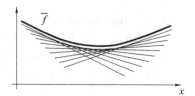

Optimierungsprobleme mit unendlich vielen Ungleichungsrestriktionen wie R' heißen *semi-infinit* [25, 57] (im Gegensatz zu *finiten* Optimierungsproblemen, bei denen sowohl die Dimension der Entscheidungsvariable als auch die Anzahl der Ungleichungsrestriktionen endlich ist).

Im zum semi-infiniten Problem R' äquivalenten Problem R ist die Hüllfunktion $\bar{g}$ die Optimalwertfunktion der finiten, parametrischen Optimierungsprobleme

$$Q(x): \quad \max_t \; g(t, x) \quad \text{s.t.} \quad t \in T$$

mit $x \in \mathbb{R}^n$. In diesem *Problem der unteren Stufe* spielt nunmehr die Entscheidungsvariable x des Problems R die Rolle eines Parameters, während die Indexvariable t zur Entscheidungsvariable erhoben wird.

Damit erklärt sich, dass man Resultate zur topologischen Struktur der zulässigen Menge von R, zu Optimalitätsbedingungen für R sowie zu Lösungsverfahren aus den Stetigkeits- und Differenzierbarkeitseigenschaften der Optimalwertfunktion $\bar{g}$ gewinnen kann. In Abschn. 4.1 werden wir dies als Anwendung der bis dahin gewonnenen allgemeinen Resultate ausführlich betrachten.

1.5.1 Übung   Die Einheitskreisscheibe

$$K = \{x \in \mathbb{R}^2 \,|\, x_1^2 + x_2^2 \leq 1\}$$

lässt sich nicht mit Hilfe von endlich vielen *affin-linearen* Ungleichungsrestriktionen beschreiben, wohl aber mit unendlich vielen: als Schnitt sämtlicher Halbebenen, die K enthalten. Geben Sie eine explizite semi-infinite Beschreibung von K in der Form

$$K = \{x \in \mathbb{R}^2 \,|\, c^\mathsf{T} x \leq 1 \;\; \forall c \in C\}$$

an. Wählen Sie die Darstellung dabei möglichst „ökonomisch", d. h. mit einer möglichst kleinen Menge C (siehe Lösung 5.1).

1.6   Bilevelprobleme

Abgesehen von den Überlegungen zu Algorithmen in Abschn. 1.3 haben wir in den bisherigen Anwendungen vor allem parameterabhängige Optimal*werte* betrachtet. In ökonomischen Prozessen mit mehreren Akteuren treten aber häufig auch Situationen auf, in denen optimale *Punkte* parametrischer Hilfsprobleme $Q(x)$ eine Rolle spielen.

Ein typisches Beispiel sind *Bilevelprobleme* [6], in denen ein übergeordneter Akteur (*Leader*, z. B. Unternehmenszentrale) in seiner Entscheidung die optimalen Entscheidungen nachgeordneter Akteure (*Followers*, z. B. mehrere Profitcenter) berücksichtigt. Wählt der Leader die Entscheidungsvariable x, so hat jeder der Follower $\nu \in \{1, \ldots, N\}$ ein Optimierungsproblem

$$Q_\nu(x): \quad \min_y \ \theta_\nu(x, y) \quad \text{s.t.} \quad y \in X_\nu(x)$$

zu lösen, bei dem Zielfunktion und zulässige Menge von x als Parameter abhängen (in der historisch ursprünglichen Formulierung war X_ν als parameterunabhängig vorausgesetzt; man spricht dann von einem *Stackelberg-Spiel*).

Setzen wir der Einfachheit halber voraus, dass die Frage ZF1 sich für jedes x und ν positiv beantworten lässt, dass die optimale Entscheidung $y^\nu(x)$ jedes Followers zu gegebenem x also eindeutig ist, so lässt sich das Optimierungsproblem des Leaders

$$BL: \quad \min_{x, y^1, \ldots, y^N} \ f(x, y^1, \ldots, y^N)$$

$$\text{s.t.} \ (x, y^1, \ldots, y^N) \in M,$$

$$y^\nu \text{ ist Optimalpunkt von } Q_\nu(x), \ \nu = 1, \ldots, N$$

äquivalent zu

$$BL': \quad \min_x f(x, y^1(x), \ldots, y^N(x)) \quad \text{s.t.} \quad (x, y^1(x), \ldots, y^N(x)) \in M$$

umformulieren. Zur Lösung dieses Problems ist es also wesentlich, das Verhalten der vom Parameter x abhängigen Optimalpunktfunktionen y^ν, $\nu = 1, \ldots, N$, zu verstehen.

Falls die optimalen Entscheidungen der Follower nicht eindeutig sind, sondern gegebenenfalls mehrelementige Mengen optimaler Punkte $S_\nu(x)$ von $Q_\nu(x)$ bilden, haben die Follower die Wahl, welche der für sie gleich guten Entscheidungen $y^\nu \in S_\nu(x)$ sie dem Leader zurückgeben. Im Problem BL ist daher zunächst unklar, welche $y^\nu \in S_\nu(x)$ der Leader zur Bestimmung seiner eigenen optimalen Entscheidung x benutzen sollte.

Die Wahl der Follower kann zum Beispiel davon abhängen, wie weit sie mit dem Leader kooperieren möchten. Falls sie kooperativ sind und jeweils das für den Leader bestmögliche $y^\nu \in S_\nu(x)$ zurückgeben, spricht man von einem *optimistischen* Bilevelproblem, und das obige Problem BL ist nach wie vor eine korrekte Modellierung dieser Situation.

Falls andererseits die Follower Gegenspieler des Leaders sind oder falls der Leader die Kooperationsbereitschaft der Follower nicht einschätzen kann und sich gegen für ihn schlechte Wahlen $y^\nu \in S_\nu(x)$, $\nu = 1, \ldots, N$, absichern möchte, muss er die für ihn schlechtestmöglichen Wahlen der y^ν betrachten. Das zu einem *pessimistischen* Bilevelproblem modifizierte Problem BL ist typischerweise schwerer zu lösen als optimistische Bilevelprobleme, weil es auf ein *drei*stufiges Optimierungsproblem führt [40].

1.6.1 Übung Für eine nichtleere und kompakte Menge $Y \subseteq \mathbb{R}^m$ seien die Funktionen $f : \mathbb{R}^n \to \mathbb{R}$ und $g : \mathbb{R}^n \times Y \to \mathbb{R}$ stetig. Zeigen Sie, dass sich das semi-infinite Optimierungsproblem

$$SIP: \quad \min_x \ f(x) \quad \text{s.t.} \quad g(x, y) \leq 0 \ \ \forall \, y \in Y$$

äquivalent in das Bilevelproblem

$$BL: \quad \min_{x,y} f(x) \quad \text{s.t.} \quad g(x,y) \leq 0, \quad y \text{ ist Optimalpunkt von } Q(x)$$

mit dem Problem der unteren Stufe

$$Q(x): \quad \max_{y} g(x,y) \quad \text{s.t.} \quad y \in Y$$

umformulieren lässt. Zeigen Sie außerdem, dass eine Unterscheidung zwischen optimistischen und pessimistischen Bilevelproblemen hier nicht erforderlich ist.

1.7 Nash-Spiele

Bei Nash-Spielen [44] existiert im Gegensatz zu Bilevelproblemen kein Leader, sondern alle Spieler $\nu \in \{1, \ldots, N\}$ sind gleichberechtigt (man sagt auch, es liege eine „horizontale" Kopplung der Spielerprobleme vor, anstelle der „vertikalen" Kopplung in Bilevelproblemen). Jeder Spieler bestimmt dabei seine optimale Strategie x^ν durch Minimierung seiner Zielfunktion θ_ν auf der Strategiemenge X_ν. Die Kopplung zwischen den Spielern kommt in einem *gewöhnlichen* Nash-Spiel dadurch zustande, dass in θ_ν die Entscheidungen aller anderen Spieler, kurz $x^{-\nu}$, als Parameter eingehen. In einem *verallgemeinerten* Nash-Spiel hängt auch die Strategiemenge X_ν von $x^{-\nu}$ ab (z. B. durch den gemeinsamen Zugriff aller Spieler auf eine beschränkte Ressource). Eine Kooperation zwischen den Spielern wird ausgeschlossen.

In einem verallgemeinerten Nash-Spiel hat also jeder Spieler $\nu \in \{1, \ldots, N\}$ sein parametrisches Optimierungsproblem

$$Q_\nu(x^{-\nu}): \quad \min_{x^\nu} \theta_\nu(x^\nu, x^{-\nu}) \quad \text{s.t.} \quad x^\nu \in X_\nu(x^{-\nu})$$

zu lösen. Demnach kann man (verallgemeinerte) Nash-Spiele als endlich viele gekoppelte parametrische Optimierungsprobleme auffassen.

Das folgende Lösungskonzept spielt dabei eine zentrale Rolle: Ein Punkt $x^\star = (x^{1,\star}, \ldots, x^{N,\star})$ heißt *(verallgemeinertes) Nash-Gleichgewicht*, wenn

$$x^{\nu,\star} \text{ ist Optimalpunkt von } Q_\nu(x^{-\nu,\star}), \quad \nu = 1, \ldots N,$$

gilt. In diesem Fall hat nämlich keiner der Spieler einen rationalen Anreiz, unilateral von der gegebenen Wahl seiner Entscheidungsvariablen abzuweichen.

Die Situation kann grundlegend anders sein, wenn Spieler nicht unilateral handeln, sondern Koalitionen schmieden. Dies ist bei nichtkooperativen Spielen aber nicht vorgesehen.

Bezeichnet wieder $S_\nu(x^{-\nu})$ die Menge der optimalen Punkte des Problems $Q_\nu(x^{-\nu})$ von Spieler ν, so lässt sich ein Nash-Gleichgewicht $x^\star$ alternativ durch die Bedingung

$$x^\star = (x^{1,\star}, \ldots, x^{N,\star}) \in S_1(x^{-1,\star}) \times \ldots \times S_N(x^{-N,\star})$$

charakterisieren, also als Fixpunkt einer gewissen mengenwertigen Abbildung (daher bilden Fixpunktsätze die Basis für Beweise der Existenz von Nash-Gleichgewichten).

In Abschn. 4.2 werden wir ein parameterfreies Optimierungsproblem herleiten, dessen Optimalpunkte (mit Optimalwert null) mit den Gleichgewichten eines Nash-Spiels übereinstimmen, und mit Hilfe der zuvor hergeleiteten allgemeinen Aussagen seine Glattheitseigenschaften untersuchen.

1.8   Mehrzieloptimierung

Bei Problemen der *Mehrzieloptimierung* (auch *multikriterielle Optimierung* genannt [9]) werden mehrere Zielfunktionen $f_1, \ldots, f_N$ gleichzeitig über derselben zulässigen Menge M betrachtet. Die Zielfunktionen sind dabei üblicherweise konkurrierend, d. h., Verbesserungen in einer Zielfunktion können zu Verschlechterungen in anderen Zielfunktionen führen. Dies tritt in praktischen Optimierungsproblemen häufig auf, beispielsweise bei einer gleichzeitigen Maximierung der Qualität eines Produkts und der Minimierung seiner Produktionskosten.

Formal fasst man die einzelnen Zielfunktionen eines Mehrzielproblems häufig zu einem Vektor $f = (f_1, \ldots, f_N)$ zusammen und notiert das Mehrzielproblem als

$$MZ: \qquad \min f(x) \quad \text{s.t.} \quad x \in M.$$

Weil sich die Bildpunkte $f(x) \in \mathbb{R}^N$ für $N \geq 2$ im Allgemeinen nicht miteinander vergleichen lassen, ist dabei allerdings zunächst unklar, was unter der Minimierung der vektorwertigen Funktion f überhaupt verstanden werden soll.

Ein verbreitetes Lösungskonzept für Mehrzielprobleme ist das der *effizienten Punkte* (auch *Pareto-optimale Punkte* genannt). Ein Punkt $x^\star \in M$ heißt (schwach) effizient für MZ, wenn kein $x \in M$ mit $f_\nu(x) < f_\nu(x^\star)$, $\nu = 1, \ldots, N$, existiert (zu einem stärkeren Effizienzkonzept sowie einer umfassenden Einführung in die Mehrzieloptimierung sei auf [9] verwiesen). Wir bezeichnen die Menge der schwach effizienten Punkte von MZ mit E (Abb. 1.5).

Abb. 1.5 Bildmenge der effizienten Punkte eines bikriteriellen Problems

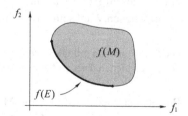

Algorithmisch werden Mehrzielprobleme häufig durch den *Skalarisierungsansatz* behandelt, bei dem die verschiedenen Zielfunktionen durch eine gewichtete Summe zu einer einzigen Zielfunktion aggregiert werden. Dazu definiert man die Menge der Gewichtsvektoren

$$\Sigma := \left\{ \lambda \in \mathbb{R}^N \,\middle|\, \lambda \geq 0, \; \sum_{\nu=1}^{N} \lambda_\nu = 1 \right\},$$

wählt ein $\lambda \in \Sigma$ und bestimmt einen optimalen Punkt $x(\lambda)$ des *ein*kriteriellen Problems

$$MZ(\lambda): \quad \min_x \sum_{\nu=1}^{N} \lambda_\nu f_\nu(x) \quad \text{s.t.} \quad x \in M.$$

Leider ist dabei selten offensichtlich, mit welchem speziellen Gewichtsvektor λ man diese Konstruktion ausführen sollte.

Tatsächlich lässt sich aber ein enger Zusammenhang zwischen den effizienten Punkten von MZ und den Optimalpunkten *aller* durch Skalarisierung generierten Optimierungsprobleme $MZ(\lambda), \lambda \in \Sigma$, zeigen: Erstens ist jeder Optimalpunkt $x(\lambda)$ von $MZ(\lambda)$ mit $\lambda \in \Sigma$ ein (schwach) effizienter Punkt von MZ [9, Prop. 3.9], und zweitens existiert umgekehrt zumindest für jede konvexe Menge M und alle auf M konvexen Funktionen $f_\nu, \nu = 1, \ldots, N$, zu jedem (schwach) effizienten Punkt $x^\star$ von MZ ein $\lambda \in \Sigma$, so dass $x^\star$ mit einem Optimalpunkt $x(\lambda)$ von $MZ(\lambda)$ übereinstimmt [9, Prop. 3.10].

Bezeichnen wir mit $S(\lambda)$ die Menge der Optimalpunkte von $MZ(\lambda)$ für $\lambda \in \Sigma$, so gilt unter den obigen Konvexitätsannahmen also

$$E = \bigcup_{\lambda \in \Sigma} S(\lambda).$$

Mit der später in Abschn. 3.3 eingeführten Terminologie bedeutet dies gerade, dass E das *Bild* der mengenwertigen Abbildung S auf Σ ist.

1.9 Gegenbeispiele

Dieser Abschnitt zeigt an kleinen Beispielen, dass sich die zentralen Fragen ZF1, ZF2, ZF3 und ZF4 im Allgemeinen nicht ohne weitere Voraussetzungen beantworten lassen.

1.9.1 Beispiel

Gegeben sei die Funktion

$$f: \quad \mathbb{R}^2 \to \mathbb{R}, \quad (t, x) \mapsto \frac{x^4}{8} - \frac{3}{4} x^2 - tx.$$

Wir fassen t als Parameter auf und möchten für festes t die Funktion $f(t, \cdot)$ nach x minimieren:

$$P(t) : \quad \min_{x \in \mathbb{R}} f(t, x)$$

mit $t \in \mathbb{R}$. Interpretiert man t als Zeitvariable, so erhält man als Darstellungsmöglichkeit für die Funktionenfamilie $f(t, \cdot)$, $t \in \mathbb{R}$, einen „Film". Die Darstellungen in Abb. 1.6 lassen sich dann als „Schnappschüsse" aus diesem Film interpretieren.

Wir betrachten in dieser Situation das Verhalten der minimalen Werte und der minimalen Punkte von $P(t)$, $t \in \mathbb{R}$. Mit

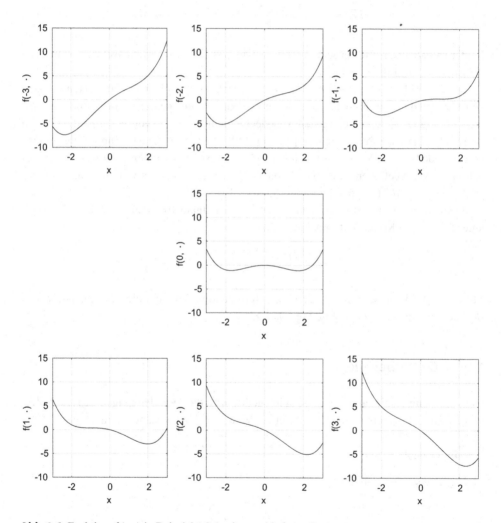

Abb. 1.6 Funktion $f(t, \cdot)$ in Beispiel 1.9.1 mit verschiedenen Parameterwerten

$$v(t) = \inf_{x \in \mathbb{R}} f(t, x)$$

bezeichnen wir die *Minimalwertfunktion* und mit

$$S(t) = \{x \in \mathbb{R} \mid f(t, x) = v(t)\}$$

die *Minimalpunktabbildung* von $P(t)$. Wie schon in den vorigen Anwendungen erwähnt ist zwar v eine Funktion, aber S ordnet jedem Parameterwert eine *Menge* zu, da Minimalpunkte nicht eindeutig sein müssen. Bei S handelt es sich daher um eine *mengenwertige Abbildung*.

Tatsächlich besteht $S(0)$ im vorliegenden Beispiel aus zwei verschiedenen Punkten (Abb. 1.6 Mitte). Entsprechend muss man die Frage ZF1 nach eindeutiger Lösbarkeit am nominalen Parameter $\bar{t} = 0$ verneinen (eindeutige Lösbarkeit ist dann auch auf keiner noch so kleinen Umgebung des nominalen Parameters gegeben). ◄

1.9.2 Übung Berechnen Sie für die Parameterwerte $t \in \{-1, 0, 1\}$ in Beispiel 1.9.1 jeweils $S(t)$ und $v(t)$.

Als Minimalpunktabbildung in Beispiel 1.9.1 erhält man für allgemeines $t \in \mathbb{R}$ (durch langwieriges Lösen einer kubischen Gleichung)

$$S(t) = \begin{cases} \{-x_2(-t)\}, & t < -1, \\ \{-x_1(-t)\}, & -1 \le t < 0, \\ \{-\sqrt{3}, \sqrt{3}\}, & t = 0, \\ \{x_1(t)\}, & 0 < t \le 1, \\ \{x_2(t)\}, & 1 < t, \end{cases}$$

mit

$$x_1(t) = 2\cos(\tfrac{1}{3}\arccos(t)),$$
$$x_2(t) = 2\cosh(\tfrac{1}{3}\mathrm{arcosh}(t)).$$

Diese minimalen Punkte sind in Abb. 1.7 links oben dargestellt, wobei die ausgefüllten Punkte am Ende der beiden Äste andeuten, dass deren Randpunkte ebenfalls für globale Minimalpunkte stehen. Das ist deswegen wichtig, weil gerade diese beiden Randpunkte den entscheidenden Effekt in Beispiel 1.9.1 illustrieren: Man stellt fest, dass der Minimalpunkt beim Parameterwert $\bar{t} = 0$ *springt*. Der Grund für diesen Sprung liegt darin, dass sich bei $\bar{t} = 0$ ein *globaler* in einen *lokalen* Minimalpunkt verwandelt (und umgekehrt; vgl. Abb. 1.6 Mitte). Beim Passieren dieses Parameterwerts ändert sich die Minimalpunktmenge $S(t)$ also *qualitativ*, und man sagt, sie sei nicht stabil.

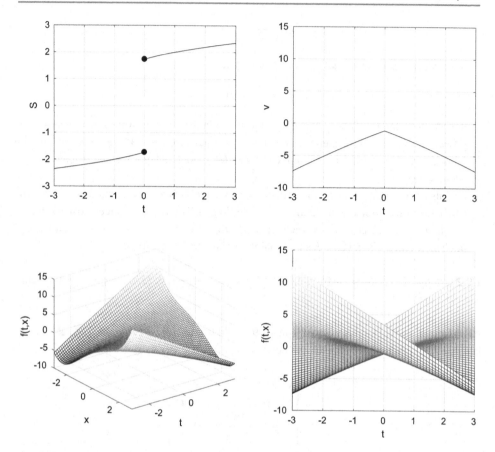

Abb. 1.7 Minimalpunktmengen, Minimalwerte und „entfaltete" Funktion f in Beispiel 1.9.1

In Beispiel 1.9.1 ist es immerhin so, dass der (eindeutige) Minimalpunkt eines Problems $P(t)$ mit $t \approx 0$, $t \neq 0$ nahe an *einem* der beiden Minimalpunkte von $P(0)$ liegt (Abb. 1.7 links oben). Dies liegt daran, dass der *Graph* von S,

$$\text{gph } S = \{(t, x) \in \mathbb{R} \times \mathbb{R} \mid x \in S(t)\},$$

eine *abgeschlossene* Menge ist. Abb. 1.7 links oben zeigt gerade einen Ausschnitt von gph S. Aufgrund dieser Abgeschlossenheit lässt sich hier wenigstens die Frage ZF4 ohne weitere Voraussetzungen positiv beantworten, selbst wenn die Folge (t^k) gegen $t^\star = 0$ konvergiert.

1.9.3 Beispiel

Wir gehen im nächsten Schritt der Frage nach, ob in Beispiel 1.9.1 bei $\bar{t} = 0$ auch die Minimal*wert*funktion springt. Da f eine in x gerade Funktion ist, erhält man sofort

$$v(t) = \begin{cases} f(t, x_2(-t)), & t < -1, \\ f(t, x_1(-t)), & -1 \leq t < 0, \\ f(0, \sqrt{3}) = -\frac{9}{8}, & t = 0, \\ f(t, x_1(t)), & 0 < t \leq 1, \\ f(t, x_2(t)), & 1 < t, \end{cases}$$

und stellt fest, dass v an $\bar{t} = 0$ *stetig* ist. Allerdings besitzt v dort eine Knickstelle, ist also *nicht differenzierbar* (Abb. 1.7 rechts oben). Dies zeigt, dass sich die Frage ZF2 nach der Glattheit der Minimalwertfunktion nicht ohne weitere Voraussetzungen mit „Differenzierbarkeit" beantworten lässt. ◄

Insgesamt illustriert Beispiel 1.9.1, dass optimale Punkte unter Parameteränderungen springen können und dass Optimalwertfunktionen im Allgemeinen zumindest nicht glatt sind.

Wir fügen noch eine Beobachtung an, die sich später als zentral erweisen wird. Anstelle der „Schnappschüsse" aus Abb. 1.6 besteht eine andere Darstellungsmöglichkeit für die Funktionenfamilie $f(t, \cdot), t \in \mathbb{R}$, aus Beispiel 1.9.1 darin, sie zu „entfalten", also f als Funktion von $\mathbb{R}^2$ nach $\mathbb{R}$ aufzufassen und den entsprechenden Graphen zu betrachten (Abb. 1.7 links unten).

Entscheidend ist die Frage, was man „sieht", wenn man den Graphen aus Abb. 1.7 links unten in einer Richtung parallel zur x-Achse betrachtet. Einen Eindruck davon vermittelt Abb. 1.7 rechts unten.

Der Vergleich von Abb. 1.7 rechts oben und Abb. 1.7 rechts unten zeigt, dass anscheinend ein enger Zusammenhang zwischen dem Graphen von f und dem Graphen der Minimalwertfunktion v besteht. Wie wir in Abschn. 3.2 sehen werden, ist der *Epigraph* von v gerade eine *Parallelprojektion* des Epigraphen von f. Dieser Zusammenhang wird es uns erlauben, Stetigkeitseigenschaften von v auf geometrisch nachvollziehbare Weise herzuleiten.

1.9.4 Beispiel

Wir betrachten ein *restringiertes* parametrisches Optimierungsproblem mit festen Restriktionen:

$$P(t): \quad \min_{x \in \mathbb{R}^2} \cos(t) \cdot x_1 + \sin(t) \cdot x_2 \quad \text{s.t.} \quad x_1 \leq 0,$$
$$-x_2 \leq 0,$$
$$x_2 - x_1 - 1 \leq 0$$

mit $t \in [0, 2\pi]$. Abb. 1.8 zeigt die zulässige Menge M des Problems sowie Gradienten der Zielfunktion für verschiedene Parameterwerte. Durch geometrische Überlegungen erhält man

Abb. 1.8 Zulässige Menge und
Gradienten für $P(t)$ in
Beispiel 1.9.4

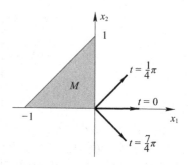

$$S(t) = \begin{cases} \{(-1,0)\}, & t \in [0, \frac{\pi}{2}), \\ [-1,0] \times \{0\}, & t = \frac{\pi}{2}, \\ \{(0,0)\}, & t \in (\frac{\pi}{2}, \pi), \\ \{0\} \times [0,1], & t = \pi, \\ \{(0,1)\}, & t \in (\pi, \frac{7}{4}\pi), \\ \{(-1,0) + s(1,1)|s \in [0,1]\}, & t = \frac{7}{4}\pi, \\ \{(-1,0)\}, & t \in (\frac{7}{4}\pi, 2\pi], \end{cases}$$

für die Minimalpunktabbildung S, wobei abwechselnd Ecken und Kanten von M optimal
sind. Abb. 1.9 zeigt den Graphen gph S der Minimalpunktabbildung S und Abb. 1.10 den
der Minimalwertfunktion v. ◄

Auch in diesem Beispiel springen also die Minimalpunkte (zwischen den Ecken von M), und
die Minimalwertfunktion ist zwar stetig, aber nicht glatt. Bemerkenswert ist aber, dass gph S
hier nicht nur abgeschlossen, sondern sogar *zusammenhängend* ist, obwohl die minimalen
Punkte „springen".

Abb. 1.9 Graph der
Minimalpunktabbildung für
Beispiel 1.9.4

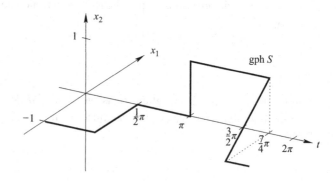

Abb. 1.10 Graph der
Minimalwertfunktion für
Beispiel 1.9.4

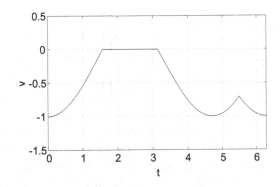

1.9.5 Beispiel

Wir modifizieren Beispiel 1.9.4 durch Einführung einer parameterabhängigen Restriktion, während die Zielfunktion f festgehalten wird:

$$P(t): \quad \min_{x \in \mathbb{R}^2} x_1 \quad \text{s.t.} \qquad\qquad x_1 \leq 0,$$
$$-x_2 \leq 0,$$
$$x_2 - x_1 - 1 \leq 0,$$
$$\cos(t) \cdot x_1 + \sin(t) \cdot x_2 \leq 0$$

mit $t \in [0, 2\pi]$. Durch ähnliche geometrische Überlegungen wie in Beispiel 1.9.4 erhält man die in Abb. 1.11 illustrierten minimalen Punkte

Abb. 1.11 Graph der
Minimalpunktabbildung für
Beispiel 1.9.5

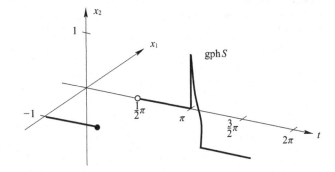

$$S(t) = \begin{cases} \{(-1,0)\}, & t \in [0, \frac{\pi}{2}], \\ \{(0,0)\}, & t \in (\frac{\pi}{2}, \pi), \\ \{0\} \times [0,1], & t = \pi, \\ \left\{\left(-\frac{1}{1+\cot(t)}, \frac{1}{1+\tan(t)}\right)\right\}, & t \in (\pi, \frac{3}{2}\pi], \\ \{(-1,0)\}, & t \in (\frac{3}{2}\pi, 2\pi]. \end{cases}$$

Hier ist der Graph von S also nicht abgeschlossen (und auch nicht zusammenhängend).
Dies zeigt, dass man auch zur Beantwortung der Frage ZF4 im Allgemeinen zusätzliche Voraussetzungen benötigt. Außerdem besitzt auch die Minimalwertfunktion v eine Sprungstelle, wie Abb. 1.12 illustriert. Demnach lässt sich die Frage ZF2 hier nicht mit „Stetigkeit" beantworten. ◄

Wenn man also das Problem $P(\pi/2)$ aus Beispiel 1.9.5 numerisch lösen möchte, können beliebig kleine Störungen von $\bar{t} = \pi/2$ dazu führen, dass der berechnete Minimalpunkt *überhaupt nichts* mit dem gesuchten Punkt zu tun hat. Eine kleine Störung kann hier beispielsweise die computerinterne Darstellung der Zahl π mit endlich vielen Dezimalstellen sein. Eine wichtige Aufgabe der parametrischen Optimierung in der Störungsanalyse ist es, hinreichende Bedingungen an Optimierungsprobleme zu formulieren, die solche Situationen ausschließen.

1.9.6 Übung Skizzieren Sie die Minimalpunktabbildungen S und Minimalwertfunktionen v der folgenden parametrischen Optimierungsprobleme mit $t \in \mathbb{R}$:

Abb. 1.12 Graph der Minimalwertfunktion für Beispiel 1.9.5

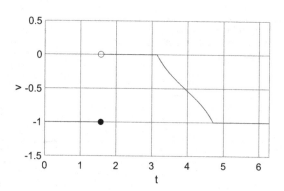

a) $\min\limits_{x\in\mathbb{R}} x$ s.t. $3x - x^3 + t \leq 0$

b) $\min\limits_{x\in\mathbb{R}} x$ s.t. $(tx - 1)x = 0$

c) $\min\limits_{x\in\mathbb{R}} x$ s.t. $t^2 + x^2 \leq 1,$ $-t - x \leq 0$

Hinweis: Berechnen Sie *nicht* die zulässigen Mengen für feste t, sondern skizzieren Sie zunächst die „entfalteten" zulässigen Mengen in der (t, x)-Ebene (siehe Lösung 5.2).

Sensitivität

2

Das vorliegende Kapitel bietet Antworten auf die in Kap. 1 formulierten zentralen Fragen ZF1, ZF2 und ZF3. Dazu geben wir für ein allgemeines parametrisches Minimierungsproblem zunächst Bedingungen an, unter denen ein globaler Minimalpunkt eines nominalen Problems unter hinreichend kleinen Störungen des Parameters eindeutig von ihm abhängt. Dieselben Bedingungen implizieren auch die Differenzierbarkeit der Minimalpunktfunktion sowie die Differenzierbarkeit der Minimalwertfunktion, und wir können die Ableitungen am nominalen Parameter explizit angeben.

Nach einer Zusammenstellung der dafür grundlegenden Begriffe in Abschn. 2.1 befasst sich Abschn. 2.2 zunächst mit unrestringierten Problemen. Durch einige Vorüberlegungen motiviert können wir einfache Voraussetzungen zur Beantwortung der Fragen ZF1, ZF2 und ZF3 im unrestringierten Fall angeben (und damit z. B. Hotellings Lemma aus Abschn. 1.2 begründen). Als grundlegend erweist sich dabei das Konzept des nichtdegenerierten kritischen Punkts, da es die Anwendung des Satzes über implizite Funktionen ermöglicht.

Abschn. 2.3 überträgt diese Überlegungen auf restringierte Probleme, womit sich unter anderem das Konzept von Schattenpreisen aus dem in Abschn. 1.1 diskutierten linearen auf den nichtlinearen Fall übertragen lässt. Sowohl Abschn. 2.2 als auch Abschn. 2.3 geben als zentrales Ergebnis einen *Umhüllungssatz* an.

Abschließend diskutiert Abschn. 2.4 die Notwendigkeit und Wege, die getroffenen Voraussetzungen weiter abzuschwächen. Dazu werden insbesondere die Stabilitätsuntersuchungen aus Kap. 3 nützlich sein.

2.1 Grundlegende Begriffe

Wir betrachten im Folgenden Probleme vom Typ

$$P(t): \quad \min_{x \in \mathbb{R}^n} \; f(t, x) \quad \text{s.t.} \quad g_i(t, x) \le 0, \; i \in I, \; h_j(t, x) = 0, \; j \in J$$

© Der/die Herausgeber bzw. der/die Autor(en), exklusiv lizenziert durch Springer-Verlag GmbH, DE, ein Teil von Springer Nature 2021
O. Stein, *Grundzüge der Parametrischen Optimierung*,
https://doi.org/10.1007/978-3-662-61990-2_2

mit $t \in T$ und $\emptyset \neq T \subseteq \mathbb{R}^r$. Im Einzelnen bedeuten die Bezeichnungen:

x:	Entscheidungsvariable der endlichen Dimension $n \in \mathbb{N}$
t:	Parametervektor der endlichen Dimension $r \in \mathbb{N}$
$I = \{1, \ldots, p\}$:	Endliche Indexmenge der Ungleichungsrestriktionen mit $p \in \mathbb{N}_0$
$J = \{1, \ldots, q\}$:	Endliche Indexmenge der Gleichungsrestriktionen mit $q \in \mathbb{N}_0$ und $q < n$
f:	Parametrische Zielfunktion von $T \times \mathbb{R}^n$ nach $\mathbb{R}$
g_i, $i \in I$:	Parametrische Ungleichungsrestriktionsfunktionen von $T \times \mathbb{R}^n$ nach $\mathbb{R}$
h_j, $j \in J$:	Parametrische Gleichungsrestriktionsfunktionen von $T \times \mathbb{R}^n$ nach $\mathbb{R}$
T:	Parametermenge

Für $t \in T$ definieren wir ferner die *zulässige Menge* von $P(t)$

$$M(t) := \{x \in \mathbb{R}^n \mid g_i(t, x) \leq 0, \ i \in I, \ h_j(t, x) = 0, \ j \in J\},$$

den (globalen) *Minimalwert* von $P(t)$

$$v(t) := \inf_{x \in M(t)} f(t, x)$$

sowie die *Menge der minimalen Punkte*

$$S(t) := \{x \in M(t) \mid f(t, x) = v(t)\}.$$

Dabei ist v eine Funktion, und M sowie S sind mengenwertige Abbildungen. Die Familie der Optimierungsprobleme $P(t)$, $t \in T$, bezeichnen wir kurz als Problem P.

Für $t \in T$ schreiben wir $v(t) = \min_{x \in M(t)} f(t, x)$, sobald sichergestellt ist, dass das Infimum angenommen wird, d. h., wenn ein $x \in M(t)$ mit $v(t) = f(t, x)$ existiert. Dies ist gleichbedeutend mit $S(t) \neq \emptyset$, und das Problem $P(t)$ wird dann als *lösbar* bezeichnet (vgl. [55] für eine ausführliche Diskussion der Lösbarkeit von Optimierungsproblemen).

Die Definition von v als Infimum schließt aber auch den Fall ein, in dem die Funktion $f(t, \cdot)$ auf $M(t)$ nicht nach unten beschränkt ist, denn dann gilt $v(t) = -\infty$. Ferner setzen wir im Fall $M(t) = \emptyset$, einer üblichen und nützlichen Konvention folgend, $v(t) = +\infty$.

Dadurch wird v zu einer Funktion von T in die Menge der *erweiterten reellen Zahlen*

$$\overline{\mathbb{R}} := \mathbb{R} \cup \{-\infty, +\infty\},$$

also

$$v : T \to \overline{\mathbb{R}}, \quad t \mapsto \inf_{x \in M(t)} f(t, x).$$

Obwohl wir im Folgenden stets parametrische *Min*imierungsprobleme betrachten, lassen sich die erzielten Resultate leicht auf parametrische *Max*imierungsprobleme übertragen (für den einfachen Zusammenhang vgl. z. B. [55, 56]).

2.2 Sensitivität unrestringierter Probleme

Wir beginnen mit der Untersuchung unrestringierter Probleme der Form

$$P(t): \quad \min_{x \in \mathbb{R}^n} \ f(t, x)$$

mit $t \in T \subseteq \mathbb{R}^r$. Die Frage ZF1 lautet in unserer nunmehr allgemeinen Notation wie folgt.

> **? Zentrale Frage 1 (ZF1)**
>
> Für einen nominalen Parameter $\bar{t} \in T$ sei ein globaler Minimalpunkt $\bar{x}$ des Problems $P(\bar{t})$ gegeben. Unter welchen Voraussetzungen existiert eine Umgebung U von $\bar{t}$, so dass alle Probleme $P(t)$ mit $t \in U$ einen eindeutigen globalen Minimalpunkt $x(t)$ besitzen?

Insbesondere werden wir Minimalpunkte ab jetzt kürzer als in Kap. 1 mit $x(t)$ anstelle von $x^\star(t)$ bezeichnen.

Wir möchten möglichst schwache Voraussetzungen finden (also solche, von denen man in möglichst vielen Anwendungen erwarten kann, erfüllt zu sein), mit denen sich die Frage ZF1 beantworten lässt. Eine technische Grundvoraussetzung besteht darin, dass man $\bar{t}$ aus dem (topologischen) Inneren int T der Menge T wählen muss, damit die Probleme $P(t)$ überhaupt mit irgendeiner Umgebung U für alle $t \in U$ definiert sind.

Mit zusätzlichem technischen Aufwand kann man auf diese Voraussetzung verzichten. Dazu muss man in ZF1 fragen, unter welchen Voraussetzungen eine Umgebung U von $\bar{t}$ existiert, so dass nur alle Probleme $P(t)$ mit $t \in U \cap T$ einen eindeutigen globalen Minimalpunkt $x(t)$ besitzen. Dies führen wir im vorliegenden Kapitel zwar nicht aus, werden solche Umgebungen relativ zu T aber intensiv in Kap. 3 benutzen.

Mit einigen Vorüberlegungen werden wir in Abschn. 2.2.1 sehen, dass auf den ersten Blick naheliegende schwache Voraussetzungen nicht zielführend sind. Stattdessen führt Abschn. 2.2.2 das für die parametrische Optimierung grundlegende Konzept des nichtdegenerierten kritischen Punkts ein. Abschn. 2.2.3 diskutiert danach das Konzept der quadratischen Indizes, mit dem wir nichtdegenerierte lokale Minimalpunkte systematisch von anderen kritischen Punkten unterscheiden können. In Abschn. 2.2.4 leiten wir daraus Stabilitätsaussagen zu lokalen und globalen Minimalpunkten her, die die Frage ZF1 beantworten.

Das Konzept des nichtdegenerierten kritischen Punkts erlaubt somit eine übersichtliche Analyse. Andererseits ist es aber derart stark, dass es nicht nur eine Antwort auf die Frage ZF1 nach lokaler Eindeutigkeit globaler Minimalpunkte zulässt, sondern auch die Frage ZF2 nach Glattheitseigenschaften von Minimalpunkt- und Minimalwertfunktion beantwortet sowie die in Frage ZF3 gewünschten Formeln für erste und teilweise sogar zweite Ableitungen dieser Funktionen liefert. Diese Formeln leiten wir in Abschn. 2.2.5 für die Minimalpunkt- und in Abschn. 2.2.6 für die Minimalwertfunktion her.

2.2.1 Vorüberlegungen

Eine erste Idee zur Beantwortung der Frage ZF1 besteht darin, hinreichende Bedingungen für die Existenz eindeutiger Minimalpunkte aller Probleme $P(t)$ mit t aus einer Umgebung U von $\bar{t}$ zu formulieren. Dass ein unrestringiertes Optimierungsproblem *mindestens* einen Minimalpunkt besitzt, folgt beispielsweise aus der *Koerzivität* der Zielfunktion auf $\mathbb{R}^n$ [55], hier also aus der Forderung

$$\lim_{\|x\| \to +\infty} f(t, x) = +\infty$$

für alle $t \in U$. Eine natürliche hinreichende Bedingung für die Existenz *höchstens* eines Minimalpunkts ist die strikte Konvexität der Zielfunktion auf $\mathbb{R}^n$ [55], hier also die Bedingung

$$\forall\, x, y \in \mathbb{R}^n,\ \lambda \in (0, 1): \quad f(t, (1 - \lambda)x + \lambda y) < (1 - \lambda)f(t, x) + \lambda f(t, y)$$

für jedes $t \in U$. Eine mögliche Antwort auf die Frage ZF1 wäre demnach, dass man die Koerzivität und strikte Konvexität von $f(t, \cdot)$ auf $\mathbb{R}^n$ für alle $t \in U$ fordert. Dies wäre dann sogar für *jede* Umgebung U von $\bar{t}$ mit $U \subseteq T$ möglich.

Diese Argumentation berücksichtigt allerdings nicht, dass in der Frage ZF1 lediglich nach der *Existenz* einer Umgebung U von $\bar{t}$ gefragt ist. Es wäre also gar nicht notwendig, diese Umgebung vorzugeben. Stattdessen versuchen wir, Bedingungen *nur* an das nominale Problem $P(\bar{t})$ zu formulieren, aus denen die Existenz einer geeigneten Umgebung folgt. Eine solche Voraussetzung wäre erstens viel einfacher zu überprüfen (nämlich nur an $\bar{t}$ statt an allen $t \in U$), und zweitens genügt sie für lokale Untersuchungen.

Als Konsequenz der Untersuchung nur am nominalen Parameter liefert die Formulierung der Frage ZF1 außerdem, dass man die Existenz eines globalen Minimalpunkts $\bar{x}$ von $P(\bar{t})$ sogar a priori annehmen darf, anstatt sie aus den gesuchten Voraussetzungen abzuleiten. Insbesondere wird daher erstens die Voraussetzung von Koerzivität im vorliegenden Kap. 2 keine zentrale Rolle mehr spielen, und zweitens wird der Optimalwert $v(\bar{t})$ bei der Behandlung der Frage ZF1 niemals die erweitert reellen Werte $\pm\infty$ annehmen können.

Eine nächste Idee wäre es demnach, strikte Konvexität von $f(t, \cdot)$ auf $\mathbb{R}^n$ nur für $t = \bar{t}$ zu fordern und zu beweisen, dass sie sich auf eine Umgebung U von $\bar{t}$ überträgt. Das folgende Gegenbeispiel zeigt allerdings, dass dies *nicht* möglich ist.

2.2.1 Beispiel

Die Funktionenfamilie

$$f(t, x) = x^4 - tx^2$$

mit Parameter $t \in \mathbb{R}$ erfüllt $f(0, x) = x^4$. Demnach ist $f(\bar{t}, \cdot)$ für $\bar{t} = 0$ strikt konvex (und koerziv) auf $\mathbb{R}$. Der eindeutige globale Minimalpunkt von $f(\bar{t}, \cdot)$ lautet $\bar{x} = 0$.

Zwar überträgt sich die Koerzivität hier auf jede beliebige Umgebung von $\bar{t} = 0$, allerdings die strikte Konvexität auf keine noch so kleine Umgebung: Für jedes $t \in \mathbb{R}$ und $x \in \mathbb{R}$ lautet die Hesse-Matrix von f nach x

$$D_x^2 f(t, x) = 12x^2 - 2t,$$

was für alle $t > \bar{t}$ an $\bar{x} = 0$ die Ungleichung $D_x^2 f(t, 0) < 0$ impliziert. Nach der C^2-Charakterisierung von Konvexität [55] ist $f(t, \cdot)$ daher für kein $t > \bar{t}$ konvex und damit insbesondere auch nicht strikt konvex.

Damit ist für $t > \bar{t}$ allerdings nur die gewünschte hinreichende Bedingung für die Eindeutigkeit des Minimalpunkts in einer Umgebung von $\bar{t}$ verletzt, was noch nicht ausschließt, dass sie trotzdem vorliegen könnte. Tatsächlich besitzt die Funktion $f(t, \cdot)$ aber für jedes $t > \bar{t}$ *zwei* globale Minimalpunkte. Dies sieht man wie folgt.

Nach der Fermat'schen Regel [56] ist für gegebenes $t \in \mathbb{R}$ jeder globale Minimalpunkt x von $f(t, \cdot)$ notwendigerweise *kritischer Punkt* d.h., es gilt

$$0 = \nabla_x f(t, x) = 4x^3 - 2tx.$$

Für die Menge der kritischen Punkte $C(t)$ von $f(t, \cdot)$ erhalten wir also

$$C(t) = \begin{cases} \{0\}, & t \leq 0, \\ \{-\sqrt{t/2}, 0, \sqrt{t/2}\}, & t > 0. \end{cases}$$

Da $f(t, \cdot)$ per C^2-Charakterisierung für alle $t \leq 0$ konvex auf $\mathbb{R}$ ist, stimmen für diese t die globalen Minimalpunkte mit den kritischen Punkten überein, es gilt also $S(t) = C(t) = \{0\}$ für alle $t \leq 0$.

Für $t > 0$ ist $f(t, \cdot)$ wenigstens noch koerziv auf $\mathbb{R}$, so dass mindestens ein globaler Minimalpunkt existiert und nach der Fermat'schen Regel in der Menge $C(t) = \{-\sqrt{t/2}, 0, \sqrt{t/2}\}$ zu finden sein muss. Auswerten der Zielfunktion an diesen Punkten liefert

$$f(t, \pm\sqrt{t/2}) = -t^2/4$$

sowie

$$f(t, 0) = 0.$$

Daraus folgt $S(t) = \{\pm\sqrt{t/2}\}$, insgesamt also

$$S(t) = \begin{cases} \{0\}, & t \leq 0, \\ \{\pm\sqrt{t/2}\}, & t > 0. \end{cases}$$

Die zugehörige Minimalwertfunktion lautet

$$v(t) = \begin{cases} 0, & t \le 0, \\ -t^2/4, & t > 0. \end{cases}$$

◀

Dass sich strikte Konvexität in Beispiel 2.2.1 nicht von $\bar{t} = 0$ auf eine Umgebung von $\bar{t}$ überträgt, liegt daran, dass die zweite Ableitung $D_x^2 f(\bar{t}, \bar{x})$ verschwindet. Selbst für eine stetige Funktion $x(t)$ mit $x(\bar{t}) = \bar{x}$ kann dies zu $D_x^2 f(t, x(t)) < 0$ für alle $t > \bar{t}$ führen (im Beispiel mit $x(t) \equiv 0$). Wäre stattdessen $D_x^2 f(\bar{t}, \bar{x})$ strikt positiv (wie man es für eine strikt konvexe Funktion vielleicht erwartet hätte), könnten wir diesen Effekt ausschließen, wie die folgende Übung zeigt. Zur Übertragung erwünschter Eigenschaften von einem nominalen Parameter auf eine ganze Umgebung werden wir dieses Resultat im Folgenden häufig ausnutzen.

In der Literatur zu Analysis und Optimierung wird in diesem Zusammenhang häufig nur kurz auf „Stetigkeitsgründe" verwiesen.

2.2.2 Übung Für $\bar{t} \in T$ sei die Funktion $\varphi : T \to \mathbb{R}$ stetig an $\bar{t}$, und es gelte $\varphi(\bar{t}) > 0$. Zeigen Sie, dass dann eine Umgebung U von $\bar{t}$ mit $\varphi(t) > 0$ für alle $t \in U \cap T$ existiert.

Die uns interessierende Positivitätsbedingung $D_x^2 f(\bar{t}, \bar{x}) > 0$ aus Beispiel 2.2.1 entspricht im allgemeinen mehrdimensionalen Fall (d. h. für $t \in \mathbb{R}^r$ und $x \in \mathbb{R}^n$) der positiven Definitheit der Hesse-Matrix von $f(\bar{t}, \cdot)$ nach x an einem globalen Minimalpunkt $\bar{x}$, also $D_x^2 f(\bar{t}, \bar{x}) \succ 0$. Wir werden zur Beantwortung der Frage ZF1 am vorgegebenen globalen Minimalpunkt $\bar{x}$ von $P(\bar{t})$ demnach mindestens die Bedingung $D_x^2 f(\bar{t}, \bar{x}) \succ 0$ fordern.

Die nächste wichtige Beobachtung ist, dass die laut Fermat'scher Regel dann gleichzeitig gültigen Beziehungen

$$\nabla_x f(\bar{t}, \bar{x}) = 0, \qquad D_x^2 f(\bar{t}, \bar{x}) \succ 0$$

die Anwendung des Satzes über implizite Funktionen ermöglichen, aus dem zumindest die Existenz einer Umgebung U von $\bar{t}$ sowie eines kritischen Punkts $x(t)$ von $f(t, \cdot)$ für alle $t \in U$ folgen werden. Damit werden wir uns in Abschn. 2.2.2 befassen.

Falls die Funktionen $f(t, \cdot)$ zusätzlich *konvex* sind, müssen diese kritischen Punkte eindeutige globale Minimalpunkte sein, was die Frage ZF1 schließlich beantworten wird. Es lohnt sich allerdings, zunächst zu untersuchen, was der Satz über implizite Funktionen *ohne* diese zusätzliche Konvexitätsvoraussetzung liefert.

Damit das Problem P dafür hinreichend glatt ist, setzen wir im Folgenden $f \in C^k(T \times \mathbb{R}^n, \mathbb{R})$ mit $k \ge 2$ voraus, d. h., f sei mindestens zweimal stetig differenzierbar (und definiert) auf einer offenen Obermenge von $T \times \mathbb{R}^n$. Warum es nützlich ist, den Differenzierbarkeitsgrad explizit mit k zu bezeichnen, wird sich in Abschn. 2.2.6 erweisen.

Da der Satz über implizite Funktionen eine lokale Aussage bildet, würde es im Folgenden zunächst auch genügen, für den zu untersuchenden Parameter $\bar{t} \in \operatorname{int} T$ nur $f \in C^k(\{\bar{t}\} \times \mathbb{R}^n, \mathbb{R})$ mit $k \geq 2$ vorauszusetzen. Dies würde an anderer Stelle aber zusätzlichen technischen Aufwand verursachen, weshalb wir im Rahmen dieses Lehrbuchs darauf verzichten.

2.2.2 Nichtdegenerierte kritische Punkte

Als entscheidendes Hilfsmittel für eine lokale Untersuchung von P um einen nominalen Parameter $\bar{t}$ wird sich in diesem Abschnitt der Satz über implizite Funktionen erweisen.

Wie angekündigt benutzen wir dazu, dass jeder globale Minimalpunkt $\bar{x}$ von $P(\bar{t})$ laut Fermat'scher Regel insbesondere *kritischer Punkt* von $P(\bar{t})$ ist, d. h., es gilt

$$\nabla_x f(\bar{t}, \bar{x}) = 0. \tag{2.1}$$

Grundlegend für alle Überlegungen in diesem Kapitel ist es, zunächst nur kritische Punkte zu betrachten und erst in weiteren Schritten diejenigen kritischen Punkte auszuwählen, die tatsächlich lokale oder sogar globale Minimalpunkte sind.

Schreibt man Gl. (2.1) aus, so erhält man n Gleichungen für die $r + n$ unbekannten Einträge der Vektoren $\bar{t}$ und $\bar{x}$, das Gleichungssystem (2.1) ist also *unterbestimmt*. Unter geeigneten Regularitätsvoraussetzungen sollte die Lösungsmenge von

$$F(t, x) := \nabla_x f(t, x) = 0 \tag{2.2}$$

eine r-dimensionale Mannigfaltigkeit sein ($n + r$ Freiheitsgrade abzüglich n Gleichungsrestriktionen). Zur Parametrisierung der Lösungsmenge bietet sich die r-dimensionale Variable t an. Ein übliches Instrument zur lokalen Beschreibung der Lösungsmenge von unterbestimmten Gleichungssystemen wie (2.2) ist der *Satz über implizite Funktionen* (z. B. [21, 27]).

> **2.2.3 Satz (Satz über implizite Funktionen)**
> *Für $T \subseteq \mathbb{R}^r$ sei die Funktion $F : T \times \mathbb{R}^n \to \mathbb{R}^n$ mindestens einmal stetig differenzierbar, am Punkt $(\bar{t}, \bar{x}) \in (\operatorname{int} T) \times \mathbb{R}^n$ gelte $F(\bar{t}, \bar{x}) = 0$, und die Jacobi-Matrix $D_x F(\bar{t}, \bar{x})$ sei nichtsingulär. Dann existieren offene Umgebungen U von $\bar{t}$ und V von $\bar{x}$ sowie eine eindeutige Funktion $x : U \to V$, so dass für alle $(u, v) \in U \times V$ genau dann $F(u, v) = 0$ gilt, wenn v mit $x(u)$ übereinstimmt. Die Funktion x ist dabei auf U mindestens so oft stetig differenzierbar wie F auf $U \times V$.*

Mit der speziellen Wahl $F(t, x) = \nabla_x f(t, x)$ aus (2.2) gilt an einem kritischen Punkt $\bar{x}$ von $P(\bar{t})$

$$F(\bar{t}, \bar{x}) \; = \; \nabla_x f(\bar{t}, \bar{x}) \; = \; 0.$$

F ist dabei eine C^{k-1}-Funktion mit $k \geq 2$, also mindestens einmal stetig differenzierbar. Die Jacobi-Matrix $D_x F$ wird zur Hesse-Matrix von f bezüglich x, also

$$D_x F(\bar{t}, \bar{x}) \; = \; D_x^2 f(\bar{t}, \bar{x}).$$

Diese Überlegungen motivieren die folgende Definition.

2.2.4 Definition (Nichtdegenerierter kritischer Punkt)
Für $\bar{t} \in T$ heißt ein kritischer Punkt $\bar{x}$ von $P(\bar{t})$ mit nichtsingulärer Hesse-Matrix $D_x^2 f(\bar{t}, \bar{x})$ *nichtdegeneriert*.

Der Satz über implizite Funktionen liefert damit sofort das folgende Resultat, das in Abb. 2.1 illustriert ist.

2.2.5 Satz *Für $\bar{t} \in$ int T sei der Punkt $\bar{x}$ ein nichtdegenerierter kritischer Punkt von $P(\bar{t})$. Dann existiert eine lokal um $\bar{t}$ definierte C^{k-1}-Funktion x, so dass $x(t)$ der lokal eindeutige kritische Punkt von $P(t)$ ist.*

2.2.3   Quadratische Indizes

Satz 2.2.5 liefert bereits eine Stabilitätsaussage, aber nur für *kritische Punkte*. Die Frage ZF1 bezieht sich allerdings auf die Stabilität *globaler Minimalpunkte*. In einem ersten Schritt werden wir im Folgenden untersuchen, wie man von der Stabilität kritischer Punkte wenigstens auf die Stabilität *lokaler Minimalpunkte* schließen kann.

Bekanntlich ist jeder lokale Minimalpunkt $\bar{x}$ von $P(\bar{t})$ nicht nur notwendigerweise kritischer Punkt, sondern außerdem ist die Hesse-Matrix $D_x^2 f(\bar{t}, \bar{x})$ notwendigerweise positiv

Abb. 2.1 Nichtdegenerierter
kritischer Punkt

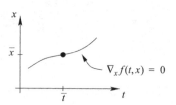

semidefinit, d. h., ihre Eigenwerte sind sämtlich nichtnegativ (z. B. [3, 56]). Falls solch ein lokaler Minimalpunkt nicht nur irgendein kritischer Punkt, sondern ein nichtdegenerierter kritischer Punkt ist, so nennen wir ihn kurz *nichtdegenerierten lokalen Minimalpunkt.*

An einem nichtdegenerierten lokalen Minimalpunkt $\bar{x}$ von $P(\bar{t})$ ist $D_x^2 f(\bar{t}, \bar{x})$ wegen der lokalen Minimalität nicht nur positiv semidefinit, sondern außerdem kann wegen der Nichtdegeneriertheit kein Eigenwert von $D_x^2 f(\bar{t}, \bar{x})$ verschwinden. Folglich ist $D_x^2 f(\bar{t}, \bar{x})$ an einem nichtdegenerierten lokalen Minimalpunkt notwendigerweise sogar *positiv definit.* Da dies gleichzeitig eine *hinreichende* Bedingung dafür darstellt, dass ein kritischer Punkt ein lokaler Minimalpunkt ist, erhalten wir: Ein nichtdegenerierter kritischer Punkt $\bar{x}$ von $P(\bar{t})$ ist *genau dann* lokaler Minimalpunkt, wenn $D_x^2 f(\bar{t}, \bar{x})$ nur positive Eigenwerte besitzt. Außerdem ist damit jeder nichtdegenerierte lokale Minimalpunkt tatsächlich ein lokaler Minimalpunkt (statt nur so zu heißen).

Diese Beobachtung führt auf folgende Definition, in der etwas allgemeiner die Anzahlen der negativen und positiven Eigenwerte von $D_x^2 f(\bar{t}, \bar{x})$ betrachtet werden. Dies wird neben einem Stabilitätsresultat für nichtdegenerierte lokale Minimalpunkte auch analoge Stabilitätsresultate für nichtdegenerierte lokale Maximal- sowie Sattelpunkte erlauben. Es sei nochmals daran erinnert, dass diese allgemeinere Betrachtung den Voraussetzungen des Satzes über implizite Funktionen geschuldet ist, der nicht notwendigerweise eine positiv definite, sondern nur eine nichtsinguläre Hesse-Matrix erfordert.

2.2.6 Definition (Quadratischer Index und Co-Index)
Der Punkt $\bar{x}$ sei ein nichtdegenerierter kritischer Punkt von $P(\bar{t})$. Die Anzahl der *negativen* Eigenwerte von $D_x^2 f(\bar{t}, \bar{x})$ heißt *quadratischer Index (QI)* von $\bar{x}$. Die Anzahl der *positiven* Eigenwerte von $D_x^2 f(\bar{t}, \bar{x})$ heißt *quadratischer Co-Index (QCI)* von $\bar{x}$.

Der quadratische Index eines nichtdegenerierten kritischen Punkts spielt auch in der Morse-Theorie eine wesentliche Rolle und heißt dort Morse-Index [42].

2.2.7 Übung Zeigen Sie, dass die kritischen Punkte von

$$f(t, x) = (t + 1) \cdot \left(\frac{x_1^2}{2} - x_1 \cos(t) \right) + (t - 1) \cdot \left(\frac{x_2^2}{2} - x_2 \sin(t) \right)$$

für $\bar{t} \in \{-2, 0, 2\}$ nichtdegeneriert sind, und berechnen Sie ihre quadratischen Indizes und Co-Indizes. In diesem Beispiel ist es möglich, die lokal implizit definierten Funktionen kritischer Punkte $x(t)$ explizit anzugeben. Wie lauten sie für $\bar{t} \in \{-2, 0, 2\}$?

An einem nichtdegenerierten kritischen Punkt addieren sich quadratischer Index und quadratischen Co-Index zu n. Ferner ist ein nichtdegenerierter kritischer Punkt genau dann ein lokaler Minimalpunkt, wenn sein quadratischer Index verschwindet, und ein lokaler Maximalpunkt genau dann, wenn sein quadratischer Co-Index verschwindet; ansonsten handelt es sich um einen nichtdegenerierten Sattelpunkt.

2.2.4 Stabilität nichtdegenerierter Minimalpunkte

Wir untersuchen als Nächstes, ob die nach Satz 2.2.5 lokal um einen nichtdegenerierten kritischen Punkt $\bar{x}$ von $P(\bar{t})$ definierten kritischen Punkte $x(t)$ lokale Minimalpunkte von $P(t)$ bleiben, wenn $\bar{x}$ sogar schon nichtdegenerierter lokaler Minimalpunkt von $P(\bar{t})$ ist. Dazu zeigen wir zunächst ein allgemeineres Resultat für beliebige nichtdegenerierte kritische Punkte.

> **2.2.8 Proposition** *Für $\bar{t} \in \text{int } T$ sei der Punkt $\bar{x}$ ein nichtdegenerierter kritischer Punkt von $P(\bar{t})$. Dann ist der lokal eindeutige kritische Punkt $x(t)$ für t aus einer genügend kleinen Umgebung von $\bar{t}$ sogar nichtdegenerierter kritischer Punkt von $P(t)$ mit demselben quadratischen Index und Co-Index wie $\bar{x}$.*

Beweis Die Eigenwerte der symmetrischen Matrix $D_x^2 f(t, x(t))$ hängen stetig von ihren Einträgen [62] und diese wiederum stetig von t ab. Damit ist jeder Eigenwert lokal um $\bar{t}$ eine stetige Funktion von t. Da für $t = \bar{t}$ kein Eigenwert von $D_x^2 f(\bar{t}, \bar{x})$ verschwindet, behalten nach Übung 2.2.2 alle diese Eigenwerte unter hinreichend kleinen Störungen von t ihr Vorzeichen bei. □

> **2.2.9 Korollar** *Für $\bar{t} \in \text{int } T$ sei der Punkt $\bar{x}$ ein nichtdegenerierter lokaler Minimalpunkt von $P(\bar{t})$. Dann ist der lokal eindeutige kritische Punkt $x(t)$ für t aus einer genügend kleinen Umgebung von $\bar{t}$ sogar lokaler Minimalpunkt von $P(t)$.*

Beweis Laut Proposition 2.2.8 übertragen sich die Bedingungen $\nabla_x f(\bar{t}, \bar{x}) = 0$ und $D_x^2 f(\bar{t}, \bar{x}) \succ 0$ vom nominalen Problem auf eine hinreichend kleine Umgebung von $\bar{t}$, also auf $\nabla_x f(t, x(t)) = 0$ und $D_x^2 f(t, x(t)) \succ 0$. Nach der hinreichenden Optimalitätsbedingung zweiter Ordnung ist $x(t)$ für diese t demnach ein (sogar nichtdegenerierter) lokaler Minimalpunkt von $P(t)$. □

Abschließend müssen wir noch den Schritt von *lokalen* zu *globalen* Minimalpunkten gehen. Beispiel 1.9.1 zeigt für den nominalen Parameter $\bar{t} = 0$, dass man dafür nicht ohne weitere Voraussetzungen in Korollar 2.2.9 den Begriff *lokal* durch *global* ersetzen kann. Erst dies ist die Stelle, an der wir wieder Konvexität ins Spiel bringen.

2.2.10 Korollar *Für $\bar{t} \in$ int T sei der Punkt $\bar{x}$ ein nichtdegenerierter globaler Minimalpunkt von $P(\bar{t})$, und für jedes t aus einer Umgebung von $\bar{t}$ sei die Funktion $f(t, \cdot)$ konvex auf $\mathbb{R}^n$. Dann ist der lokal eindeutige kritische Punkt $x(t)$ für t aus einer genügend kleinen Umgebung von $\bar{t}$ sogar eindeutiger globaler Minimalpunkt von $P(t)$.*

Beweis Aus Korollar 2.2.9 folgt mit der Konvexität der Funktionen $f(t, \cdot)$ auf $\mathbb{R}^n$, dass der lokal eindeutige kritische Punkt $x(t)$ für t aus einer genügend kleinen Umgebung von $\bar{t}$ globaler Minimalpunkt von $P(t)$ ist.

Zu klären ist noch die Eindeutigkeit dieses globalen Minimalpunkts. Würde $P(t)$ noch weitere globale Minimalpunkte besitzen, so müssten diese gemeinsam mit $x(t)$ eine mehrelementige konvexe Menge $S(t)$ bilden [55]. Wegen der unter Konvexität gültigen Identität $S(t) = C(t)$ wäre dann aber auch die Menge der kritischen Punkte $C(t)$ von $P(t)$ eine mehrelementige konvexe Menge. Dies steht im Widerspruch zur lokalen Eindeutigkeit des kritischen Punkts $x(t)$. $\square$

Korollar 2.2.10 beantwortet die Frage ZF1 für unrestringierte Probleme. Eine Antwort auf die Frage ZF2 wird von Satz 2.2.5 dabei gleich mitgeliefert. Sie lautet in der allgemeinen Notation wie folgt.

? Zentrale Frage 2 (ZF2)

Wie glatt sind die Funktionen $x(t)$ und $v(t)$ am Punkt $\bar{t}$?

Da $x(t)$ laut Satz 2.2.5 eine C^{k-1}-Funktion ist, gilt dies auch für $v(t) = f(t, x(t))$ als Verknüpfung einer C^k- mit einer C^{k-1}-Funktion. Wegen unserer Voraussetzung $k \geq 2$ sind beide Funktionen also mindestens einmal stetig differenzierbar an $\bar{t}$. Damit sind sie insbesondere an $\bar{t}$ stetig, was eine *Stabilitäts*aussage ist. Zu einer *Sensitivitäts*aussage gehört neben der Differenzierbarkeit der Funktionen auch eine Formel für die Ableitungen, also eine Antwort auf die Frage ZF3.

Wie lauten die Ableitungen $Dx(\bar{t})$ und $\nabla v(\bar{t})$?

Mit dieser Frage beschäftigen sich die folgenden beiden Abschnitte.

2.2.5   Sensitivität nichtdegenerierter Minimalpunkte

Wenn $\bar{x}$ für $\bar{t} \in \mathrm{int}\, T$ ein nichtdegenerierter kritischer Punkt von $P(\bar{t})$ ist, dann erhält man eine Formel für die Jacobi-Matrix der Funktion x an $\bar{t}$ wie folgt: Wegen der für t lokal um $\bar{t}$ gültigen Identität

$$0 \equiv F(t, x(t)) = \nabla_x f(t, x(t))$$

ist die Ableitung dieser in t konstanten Funktion ebenfalls identisch null, es gilt also

$$0 \equiv D_t[\nabla_x f(t, x(t))].$$

Die Kettenregel mit $\nabla_x f(t, x)$ als äußerer und $(t, x(t))$ als innerer Funktion liefert

$$
0 \equiv [D_{(t,x)}\nabla_x f](t, x(t)) \cdot D_t \begin{pmatrix} t \\ x(t) \end{pmatrix}
$$

$$
= ([D_t \nabla_x f](t, x(t)), [D_x^2 f](t, x(t))) \cdot \begin{pmatrix} E \\ Dx(t) \end{pmatrix}
$$

$$
= \underbrace{[D_t \nabla_x f](t, x(t))}_{(n,r)\text{-Matrix}} + \underbrace{[D_x^2 f](t, x(t))}_{(n,n)\text{-Matrix}} \cdot \underbrace{[Dx](t),}_{(n,r)\text{-Matrix}}
$$

wobei E die (r, r)-Einheitsmatrix bezeichnet. (Im Kontext der Anwendung der Kettenregel schreiben wir in diesem Lehrbuch Ausdrücke wie $D_t \nabla_x f(t, x(t))$ ausführlicher als $[D_t \nabla_x f](t, x(t))$, um zu verdeutlichen, dass die Funktion f zunächst abgeleitet wird, bevor man die Funktion $(t, x(t))$ in das Ergebnis einsetzt.)

Die Auswertung dieser Identität bei $\bar{t}$ liefert insbesondere

$$0 = D_t \nabla_x f(\bar{t}, \bar{x}) + D_x^2 f(\bar{t}, \bar{x}) \cdot Dx(\bar{t}),$$

und die Nichtdegeneriertheit von $\bar{x}$ erlaubt das Auflösen dieser Gleichung zu

$$Dx(\bar{t}) = -(D_x^2 f(\bar{t}, \bar{x}))^{-1} \cdot D_t \nabla_x f(\bar{t}, \bar{x}). \tag{2.3}$$

Diese Identität gilt insbesondere, wenn $\bar{x}$ nicht nur ein nichtdegenerierter kritischer Punkt, sondern sogar ein nichtdegenerierter lokaler oder globaler Minimalpunkt ist.

In der Mikroökonomik tritt Gl. (2.3) (mit F anstelle von $\nabla_x f$) z. B. als *Roys Identität* über indirekt definierte Nutzenfunktionen [50] oder bei der Berechnung der *Grenzrate der Substitution* von Produktionsfaktoren [33] auf.

2.2.11 Beispiel

Wir betrachten wieder die Funktion

$$f:\ \ \mathbb{R}\times\mathbb{R}\to\mathbb{R},\quad (t,x)\mapsto \frac{x^4}{8}-\frac{3}{4}x^2-tx$$

aus Beispiel 1.9.1. Der Punkt $\bar{x}_1=-2$ ist nichtdegenerierter kritischer Punkt von $P(-1)$ mit QI $=0$ (Abb. 1.6 oben), denn es gilt

$$\nabla_x f(\bar{t},\bar{x}_1)\ =\ \left[\frac{x^3}{2}-\frac{3}{2}x-t\right]_{(\bar{t},\bar{x}_1)=(-1,-2)}\ =\ -4+3+1\ =\ 0$$

sowie

$$D_x^2 f(\bar{t},\bar{x}_1)\ =\ \left[\frac{3}{2}x^2-\frac{3}{2}\right]_{(\bar{t},\bar{x}_1)=(-1,-2)}\ =\ \frac{9}{2}\ >\ 0.$$

Analog sieht man, dass $\bar{x}_2=2$ nichtdegenerierter kritischer Punkt von $P(1)$ mit QI $=0$ (Abb. 1.6 unten) ist.

Ferner ist $\bar{x}_3=0$ ein nichtdegenerierter kritischer Punkt von $P(0)$ mit QI $=1$ (Abb. 1.6 Mitte), denn es gilt

$$\nabla_x f(\bar{t},\bar{x}_3)\ =\ 0,\qquad D_x^2 f(\bar{t},\bar{x}_3)\ =\ -\frac{3}{2}.$$

An den quadratischen Indizes liest man ab, dass es sich bei $\bar{x}_1$ und $\bar{x}_2$ um nichtdegenerierte lokale Minimalpunkte handelt, während $\bar{x}_3$ ein nichtdegenerierter lokaler *Maximal*punkt ist.

Die in Abb. 1.7 links oben dargestellten globalen Minimalpunkte sind spezielle kritische Punkte. Wenn wir die Punkte $(-1,\bar{x}_1)$, $(1,\bar{x}_2)$ und $(0,\bar{x}_3)$ in dieses Diagramm eintragen möchten, so müssen wir die dargestellte Menge zur Menge *aller* kritischen Punkte von f erweitern. Um sich einen Eindruck vom Aussehen dieser Menge um $(0,\bar{x}_3)$ zu verschaffen (Abb. 2.2), kann man mit Hilfe von (2.3) die Ableitung der zugehörigen Funktion $x_3(t)$ zu

$$Dx_3(0)\ =\ -(D_x^2 f(0,0))^{-1}D_t\nabla_x f(0,0)\ =\ -\left(-\frac{3}{2}\right)^{-1}\cdot(-1)\ =\ -\frac{2}{3}$$

bestimmen. Die Kurve der kritischen Punkte verläuft also mit negativer Steigung durch den Punkt $(0,0)$.

Wir stellen außerdem fest, dass auch die Punkte $\bar{x}_{4/5}=\pm\sqrt{3}$ nichtdegenerierte lokale Minimalpunkte von $P(0)$ sind. Obwohl sie *Randpunkte* der Menge der globalen Minimalpunkte sind, besagt der Satz über implizite Funktionen, dass man die Menge der *lokalen* Minimalpunkte durch sie hindurch fortsetzen kann. Dies ist auch anschaulich

Abb. 2.2 Einige kritische
Punkte von
$f(t, x) = \frac{x^4}{8} - \frac{3}{4}x^2 - tx$

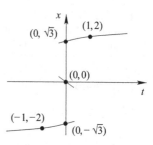

klar (Abb. 1.6). Es illustriert aber, dass man mit lokalen Stabilitäts- und Sensitivitäts-untersuchungen *nicht* feststellen kann, ob ein globaler Minimalpunkt in einen lokalen Minimalpunkt umschlägt. Das kann man auch nicht erwarten, da die benutzten Ablei-tungsinformationen rein lokaler Natur sind.

Einen Eindruck vom Aussehen der Menge *aller* nichtdegenerierten kritischen Punkte vermittelt Abb. 2.3. Die Punkte $(-1, 1)$ und $(1, -1)$ entsprechen den *degenerierten* kriti-schen Punkten $\bar{x}_6 = 1$ von $P(-1)$ bzw. $\bar{x}_7 = -1$ von $P(1)$. Es ist anschaulich klar, dass an diesen Punkten der Satz über implizite Funktionen nicht anwendbar sein kann. Dass sich auch genau an diesen *Singularitäten* der quadratische Index und Co-Index ändern, ist kein Zufall [20]. ◄

2.2.12 Übung   Nach Übung 2.2.7 existiert für die dort gegebene Funktion f eine stetig differenzierbare Funktion x, so dass $x(0)$ mit dem nichtdegenerierten Sattelpunkt $(1, 0)$ von $f(0, \cdot)$ übereinstimmt und $x(t)$ für t genügend nahe bei 0 den lokal um $(1, 0)$ eindeutig bestimmten Sattelpunkt von $f(t, \cdot)$ darstellt.

Berechnen Sie die Ableitung von $Dx(0)$ einmal mit der Formel (2.3) und zur Probe einmal durch Einsetzen der in Übung 2.2.7 explizit berechneten Funktion x.

2.2.6 Sensitivität nichtdegenerierter Minimalwerte

Wenn für $\bar{t} \in \text{int } T$ ein nichtdegenerierter kritischer Punkt $\bar{x}$ von $P(\bar{t})$ vorliegt, so lässt sich jedem der lokal definierten kritischen Punkte $x(t)$ auch sein Wert

Abb. 2.3 Nichtdegenerierte
kritische Punkte und
quadratische Indizes für
Beispiel 1.9.1

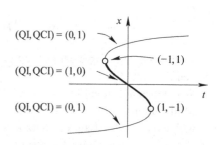

$$\bar{v}(t) := f(t, x(t))$$

zuordnen. Wir nennen $\bar{v}(\bar{t})$ dann kurz *nichtdegenerierten kritischen Wert* und die lokal um $\bar{t}$ definierte Funktion $\bar{v}$ *Kritische-Werte-Funktion*.

Analog kann man nichtdegenerierte lokale bzw. globale Minimalwerte sowie Lokale-Minimalwert-Funktionen einführen. Wir konzentrieren uns im Folgenden auf den Zusammenhang zwischen der Kritische-Werte-Funktion $\bar{v}$ und der (globalen) Minimalwertfunktion v.

Im Allgemeinen gilt leider nur $\bar{v}(t) \geq v(t)$, und Beispiel 2.2.11 illustriert, dass $\bar{v}$ selbst dann nicht lokal mit v übereinstimmen muss, wenn $\bar{v}$ zu einem nichtdegenerierten globalen Minimalpunkt gebildet wird. Beispielsweise unter den zusätzlichen Konvexitätsvoraussetzungen aus Korollar 2.2.10 gilt aber $\bar{v}(t) = v(t)$ für alle t aus einer Umgebung von $\bar{t}$.

Wir wollen diese Konvexitätsvoraussetzung wieder vorübergehend ignorieren und nur Ableitungen der Kritische-Werte-Funktion $\bar{v}$ am Punkt $\bar{t}$ betrachten. Zunächst ist $\bar{v}(t) = f(t, x(t))$ als Verknüpfung einer C^k- und einer C^{k-1}-Funktion zumindest eine C^{k-1}-Funktion mit $k \geq 2$. Wir können also den Gradienten von $\bar{v}$ untersuchen. Die Kettenregel liefert

$$D\bar{v}(t) = D_t[f(t, x(t))] = [D_t f](t, x(t)) + [D_x f](t, x(t)) \cdot [Dx](t).$$

Hier könnte man versucht sein, die Jacobi-Matrix $Dx(t)$ analog zu (2.3) einzusetzen. *Entscheidend* für die Untersuchung von Kritische-Werte-Funktionen (auch in allgemeineren Fällen; Abschn. 2.3) ist aber die Beobachtung, dass die bei der Kettenregel auftretende innere Ableitung $Dx(t)$ keinerlei Rolle spielt, denn nach Definition der Funktion $x(t)$ gilt $D_x f(t, x(t)) \equiv 0$. Es folgt

$$\nabla \bar{v}(t) = \nabla_t f(t, x(t)) \qquad (2.4)$$

für alle t aus einer Umgebung von $\bar{t}$.

Beachten Sie, dass die Ausdrücke $\nabla_t[f(t, x(t))]$ und $\nabla_t f(t, x(t)) = [\nabla_t f](t, x(t))$ sich dadurch unterscheiden, dass man beim ersten Ausdruck zunächst die Funktion $(t, x(t))$ in f einsetzt und dann nach t ableitet, während man beim zweiten Ausdruck erst f partiell nach t ableitet und hinterher in das Ergebnis $(t, x(t))$ einsetzt. In der rechten Seite von (2.4) tritt der *zweite* Ausdruck auf.

Die obige Herleitung von Gl. (2.4) bildet den Kern von *Umhüllungs-* oder *Enveloppen-Argumenten* der parametrischen Optimierung. Die Auswertung von (2.4) an $\bar{t}$ liefert insbesondere das zentrale Resultat

$$\nabla \bar{v}(\bar{t}) = \nabla_t f(\bar{t}, \bar{x}).$$

2.2.13 Übung Berechnen Sie für die Funktion f aus Übung 2.2.7 den Wert $\nabla \bar{v}(0)$ einmal mit der Formel (2.4) und zur Probe einmal durch Einsetzen der in Übung 2.2.7 explizit berechneten Funktion x.

Als weitere wichtige Folgerung aus (2.4) stellen wir fest, dass $\nabla \bar{v}$ die Verknüpfung zweier C^{k-1}-Funktionen ist. Dann muss $\bar{v}$ selbst aber eine C^k-Funktion sein. Wegen $k \geq 2$ besitzt $\bar{v}$ also auch eine Hesse-Matrix, nämlich

$$\begin{aligned}
D^2 \bar{v}(\bar{t}) = D \nabla \bar{v}(\bar{t}) &\overset{(2.4)}{=} D_t [\nabla_t f(t, x(t))]|_{t=\bar{t}} \\
&= [D_t^2 f](\bar{t}, \bar{x}) + [D_x \nabla_t f](\bar{t}, \bar{x}) \cdot [Dx](\bar{t}) \\
&\overset{(2.3)}{=} D_t^2 f(\bar{t}, \bar{x}) - D_x \nabla_t f(\bar{t}, \bar{x})(D_x^2 f(\bar{t}, \bar{x}))^{-1} D_t \nabla_x f(\bar{t}, \bar{x}).
\end{aligned} \tag{2.5}$$

2.2.14 Übung Berechnen Sie für die Funktion f aus Übung 2.2.7 den Wert $D^2 \bar{v}(0)$ einmal mit der Formel (2.5) und zur Probe einmal durch Einsetzen der in Übung 2.2.7 explizit berechneten Funktion x.

Zusammenfassend halten wir den folgenden Satz fest. Insbesondere Aussage d ist auch als *Umhüllungssatz* bekannt. Diese Namensgebung rührt daher, dass man die Funktion v statt als Minimalwertfunktion auch als untere Hüllfunktion $\underline{f}$ von f auffassen kann, indem man t nicht als Parameter, sondern als Indexvariable betrachtet (Abschn. 1.5).

2.2.15 Satz (Sensitivitätsaussagen für unrestringierte Probleme)

Für $T \subseteq \mathbb{R}^r$ und $k \geq 2$ gelte $f \in C^k(T \times \mathbb{R}^n, \mathbb{R})$, für $\bar{t} \in \operatorname{int} T$ sei der Punkt $\bar{x}$ ein nichtdegenerierter kritischer Punkt von $P(\bar{t})$, für eine hinreichend kleine Umgebung U von $\bar{t}$ und $t \in U$ bezeichne $x(t)$ den lokal um $\bar{x}$ eindeutigen kritischen Punkt von $P(t)$, und $\bar{v} : U \to \mathbb{R}$ sei die zugehörige Kritische-Werte-Funktion. Dann gilt:

a) $x \in C^{k-1}(U, \mathbb{R}^n)$

b) $Dx(\bar{t}) = -(D_x^2 f(\bar{t}, \bar{x}))^{-1} \cdot D_t \nabla_x f(\bar{t}, \bar{x})$

c) $\bar{v} \in C^k(U, \mathbb{R})$

d) $\nabla \bar{v}(\bar{t}) = \nabla_t f(\bar{t}, \bar{x})$

e) $D^2 \bar{v}(\bar{t}) = D_t^2 f(\bar{t}, \bar{x}) - D_x \nabla_t f(\bar{t}, \bar{x})(D_x^2 f(\bar{t}, \bar{x}))^{-1} D_t \nabla_x f(\bar{t}, \bar{x})$

f) *Zusätzlich sei die Funktion $f(t, \cdot)$ für jedes $t \in U$ konvex auf $\mathbb{R}^n$. Dann darf man in Aussage c–e die Kritische-Werte-Funktion $\bar{v}$ durch die Minimalwertfunktion v ersetzen.*

2.2.16 Übung Welche Aussagen folgen aus Satz 2.2.15, wenn $\bar{x}$ ein nichtdegenerierter lokaler Minimalpunkt von $P(\bar{t})$ ist?

Der Ausdruck $D_x \nabla_t f(\bar{t}, \bar{x})(D_x^2 f(\bar{t}, \bar{x}))^{-1} D_t \nabla_x f(\bar{t}, \bar{x})$ in Satz 2.2.15e, um den $D^2 \bar{v}(\bar{t})$ und $D_t^2 f(\bar{t}, \bar{x})$ sich unterscheiden, wird auch als *Verschiebungsterm* bezeichnet [35]. Da er die invertierte Hesse-Matrix $D_x^2 f(\bar{t}, \bar{x})$ beinhaltet, kann er für „fast degenerierte" kritische

Punkte (d. h. für nichtdegenerierte kritische Punkte mit Eigenwerten nahe bei null) sehr groß werden.

Man stellt ferner fest, dass $D^2 \bar{v}(\bar{t})$ auf folgende Weise mit der „Gesamt"-Hesse-Matrix

$$D^2 f(\bar{t}, \bar{x}) = \begin{pmatrix} D_t^2 f(\bar{t}, \bar{x}) & D_x \nabla_t f(\bar{t}, \bar{x}) \\ D_t \nabla_x f(\bar{t}, \bar{x}) & D_x^2 f(\bar{t}, \bar{x}) \end{pmatrix}$$

von f zusammenhängt.

2.2.17 Definition (Schur-Komplement)
Es seien A, B, C, D, F Matrizen, A, D, F quadratisch, D nichtsingulär und

$$F = \begin{pmatrix} A & B \\ C & D \end{pmatrix}.$$

Dann heißt

$$F/D := A - B D^{-1} C$$

das *Schur-Komplement* von D in F.

2.2.18 Übung Zeigen Sie, dass mit den Bezeichnungen aus Definition 2.2.17 die Gleichung

$$\begin{pmatrix} A & B \\ C & D \end{pmatrix} = \begin{pmatrix} E & B D^{-1} \\ 0 & E \end{pmatrix} \begin{pmatrix} F/D & 0 \\ 0 & D \end{pmatrix} \begin{pmatrix} E & 0 \\ D^{-1} C & E \end{pmatrix}$$

gilt, wobei E jeweils für Einheitsmatrizen passender Dimension steht.

2.2.19 Satz *Mit den Bezeichnungen aus Definition 2.2.17 gelten folgende Aussagen:*
a) $\det(F) = \det(F/D) \cdot \det(D)$.
b) *Es seien F symmetrisch und D positiv definit. Dann ist F genau dann positiv definit, wenn F/D positiv definit ist.*

2.2.20 Übung Beweisen Sie Satz 2.2.19. *Hinweis:* Übung 2.2.18.

An einem nichtdegenerierten kritischen Punkt $\bar{x}$ von $P(\bar{t})$ mit $\bar{t} \in \text{int } T$ gilt nach Satz 2.2.15e

$$D^2 \bar{v}(\bar{t}) = D^2 f(\bar{t}, \bar{x})/D_x^2 f(\bar{t}, \bar{x}),$$

und $D^2 f(\bar{t}, \bar{x})$ ist symmetrisch. Aus Satz 2.2.19b folgt dann zum Beispiel das folgende Ergebnis, das etwa bei der Untersuchung von Dekompositionsverfahren (Abschn. 1.4 und [54]) hilfreich ist.

2.2.21 Korollar *Für $\bar{t} \in$ int T sei $\bar{x}$ ein nichtdegenerierter lokaler Minimalpunkt von $P(\bar{t})$ mit $\nabla_t f(\bar{t}, \bar{x}) = 0$ und positiv definiter Matrix $D^2 f(\bar{t}, \bar{x})$. Dann besitzt auch $\bar{v}$ an $\bar{t}$ einen nichtdegenerierten lokalen Minimalpunkt.*

Da es sich bei dem Hotellings Lemma zugrunde liegenden Problem $P(p, w)$ aus Abschn. 1.2 um ein parametrisches unrestringiertes Problem handelt, können wir die dort aufgetretenen zentralen Fragen ZF1, ZF2 und ZF3 mit den bislang erzielten Resultaten beantworten.

2.2.22 Beispiel (Hotellings Lemma)

Wir erinnern an den Ausgangspunkt von Hotellings Lemma, nämlich an ein Polypol, in dem ein Unternehmen den Vektor von Inputs $x \in \mathbb{R}^n$ mit Hilfe der Produktionsfunktion $F : \mathbb{R}^n \to \mathbb{R}^m$ in einen Vektor von Outputs transformiert. Inputpreise seien durch den positiven Vektor $w \in \mathbb{R}^n$ gegeben und Outputpreise durch den positiven Vektor $p \in \mathbb{R}^m$. Der Gewinn zum Inputvektor x beträgt damit $p^\mathsf{T} F(x) - w^\mathsf{T} x$. Zu gegebenen Preisen p und w maximiere das Unternehmen seinen Gewinn, wähle x also als Maximalpunkt des unrestringierten nichtlinearen Problems

$$P(p, w): \quad \max_{x \in \mathbb{R}^n} p^\mathsf{T} F(x) - w^\mathsf{T} x$$

mit maximalem Gewinn $\pi(p, w)$.

Der Abgleich mit unserer allgemeinen Notation liefert zur Entscheidungsvariable $x \in \mathbb{R}^n$ den Parametervektor $t = (p, w) \in \mathbb{R}^r$ mit $r = m + n$ und die Parametermenge $T = \{t \in \mathbb{R}^{m+n} | t > 0\}$. Da wir im allgemeinen Format Minimierungs- statt Maximierungsprobleme betrachten, setzen wir außerdem

$$f(t, x) = f(p, w, x) := w^\mathsf{T} x - p^\mathsf{T} F(x)$$

und erhalten damit den Zusammenhang

$$v(t) = -\pi(p, w).$$

Wir beantworten jetzt die in Abschn. 1.2 aufgeworfenen Fragen.

? Zentrale Frage 1 (ZF1)

Für einen nominalen Parameter $(\bar{p}, \bar{w}) > 0$ sei ein globaler Maximalpunkt $\bar{x}^\star$ des Problems $P(\bar{p}, \bar{w})$ gegeben. Unter welchen Voraussetzungen existiert eine Umgebung von $(\bar{p}, \bar{w})$, so dass alle Probleme $P(p, w)$ mit (p, w) aus dieser Umgebung einen eindeutigen globalen Maximalpunkt $x^\star(p, w)$ besitzen?

? Zentrale Frage 2 (ZF2)

Unter welchen Voraussetzungen sind die Funktionen $x^\star$ und π differenzierbar an $(\bar{p}, \bar{w})$?

? Zentrale Frage 3 (ZF3)

Wie lautet der Gradient $\nabla \pi(\bar{p}, \bar{w})$?

Dass der nominale Parameter $\bar{t} = (\bar{p}, \bar{w})$ aus int T gewählt werden muss, ist in diesem Beispiel unproblematisch, weil es sich bei T um eine offene Menge handelt. Als weitere Grundvoraussetzung benötigen wir die k-malige stetige Differenzierbarkeit der Funktion f auf der Menge $T \times \mathbb{R}^n$ mit $k \geq 2$. Als möglichst schwache Voraussetzung wählen wir $k = 2$ und garantieren die entsprechende Glattheit von f durch die Forderung $F \in C^2(\mathbb{R}^n, \mathbb{R}^m)$.

Um die Frage ZF1 mit Hilfe von Korollar 2.2.10 zu beantworten, sind noch die entsprechenden Nichtdegeneriertheits- und Konvexitätsvoraussetzungen erforderlich. Zu gegebenem Parameter $t = (p, w)$ aus einer Umgebung von t in T ist $f(t, \cdot)$ konvex, wenn der Ausdruck

$$-p^\mathsf{T} F(x) = -\sum_{j=1}^{m} p_j F_j(x)$$

konvex in x ist. Wegen $p > 0$ ist dafür die Konkavität aller Funktionen F_j, $j = 1, \ldots, m$, auf $\mathbb{R}^n$ hinreichend.

Die Nichtdegeneriertheit des globalen Maximalpunkts $\bar{x}^\star$ des nominalen Problems $P(\bar{p}, \bar{w})$ ist gleichbedeutend mit der Nichtsingularität der Hesse-Matrix

$$D_x^2 f(\bar{t}, \bar{x}) = D_x^2 f(\bar{p}, \bar{w}, \bar{x}^\star) = -\sum_{j=1}^{m} \bar{p}_j D^2 F_j(\bar{x}^\star).$$

Wegen $\bar{p} > 0$ und der bereits vorausgesetzten Konkavität der Funktionen F_j, $j = 1, \ldots, m$, ist diese Matrix sicherlich negativ semidefinit. Ihre Nichtsingularität ist also dazu äquivalent, dass sie sogar negativ definit ist. Wegen $\bar{p} > 0$ genügt es dafür, $D^2 F_j(\bar{x}^\star) \prec 0$ für ein $j \in \{1, \ldots, m\}$ zu fordern (oder die noch schwächere Voraussetzung $\bigcap_{j=1}^{m} \ker D^2 F_j(\bar{x}^\star) = \{0\}$ an die Kerne der beteiligten Hesse-Matrizen).

Zusammenfassend können wir die Frage ZF1 mit Hilfe von Korollar 2.2.10 wie folgt beantworten: Die Outputfunktionen F_j, $j = 1, \ldots, m$, seien zweimal stetig differenzierbar und konkav auf $\mathbb{R}^n$. Für einen nominalen Parameter $(\bar{p}, \bar{w}) > 0$ sei ein globaler Optimalpunkt $\bar{x}^\star$ des Problems $P(\bar{p}, \bar{w})$ gegeben, für den $D^2 F_j(\bar{x}^\star) \prec 0$ mit mindestens einem $j \in \{1, \ldots, m\}$ gilt. Dann existiert eine Umgebung von $(\bar{p}, \bar{w})$, so dass alle Probleme $P(p, w)$ mit (p, w) aus dieser Umgebung einen eindeutigen globalen Maximalpunkt $x^\star(p, w)$ besitzen.

Da es sich bei $x(t)$ und $v(t)$ unter den Voraussetzungen von Korollar 2.2.10 allgemein um C^{k-1}-Funktionen handelt, können wir unter denselben Voraussetzungen auch die Frage ZF2 beantworten: Sowohl $x^\star$ als auch π sind an $(\bar{p}, \bar{w})$ mindestens einmal stetig differenzierbar.

Zur Beantwortung der Frage ZF3 brauchen wir lediglich festzustellen, dass unter obigen Bedingungen alle Voraussetzungen von Satz 2.2.15 am Optimalpunkt $\bar{x}^\star$ von $P(\bar{p}, \bar{w})$ erfüllt sind (insbesondere die zusätzliche Konvexitätsvoraussetzung aus Aussage f). Satz 2.2.15d liefert demnach

$$\nabla \pi(\bar{p}, \bar{w}) = -\nabla v(\bar{t}) = -\nabla_t f(\bar{t}, \bar{x}) = -\big[\nabla_{(p,w)}\big(w^\mathsf{T} x - p^\mathsf{T} F(x)\big)\big]_{(p,w,x)=(\bar{p},\bar{w},\bar{x}^\star)},$$

woraus das in Hotellings Lemma zentrale Ergebnis

$$\nabla_p \pi(\bar{p}, \bar{w}) = F(\bar{x}^\star),$$
$$\nabla_w \pi(\bar{p}, \bar{w}) = -\bar{x}^\star$$

folgt. ◄

Eine analoge Aussage für outputorientierte Gewinnmaximierung (d. h., nicht Inputs, sondern Outputs sind die Entscheidungsvariablen), ist *Shephards Lemma* [52].

Übung 3.7.15 wird untersuchen, wie sich die Voraussetzung der Nichtdegeneriertheit von $\bar{x}^\star$ in Beispiel 2.2.22 abschwächen lässt.

2.3   Sensitivität restringierter Probleme

In diesem Abschnitt untersuchen wir die Fragestellungen aus Abschn. 2.2 für das restringierte Problem

$$P(t): \quad \min_{x \in \mathbb{R}^n} f(t, x) \quad \text{s.t.} \quad g_i(t, x) \leq 0, \ i \in I, \ h_j(t, x) = 0, \ j \in J$$

mit $t \in T \subseteq \mathbb{R}^r$, wobei wir f, g_i, $h_j \in C^k(T \times \mathbb{R}^n, \mathbb{R})$, $i \in I$, $j \in J$, mit $k \geq 2$ voraussetzen. Wir wollen dabei ganz analog zum unrestringierten Fall vorgehen, also den Satz über implizite Funktionen zunächst auf kritische Punkte anwenden, und dann in weiteren Schritten auf lokale bzw. globale Minimalpunkte sowie die Minimalwerte schließen.

Dazu stellen wir in Abschn. 2.3.1 zunächst unterschiedlich starke Optimalitätsbedingungen erster Ordnung für restringierte Optimierungsprobleme auf, bevor wir nach der Diskussion dreier dafür notwendiger Regularitätsbedingungen (Abschn. 2.3.2) in Abschn. 2.3.3 das passende Konzept nichtdegenerierter kritischer Punkte einführen. Die Unterscheidung zwischen nichtdegenerierten lokalen Minimalpunkten und anderen nichtdegenerierten kritischen Punkten treffen wir anhand der in Abschn. 2.3.4 eingeführten linearen und quadratischen Indizes. Dies versetzt uns in die Lage, in Abschn. 2.3.5 Stabilitätsaussagen zu nichtdegenerierten Minimalpunkten zu treffen, also die Frage ZF1 für restringierte Optimierungsprobleme zu beantworten. Wie in Abschn. 2.2 wird die Stärke des Konzepts nichtdegenerierter kritischer Punkt aber auch die Beantwortung der auf Sensitivitätsaussagen abzielenden Fragen ZF2 und ZF3 erlauben, wobei die Ableitungsformeln für die Minimalpunkt- und die Minimalwertfunktion die Inhalte von Abschn. 2.3.6 bzw. Abschn. 2.3.7 bilden.

2.3.1 Kritikalitätsbegriffe für restringierte Probleme

Als Erstes klären wir, was wir unter einem *kritischen Punkt* eines restringierten Optimierungsproblems verstehen möchten. In Analogie zum unrestringierten Fall ziehen wir dazu eine notwendige Optimalitätsbedingung erster Ordnung heran. Je nachdem ob eine Constraint Qualification gilt oder nicht, wird man dabei die Karush-Kuhn-Tucker- oder die Fritz-John-Bedingungen [56] benutzen. Da im unrestringierten Fall die *Vorzeichen* der Eigenwerte der Hesse-Matrix $D_x^2 f(\bar{t}, \bar{x})$ zunächst keine Rolle gespielt haben, führen wir auch hier zu jedem der beiden Fälle zusätzlich ein Konzept ein, das auf die Vorzeichen von *Multiplikatoren* keinen Wert legt. Im Folgenden bezeichnet

$$I_0(\bar{t}, \bar{x}) = \{i \in I \mid g_i(\bar{t}, \bar{x}) = 0\}$$

die *Menge der aktiven Indizes* von $\bar{x}$ in $M(\bar{t})$ [55, 56].

2.3.1 Definition (Kritikalitätsbegriffe für restringierte Probleme)
Für $\bar{t} \in T$ heißt ein zulässiger Punkt $\bar{x} \in M(\bar{t})$ für $P(\bar{t})$

a) *verallgemeinerter kritischer Punkt*, falls die Vektoren

$$\nabla_x f(\bar{t}, \bar{x}), \ \nabla_x g_i(\bar{t}, \bar{x}), \ i \in I_0(\bar{t}, \bar{x}), \ \nabla_x h_j(\bar{t}, \bar{x}), \ j \in J,$$

linear abhängig sind, d. h., falls es Multiplikatoren $\kappa, \lambda_i, \ i \in I_0(\bar{t}, \bar{x}), \mu_j, \ j \in J$, mit

$$\left.\begin{array}{r} \kappa \, \nabla_x f(\bar{t}, \bar{x}) + \sum_{i \in I_0(\bar{t}, \bar{x})} \lambda_i \, \nabla_x g_i(\bar{t}, \bar{x}) + \sum_{j \in J} \mu_j \, \nabla_x h_j(\bar{t}, \bar{x}) = 0, \\[2mm] |\kappa| + \sum_{i \in I_0(\bar{t}, \bar{x})} |\lambda_i| + \sum_{j \in J} |\mu_j| > 0 \end{array}\right\} \quad (2.6)$$

gibt;

b) *kritischer Punkt*, falls man in (2.6) $\kappa = 1$ wählen kann;

c) *Fritz-John-Punkt*, falls man in (2.6) $\kappa \geq 0$ und $\lambda_i \geq 0$, $i \in I_0(\bar{t}, \bar{x})$, wählen kann;

d) *Karush-Kuhn-Tucker-Punkt*, falls man in (2.6) $\kappa = 1$ und $\lambda_i \geq 0$, $i \in I_0(\bar{t}, \bar{x})$, wählen kann.

Wir setzen abkürzend

$$\Sigma_{\text{vkP}} := \{(t, x) \in T \times \mathbb{R}^n \mid x \text{ ist verallgemeinerter kritischer Punkt von } P(t)\},$$

$$\Sigma_{\text{kP}} := \{(t, x) \in T \times \mathbb{R}^n \mid x \text{ ist kritischer Punkt von } P(t)\},$$

$$\Sigma_{\text{FJP}} := \{(t, x) \in T \times \mathbb{R}^n \mid x \text{ ist Fritz-John-Punkt von } P(t)\},$$

$$\Sigma_{\text{KKTP}} := \{(t, x) \in T \times \mathbb{R}^n \mid x \text{ ist Karush-Kuhn-Tucker-Punkt von } P(t)\}$$

sowie

$$\Sigma_{\text{glob}} := \{(t, x) \in T \times \mathbb{R}^n \mid x \text{ ist globaler Minimalpunkt von } P(t)\},$$

$$\Sigma_{\text{lok}} := \{(t, x) \in T \times \mathbb{R}^n \mid x \text{ ist lokaler Minimalpunkt von } P(t)\}.$$

Es gilt stets

$$\Sigma_{\text{glob}} \subseteq \Sigma_{\text{lok}} \subseteq \Sigma_{\text{FJP}} \subseteq \Sigma_{\text{vkP}}, \tag{2.7}$$

während die Inklusionen $\Sigma_{\text{lok}} \subseteq \Sigma_{\text{KKTP}}$ und $\Sigma_{\text{lok}} \subseteq \Sigma_{\text{kP}}$ nur unter Constraint Qualifications garantiert werden können [56].

2.3.2 Drei Regularitätsbedingungen

Wir fragen nun, welche Bedingungen man benötigt, um die Menge Σ_{glob} oder wenigstens eine ihrer Obermengen aus (2.7) lokal um einen gegebenen Punkt $(\bar{t}, \bar{x})$ mit dem Satz über implizite Funktionen beschreiben zu können. Die drei folgenden Abschnitte zeigen, dass jedenfalls die Lineare-Unabhängigkeits-Bedingung, die strikte Komplementaritätsbedingung sowie eine gewisse Bedingung zweiter Ordnung hilfreich sein könnten.

Lineare-Unabhängigkeits-Bedingung
Wir erinnern für am Punkt $(\bar{t}, \bar{x}) \in T \times \mathbb{R}^n$ in der Variable x stetig differenzierbare Funktionen g_i, $i \in I$, h_j, $j \in J$, daran, dass an $\bar{x} \in M(\bar{t})$ die *Lineare-Unabhängigkeits-Bedingung* *(LUB)* gilt, falls die Vektoren

$$\nabla_x g_i(\bar{t}, \bar{x}), \ i \in I_0(\bar{t}, \bar{x}), \ \nabla_x h_j(\bar{t}, \bar{x}), \ j \in J,$$

linear unabhängig sind [56].

2.3.2 Beispiel

Wir betrachten das Problem

$$P(t): \quad \min_{x \in \mathbb{R}} x + 1 \quad \text{s.t.} \quad x^2 - t \leq 0$$

mit $t \in \mathbb{R}$ (Abb. 2.4).

Abb. 2.5 illustriert, dass die Menge Σ_{lok} an $(\bar{t}, \bar{x}) = (0, 0)$ einen Randpunkt besitzt, sich dort also sicherlich nicht mit dem Satz über implizite Funktionen beschreiben lässt. Man stellt fest, dass die Ableitung der dort aktiven Ungleichungsrestriktion

$$\left[\nabla_x (x^2 - t) \right]_{(0,0)} = 0$$

erfüllt. Diese Situation ist ausgeschlossen, wenn man an $\bar{x} \in M(\bar{t})$ die LUB fordert. ◄

Ein verallgemeinerter kritischer Punkt, an dem die LUB gilt, ist notwendigerweise ein kritischer Punkt, denn (2.6) kann dann definitionsgemäß nicht mit $\kappa = 0$ lösbar sein. Die restlichen Multiplikatoren in (2.6) sind unter der LUB außerdem *eindeutig bestimmt*.

2.3.3 Übung　Skizzieren Sie für Beispiel 2.3.2 die Mengen Σ_{vkP}, Σ_{kP}, Σ_{FJP} und Σ_{KKTP}. Legen Sie dabei ein besonderes Augenmerk auf den Punkt $(\bar{t}, \bar{x}) = (0, 0)$ (siehe Lösung 5.3).

Strikte Komplementaritätsbedingung

2.3.4 Beispiel

Gegeben sei das Problem

$$P(t): \quad \min_{x \in \mathbb{R}} x^2 \quad \text{s.t.} \quad x - t \leq 0$$

Abb. 2.4 $P(t)$ für verschiedene t-Werte in Beispiel 2.3.2

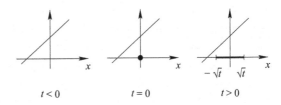

$$t < 0 \qquad\qquad t = 0 \qquad\qquad t > 0$$

Abb. 2.5 Σ_{lok} in Beispiel 2.3.2

mit $t \in \mathbb{R}$ (Abb. 2.6).

Die LUB gilt hier an jedem verallgemeinerten kritischen Punkt. Abb. 2.7 zeigt jedoch, dass die Menge Σ_{lok} trotzdem an $(\bar{t}, \bar{x}) = (0, 0)$ nicht glatt ist, sich dort also wieder nicht mit dem Satz über implizite Funktionen beschreiben lässt (jedenfalls nicht in seiner in Satz 2.2.3 angegebenen üblichen Version; für allgemeinere Sätze über implizite Funktionen siehe z. B. [7]).

Hier liegt folgende Situation vor: Der Punkt $\bar{x} = 0$ ist ein lokaler Minimalpunkt von $P(0)$, aber dafür ist es unerheblich, ob man die an $\bar{x}$ aktive Restriktion $x \leq 0$ berücksichtigt oder nicht. Während man *inaktive* Restriktionen für lokale Betrachtungen stets ignorieren kann, ist an $\bar{x} = 0$ in $P(0)$ die Restriktion $x \leq 0$ sowohl *aktiv* als auch überflüssig. Dies schlägt sich darin nieder, dass der zur Restriktion gehörige Multiplikator verschwindet, denn

$$0 = \nabla_x f(\bar{t}, \bar{x}) + \lambda \nabla_x g(\bar{t}, \bar{x}) = [2x + \lambda \cdot 1]_{(t,x)=(0,0)}$$

impliziert $\lambda = 0$ (vgl. auch die Überlegungen zur Interpretation von Lagrange-Multiplikatoren als Schattenpreise in Abschn. 1.1 und Beispiel 2.3.17). ◄

2.3.5 Übung Skizzieren Sie für Beispiel 2.3.4 die Mengen Σ_{vkP}, Σ_{kP}, Σ_{FJP} und Σ_{KKTP}. Legen Sie dabei ein besonderes Augenmerk auf den Punkt $(\bar{t}, \bar{x}) = (0, 0)$ (siehe Lösung 5.4).

Beispiel 2.3.4 motiviert, dass man in (2.6) nicht nur die Möglichkeit fordern sollte, $\kappa \neq 0$ wählen zu können (nämlich per LUB), sondern dass auch die (dann eindeutigen) Multiplikatoren λ_i, $i \in I_0(\bar{t}, \bar{x})$, sämtlich nicht verschwinden sollten. Im Folgenden bezeichnen wir den Vektor mit den Einträgen λ_i, $i \in I_0(\bar{t}, \bar{x})$, kurz als λ_{I_0}.

Abb. 2.6 $P(t)$ für verschiedene t-Werte in Beispiel 2.3.4

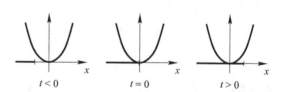

$t < 0$ $t = 0$ $t > 0$

Abb. 2.7 Σ_{lok} in Beispiel 2.3.4

2.3.6 Definition (Strikte Komplementaritätsbedingung)

An $\bar{x} \in M(\bar{t})$ gelte die LUB, und $(\bar{\lambda}_{I_0}, \bar{\mu})$ sei die eindeutige Lösung von (2.6) mit $\kappa = 1$. Dann ist an $\bar{x}$ die *strikte Komplementaritätsbedingung (SKB)* erfüllt, falls $\bar{\lambda}_i \neq 0$ für alle $i \in I_0(\bar{t}, \bar{x})$ gilt.

Zur Interpretation der SKB erinnern wir kurz an die Bedeutung der Komplementaritäts-bedingung in den Karush-Kuhn-Tucker-Bedingungen [55, 56]. Unter der LUB gelten die KKT-Bedingungen an jedem lokalen Minimalpunkt $\bar{x}$ von $P(\bar{t})$, d. h., es gibt eine Lösung $(\bar{t}, \bar{x}, \bar{\lambda}_{I_0}, \bar{\mu})$ des Systems

$$\left. \begin{aligned} \nabla_x f(t, x) + \sum_{i \in I_0(t,x)} \lambda_i \nabla_x g_i(t, x) + \sum_{j \in J} \mu_j \nabla_x h_j(t, x) &= 0, \\ \lambda_i &\geq 0, \quad i \in I_0(t, x), \\ g_i(t, x) &\leq 0, \quad i \in I, \\ h_j(t, x) &= 0, \quad j \in J. \end{aligned} \right\} \quad (2.8)$$

Zu beachten ist, dass in (2.8) keine Multiplikatoren zu inaktiven Ungleichungen vorkommen (d. h. λ_i mit $i \notin I_0(t, x)$). Algorithmisch ist bei der Behandlung dieses Systems seine explizite Abhängigkeit von der Aktive-Index-Menge $I_0(t, x)$ oft störend. Man reformuliert (2.8) dann mit Hilfe der *nicht von* $I_0(t, x)$ *abhängigen* Lagrange-Funktion

$$L(t, x, \lambda, \mu) = f(t, x) + \sum_{i \in I} \lambda_i \, g_i(t, x) + \sum_{j \in J} \mu_j h_j(t, x)$$

zu

$$\left. \begin{aligned} \nabla_x L(t, x, \lambda, \mu) &= 0, \\ \lambda_i &\geq 0, \quad i \in I, \\ \lambda_i \cdot g_i(t, x) &= 0, \quad i \in I, \\ g_i(t, x) &\leq 0, \quad i \in I, \\ h_j(t, x) &= 0, \quad j \in J. \end{aligned} \right\} \quad (2.9)$$

Das System (2.9) hängt jetzt zwar nicht mehr von der Menge der aktiven Indizes ab, aber als Preis dafür zahlt man das Auftreten der zusätzlichen Variablen λ_i, $i \notin I_0(t, x)$, sowie der zusätzlichen Gleichungen $\lambda_i \cdot g_i(t, x) = 0$, $i \in I$. Für jedes $i \in I$ bezeichnet man das System

$$\lambda_i \cdot g_i(t, x) = 0, \quad \lambda_i \geq 0, \quad g_i(t, x) \leq 0$$

als *Komplementaritätsbedingung*. Sie bewirkt gerade $\lambda_i = 0$ für alle $i \notin I_0(t, x)$ (wegen $g_i(t, x) < 0$). Dadurch fallen alle Summanden im Ausdruck $\nabla_x L(t, x, \lambda, \mu)$ weg, die zu inaktiven Indizes gehören. Die erste Gleichung von (2.8) und die erste Gleichung von (2.9) sind folglich identisch.

Für $i \in I_0(t, x)$ liefert die Gleichung $\lambda_i \cdot g_i(t, x) = 0$ hingegen keine Bedingung an λ_i. Insgesamt gilt nach den Komplementaritätsbedingungen also für jeden Index $i \in I$

$$g_i(t, x) = 0 \quad \text{oder} \quad \lambda_i = 0,$$

wobei durchaus *beide* Ausdrücke gleichzeitig verschwinden können (Beispiel 2.3.4). Die *strikte* Komplementaritätsbedingung besagt gerade, dass Letzteres nicht der Fall ist, dass das obige logische *Oder* also ein *ausschließliches Oder* wird.

Es sei darauf hingewiesen, dass die Vorzeichenbeschränkungen in der Formulierung einer Komplementaritätsbedingung eine wesentliche Rolle spielen, so dass man in Definition 2.3.6 eigentlich besser (aber sperriger) von einer *vorzeichenfreien strikten Komplementaritätsbedingung* sprechen sollte.

Bedingung zweiter Ordnung

Während die LUB und die SKB Regularitätsbedingungen erster Ordnung sind (d. h., dort gehen nur erste Ableitungen der beteiligten Funktionen ein), muss auch eine dem unrestringierten Fall analoge Bedingung zweiter Ordnung gelten. Im unrestringierten Fall lautet diese Bedingung $D_x^2 f(\bar{t}, \bar{x})$ *ist nichtsingulär* (Definition 2.2.4).

Die üblichen Optimalitätsbedingungen zweiter Ordnung (z. B. [3, 56]) legen es nahe, im restringierten Fall die Nichtsingularität der Hesse-Matrix der Lagrange-Funktion L auf dem Tangentialraum $T(\bar{x}, M(\bar{t}))$ an $M(\bar{t})$ im Punkt $\bar{x}$ zu fordern. Dabei besitzt der Tangentialraum

$$T(\bar{x}, M(\bar{t})) = \{d \in \mathbb{R}^n \mid \langle \nabla_x g_i(\bar{t}, \bar{x}), d \rangle = 0, \ i \in I_0(\bar{t}, \bar{x}), \ \langle \nabla_x h_j(\bar{t}, \bar{x}), d \rangle = 0, \ j \in J\}$$

unter der LUB genau die Dimension $n - p_0 - q$ mit $p_0 := |I_0(\bar{t}, \bar{x})|$ und $q = |J|$. Außerdem gibt es eindeutig bestimmte Lagrange-Multiplikatoren $(\bar{\lambda}, \bar{\mu})$ zu $\bar{x}$.

Es sei zunächst $p_0 + q < n$. Wir wählen Vektoren $v^1, \ldots, v^{n-p_0-q} \in \mathbb{R}^n$, die eine Basis des Tangentialraums $T(\bar{x}, M(\bar{t}))$ bilden, und konstruieren damit die $(n, n - p_0 - q)$-Matrix $V = (v^1, \ldots, v^{n-p_0-q})$. Dann verstehen wir unter der $(n - p_0 - q, n - p_0 - q)$-Matrix

$$D_x^2 L(\bar{t}, \bar{x}, \bar{\lambda}, \bar{\mu})|_{T(\bar{x}, M(\bar{t}))} := V^\top D_x^2 L(\bar{t}, \bar{x}, \bar{\lambda}, \bar{\mu}) V$$

die besagte auf $T(\bar{x}, M(\bar{t}))$ eingeschränkte Hesse-Matrix von L.

Wir werden im Folgenden lediglich an Eigenschaften der Matrix $D_x^2 L(\bar{t}, \bar{x}, \bar{\lambda}, \bar{\mu})|_{T(\bar{x}, M(\bar{t}))}$ interessiert sein, die von der Wahl der Basismatrix V unabhängig sind. Nach dem Trägheitssatz von Sylvester [13, 31] betrifft dies zum Beispiel die Anzahlen der positiven, negativen und verschwindenden Eigenwerte von $D_x^2 L(\bar{t}, \bar{x}, \bar{\lambda}, \bar{\mu})|_{T(\bar{x}, M(\bar{t}))}$.

Wenn die LUB mit der maximalen Anzahl aktiver Restriktionen gilt (also $p_0 + q = n$), wird der Tangentialraum $T(\bar{x}, M(\bar{t}))$ zum nulldimensionalen Raum $\{0\}$, und $D_x^2 L(\bar{t}, \bar{x}, \bar{\lambda}, \bar{\mu})|_{T(\bar{x}, M(\bar{t}))}$ wird formal zu einer $(0, 0)$-Matrix (also *nicht* zur Nullmatrix, sondern zu einer „leeren Matrix"). Für die Eigenwerte einer solchen Matrix gelten formallogisch triviale Aussagen wie *alle Eigenwerte sind ungleich null, alle Eigenwerte sind positiv* usw. Insbesondere ist es formal – und, wie wir im Folgenden sehen werden, auch inhaltlich – sinnvoll, im Fall $p_0 + q = n$ die Matrix $D_x^2 L(\bar{t}, \bar{x}, \bar{\lambda}, \bar{\mu})|_{T(\bar{x}, M(\bar{t}))}$ wahlweise als nichtsingulär, positiv definit oder negativ definit anzusehen.

2.3.7 Übung Für einen festen Parameterwert $\bar{t}$ habe $P(\bar{t})$ die Gestalt

$$\min_{x \in \mathbb{R}^2} -x_1^2 - (x_2 - 1)^2 \quad \text{s.t.} \quad x_1^2 + x_2^2 \leq 4,$$
$$-x_2 \leq 0.$$

Skizzieren Sie die zulässige Menge, berechnen Sie die zu $\bar{x}^1 = (0, 2)$ und $\bar{x}^2 = (2, 0)$ gehörigen Lagrange-Multiplikatoren $\bar{\lambda}^1$, $\bar{\lambda}^2$, und zeigen Sie, dass $D_x^2 L(\bar{t}, \bar{x}^i, \bar{\lambda}^i)|_{T(\bar{x}^i, M(\bar{t}))}$ für $i \in \{1, 2\}$ nichtsingulär ist.

2.3.3 Nichtdegenerierte kritische Punkte

Im vorliegenden Abschnitt nutzen wir die drei in Abschn. 2.3.2 als hilfreich zur Anwendung des Satzes über implizite Funktionen erkannten Regularitätsbedingungen, um einen nichtdegenerierten kritischen Punkt für restringierte Optimierungsprobleme zu definieren (dass dieses Konzept auch *hinreichend* zur Anwendung des Satzes über implizite Funktionen ist, werden wir in Abschn. 2.3.5 sehen). Da eine solche Definition von der Bauart *Ein kritischer Punkt heißt nichtdegeneriert, falls ...* sein muss, ist es hier wesentlich, welchen Kritikalitätsbegriff aus Abschn. 2.3.1 wir zugrunde legen.

Da wir Vorzeichen von Multiplikatoren zunächst ignorieren möchten, kommen dafür nur verallgemeinerte kritische Punkte oder kritische Punkte in Betracht. Ihr wesentlicher Zusammenhang besteht darin, dass jeder verallgemeinerte kritische Punkt unter der LUB auch kritischer Punkt ist. Die LUB wird aber gerade eine der drei Eigenschaften sein, die Nichtdegeneriertheit definieren. Um also diese Eigenschaften und das zugrunde liegende Kritikalitätskonzept nicht unnötig zu vermengen, definieren wir, wann ein *verallgemeinerter* kritischer Punkt nichtdegeneriert heißt.

2.3.8 Definition (Nichtdegenerierter kritischer Punkt eines restringierten Problems)
Für $\bar{t} \in T$ sei $\bar{x}$ ein verallgemeinerter kritischer Punkt von $P(\bar{t})$. Dann heißt $\bar{x}$ *nichtdegenerierter kritischer Punkt* von $P(\bar{t})$, falls die folgenden Bedingungen gelten:

a) An $\bar{x}$ gilt die LUB in $M(\bar{t})$, d. h., die Vektoren

$$\nabla_x g_i(\bar{t}, \bar{x}), \ i \in I_0(\bar{t}, \bar{x}), \ \nabla_x h_j(\bar{t}, \bar{x}), \ j \in J,$$

sind linear unabhängig.
Es bezeichne $(\bar{\lambda}, \bar{\mu})$ den Vektor der wegen Bedingung a eindeutigen Lagrange-

Multiplikatoren von $\bar{x}$ (d. h. die Lösung von (2.6) mit $\kappa = 1$), wobei wir $\bar{\lambda}_i = 0$ für $i \notin I_0(\bar{t}, \bar{x})$ setzen.

b) An $\bar{x}$ gilt die SKB, d. h. $\bar{\lambda}_i \neq 0$ für alle $i \in I_0(\bar{t}, \bar{x})$.

c) Die Matrix $D_x^2 L(\bar{t}, \bar{x}, \bar{\lambda}, \bar{\mu})|_{T(\bar{x}, M(\bar{t}))}$ ist nichtsingulär.

Wir setzen

$$\Sigma_{\text{ndkP}} := \{(t, x) \in T \times \mathbb{R}^n \,|\, x \text{ ist nichtdegenerierter kritischer Punkt von } P(t)\}.$$

Wir betonen, dass Bedingung c in Definition 2.3.8 im Fall $p_0 + q = n$ trivialerweise erfüllt ist. Für die Nichtdegeneriertheit eines solchen kritischen Punkts sind also nur Eigenschaften *erster* Ordnung verantwortlich.

In [36] wird gezeigt, dass generisch (also in gewissem Sinne für „fast alle" Optimierungsprobleme) alle verallgemeinerten kritischen Punkte nichtdegeneriert sind. Nichtdegeneriertheit ist in diesem Sinne also eine *schwache* Voraussetzung.

2.3.4 Lineare und quadratische Indizes

Wie im unrestringierten Fall (Abschn. 2.2.3) überlegen wir als Nächstes, welche zusätzlichen Eigenschaften ein nichtdegenerierter kritischer Punkt besitzt, der gleichzeitig lokaler Minimalpunkt ist. Analog zum unrestringierten Fall folgt zunächst, dass an einem nichtdegenerierten lokalen Minimalpunkt von $P(\bar{t})$ die Matrix $D_x^2 L(\bar{t}, \bar{x}, \bar{\lambda}, \bar{\mu})|_{T(\bar{x}, M(\bar{t}))}$ nicht nur notwendigerweise positiv semidefinit [56], sondern wegen Definition 2.3.8c sogar positiv definit sein muss. Außerdem sind die Multiplikatoren $\bar{\lambda}_i$, $i \in I_0(\bar{t}, \bar{x})$, nicht nur notwendigerweise nichtnegativ, sondern wegen Definition 2.3.8b sogar positiv. Dies motiviert die folgende Definition.

2.3.9 Definition (Lineare und quadratische (Co-)Indizes)
Der Punkt $\bar{x}$ sei ein nichtdegenerierter kritischer Punkt von $P(\bar{t})$ mit Multiplikatoren $(\bar{\lambda}, \bar{\mu})$. Die Anzahl der negativen (positiven) Multiplikatoren $\bar{\lambda}_i$, $i \in I_0(\bar{t}, \bar{x})$, heißt *linearer (Co-)Index* von $\bar{x}$, kurz LI (LCI). Die Anzahl der negativen (positiven) Eigenwerte von $D_x^2 L(\bar{t}, \bar{x}, \bar{\lambda}, \bar{\mu})|_{T(\bar{x}, M(\bar{t}))}$ heißt *quadratischer (Co-)Index* von $\bar{x}$, kurz QI (QCI). Im Fall $p_0 + q = n$ setzen wir konsistenterweise QI = QCI = 0.

2.3.10 Übung Zeigen Sie, dass in Übung 2.3.7 die Punkte $\bar{x}^1$, $\bar{x}^2$ sowie $\bar{x}^3 = (0, 1)$ nichtdegenerierte kritische Punkte sind, und berechnen Sie deren lineare und quadratische Indizes und Co-Indizes.

2.3.11 Übung Bestimmen Sie für

$$P(t): \quad \min_{x \in \mathbb{R}^2} \frac{1}{2}(x_1^2 - x_2^2) \quad \text{s.t.} \quad x_2 - \frac{t}{2}x_1^2 - 1 \leq 0$$

die Parameter $t \in \mathbb{R}$, für die $x(t) = (0, 1)$ ein nichtdegenerierter kritischer Punkt ist, und bestimmen Sie die zugehörigen linearen und quadratischen Indizes.

An einem nichtdegenerierten kritischen Punkt gilt $\text{LI} + \text{LCI} = p_0$ und $\text{QI} + \text{QCI} = n - p_0 - q$, die „Quersumme" des Indexquadrupels erfüllt also insbesondere stets $\text{LI} + \text{LCI} + \text{QI} + \text{QCI} = n - q$. Wegen $\text{LI} \in \{0, \ldots, p_0\}$ und $\text{QI} \in \{0, \ldots, n - p_0 - q\}$ gilt außerdem $\text{LI} + \text{QI} \in \{0, \ldots, n - q\}$ und auch $\text{LCI} + \text{QCI} = (n - q) - (\text{LI} + \text{QI}) \in \{0, \ldots, n - q\}$. Die Fälle

$$\text{LI} + \text{QI} \in \{0, \ldots, n - q\}$$

liefern eine übersichtliche Klassifizierung für nichtdegenerierte kritische Punkte. In der Tat erfüllt nach obigen Bemerkungen jeder nichtdegenerierte lokale Minimalpunkt (lokale Maximalpunkt) gerade $\text{LI} + \text{QI} = 0$ ($\text{LI} + \text{QI} = n - q$). Die üblichen *hinreichenden* Optimalitätsbedingungen zweiter Ordnung (z.B. [3, 56]) liefern andererseits, dass jeder nichtdegenerierte kritische Punkt mit $\text{LI} + \text{QI} = 0$ ($\text{LI} + \text{QI} = n - q$) lokaler Minimalpunkt (lokaler Maximalpunkt) sein muss. Diese Aussagen gelten auch für den Fall $p_0 + q = n$.

Der Fall $\text{LI} + \text{QI} = 0$ entspricht also *genau* einem lokalen Minimalpunkt, der Fall $\text{LI} + \text{QI} = n - q$ entspricht *genau* einem lokalen Maximalpunkt, und hinter den Fällen $\text{LI} + \text{QI} \in \{1, \ldots, n - q - 1\}$ verbergen sich Sattelpunkte verschiedener Typen, die man durch das jeweilige Paar (LI, QI) genau charakterisieren kann.

2.3.5 Stabilität nichtdegenerierter Minimalpunkte

Nachdem wir das Konzept eines nichtdegenerierten kritischen Punkts im restringierten Fall geklärt haben, wollen wir im nächsten Schritt wieder den Satz über implizite Funktionen an einem solchen Punkt anwenden. Als passendes Gleichungssystem versuchen wir es mit den Gleichungen aus den KKT-Bedingungen (2.9). Die Ungleichungen $\lambda_i \geq 0$ und $g_i(x) \leq 0$, $i \in I$, dieses Systems lassen wir zunächst außer acht, was sich aber als unproblematisch erweisen wird. Das Ignorieren der Ungleichungen $\lambda_i \geq 0$, $i \in I$, bedeutet gerade, dass wir anstelle von KKT-Punkten nur kritische Punkte betrachten.

Wir betrachten also die Funktion

$$
\mathcal{T}(t, x, \lambda, \mu) = \begin{pmatrix} \nabla_x L(t, x, \lambda, \mu) \\ \lambda_1 \cdot g_1(t, x) \\ \vdots \\ \lambda_p \cdot g_p(t, x) \\ h_1(t, x) \\ \vdots \\ h_q(t, x) \end{pmatrix} = \begin{pmatrix} \nabla_x L(t, x, \lambda, \mu) \\ \mathrm{diag}(\lambda) \cdot g(t, x) \\ h(t, x) \end{pmatrix},
$$

wobei

$$
\mathrm{diag}(\lambda) = \begin{pmatrix} \lambda_1 & 0 & 0 \\ 0 & \ddots & 0 \\ 0 & 0 & \lambda_p \end{pmatrix}
$$

die Diagonalmatrix mit Diagonalvektor λ bezeichnet. Wenn für einen kritischen Punkt $\bar{x}$ von $P(\bar{t})$ die zugehörigen Lagrange-Multiplikatoren $(\bar{\lambda}, \bar{\mu})$ lauten, so gilt definitionsgemäß

$$
\mathcal{T}(\bar{t}, \bar{x}, \bar{\lambda}, \bar{\mu}) = 0.
$$

Man zählt leicht nach, dass dies $n + p + q$ Gleichungen für $r + n + p + q$ Unbekannte sind. Es bietet sich wie im unrestringierten Fall also an, die Nullstellenmenge von $\mathcal{T}$ nach der r-dimensionalen Variable t zu parametrisieren. Um dazu den Satz über implizite Funktionen (Satz 2.2.3) zu benutzen, muss die Jacobi-Matrix $D_{(x,\lambda,\mu)}\mathcal{T}(\bar{t}, \bar{x}, \bar{\lambda}, \bar{\mu})$ nichtsingulär sein. In [56] wird (mit gewissem Aufwand) gezeigt, dass dies tatsächlich *genau* für nichtdegenerierte kritische Punkte im Sinne von Definition 2.3.8 der Fall ist, dass wir dort also genau das fordern, was zur Anwendung des Satzes über implizite Funktionen auf die Nullstellenmenge von $\mathcal{T}$ erforderlich ist.

Im Folgenden müssen wir diese Nullstellenmenge noch mit verallgemeinerten kritischen Punkten von $P(t)$ in Verbindung bringen.

2.3.12 Satz *Für $\bar{t} \in \mathrm{int}\, T$ sei $\bar{x}$ ein nichtdegenerierter kritischer Punkt von $P(\bar{t})$ mit Multiplikatoren $(\bar{\lambda}, \bar{\mu})$. Dann existieren lokal um $\bar{t}$ definierte C^{k-1}-Funktionen $x(t), \lambda(t), \mu(t)$, so dass folgende Aussagen gelten:*

a) *$x(t)$ ist der lokal eindeutige verallgemeinerte kritische Punkt von $P(t)$.*

b) *$x(t)$ ist tatsächlich ein nichtdegenerierter kritischer Punkt von $P(t)$ mit Multiplikatoren $(\lambda(t), \mu(t))$ und $I_0(t, x(t)) \equiv I_0(\bar{t}, \bar{x})$.*

c) *Für t in einer hinreichend kleinen Umgebung von $\bar{t}$ besitzt $x(t)$ dasselbe Indexquadrupel (LI, LCI, QI, QCI) wie $\bar{x}$.*

Beweis Wegen der Nichtsingularität der Matrix $D_{(x,\lambda,\mu)}\mathcal{T}(\bar{t},\bar{x},\bar{\lambda},\bar{\mu})$ existieren nach dem Satz über implizite Funktionen lokal um $\bar{t}$ definierte C^{k-1}-Funktionen $x(t)$, $\lambda(t)$, $\mu(t)$, so dass $(t, x(t), \lambda(t), \mu(t))$ die um $(\bar{t}, \bar{x}, \bar{\lambda}, \bar{\mu})$ lokal eindeutige Nullstelle von $\mathcal{T}$ ist, d. h., es gilt

$$0 \equiv \mathcal{T}(t, x(t), \lambda(t), \mu(t)) = \begin{pmatrix} \nabla_x L(t, x(t), \lambda(t), \mu(t)) \\ \text{diag}(\lambda(t))g(t, x(t)) \\ h(t, x(t)) \end{pmatrix}.$$

Um Aussage a zu sehen, sei x ein verallgemeinerter kritischer Punkt von $P(t)$, wobei (t, x) hinreichend nahe bei $(\bar{t}, \bar{x})$ liege. Da die LUB aus Stetigkeitsgründen unter hinreichend kleinen Störungen der beteiligten Vektoren erhalten bleibt, sind lokal um $(\bar{t}, \bar{x})$ alle verallgemeinerten kritischen Punkte tatsächlich kritische Punkte mit eindeutigen Multiplikatoren, insbesondere also auch (t, x). Es seien (λ, μ) die zugehörigen eindeutigen Multiplikatoren. Nach Definition 2.3.1b eines kritischen Punkts gilt $x \in M(t)$ sowie

$$0 = \nabla_x f(t, x) + \sum_{i \in I_0(t,x)} \lambda_i \nabla_x g_i(t, x) + \sum_{j \in J} \mu_j \nabla_x h_j(t, x).$$

Diese beiden Bedingungen lassen sich äquivalent als

$$0 = \nabla_x L(t, x, \lambda, \mu),$$
$$0 = \text{diag}(\lambda)g(t, x),$$
$$0 \geq g(t, x),$$
$$0 = h(t, x)$$

schreiben. Unterschlägt man in diesem System die Ungleichung, so erfüllt (t, x, λ, μ) jedenfalls insbesondere das Gleichungssystem $\mathcal{T}(t, x, \lambda, \mu) = 0$, dessen lokal eindeutige Lösung durch $(t, x(t), \lambda(t), \mu(t))$ gegeben ist.

Zum Beweis von Aussage b und c haben wir für t in einer hinreichend kleinen Umgebung von $\bar{t}$ das Folgende zu zeigen: $x(t) \in M(t)$, $I_0(t, x(t)) = I_0(\bar{t}, \bar{x})$, $x(t)$ erfüllt die Gleichung für verallgemeinerte kritische Punkte (2.6), die LUB, die SKB, und die eingeschränkte Hesse-Matrix $D_x^2 L(t, x(t), \lambda(t), \mu(t))|_{T(x(t), M(t))}$ ist nichtsingulär.

Wir beginnen mit der Zulässigkeit von $x(t)$. Die Gleichungsrestriktionen sind sicherlich erfüllt, denn für die implizit definierte Funktion x gilt insbesondere

$$h(t, x(t)) \equiv 0. \tag{2.10}$$

Da die SKB an $\bar{x}$ gilt, ist $\lambda_{I_0}(\bar{t}) = \bar{\lambda}_{I_0} \neq 0$. Aus der Stetigkeit der implizit definierten Funktion λ_{I_0} folgt, dass dann auch

$$\lambda_{I_0}(t) \neq 0 \tag{2.11}$$

für t hinreichend nahe bei $\bar{t}$ gelten muss. Die Definition der implizit definierten Funktionen liefert ferner

$$\text{diag}(\lambda_{I_0}(t)) \cdot g_{I_0}(t, x(t)) \;\equiv\; 0,$$

so dass nach (2.11)

$$g_{I_0(\bar{t}, \bar{x})}(t, x(t)) \;=\; 0 \tag{2.12}$$

gelten muss. Dies beweist zumindest die Inklusion $I_0(t, x(t)) \supseteq I_0(\bar{t}, \bar{x})$. Andererseits gilt

$$g_{I_0^c(\bar{t}, \bar{x})}(\bar{t}, x(\bar{t})) \;=\; g_{I_0^c(\bar{t}, \bar{x})}(\bar{t}, \bar{x}) \;<\; 0,$$

so dass wegen der Stetigkeit von g und x auch

$$g_{I_0^c(\bar{t}, \bar{x})}(t, x(t)) \;<\; 0 \tag{2.13}$$

für t hinreichend nahe bei $\bar{t}$ gelten muss. Gl. (2.12) und (2.13) liefern insgesamt

$$I_0(t, x(t)) \;=\; I_0(\bar{t}, \bar{x}), \tag{2.14}$$

und Gl. (2.10), (2.12) und (2.13) ergeben zusammen gerade $x(t) \in M(t)$.

Die implizit definierten Funktionen $x(t)$, $\lambda(t)$, $\mu(t)$ erfüllen ferner

$$\nabla_x L(t, x(t), \lambda(t), \mu(t)) \;\equiv\; 0,$$

so dass $x(t)$ ein kritischer Punkt von $P(t)$ ist. Die LUB bleibt unter kleinen Störungen der beteiligten Vektoren erhalten, und wegen (2.14) bleiben für t hinreichend nahe bei $\bar{t}$ auch dieselben Vektoren bei der Definition der LUB beteiligt. Gl. (2.11) und (2.14) implizieren ferner, dass die SKB an $x(t)$ gilt. Die Stetigkeit von λ liefert sogar, dass keiner der Einträge von $\lambda_{I_0}(t)$ für t hinreichend nahe bei $\bar{t}$ das Vorzeichen wechseln kann, also besitzen $x(t)$ und $\bar{x}$ dasselbe Indexpaar (LI, LCI).

Schließlich hängt die Matrix $D_x^2 L(t, x(t), \lambda(t), \mu(t))|_{T(x(t), M(t))}$ stetig von t ab, und Eigenwerte symmetrischer Matrizen hängen stetig von den Matrixeinträgen ab [62]. Daher ist $D_x^2 L(t, x(t), \lambda(t), \mu(t))|_{T(x(t), M(t))}$ für t hinreichend nahe bei $\bar{t}$ nichtsingulär, und der damit nichtdegenerierte kritische Punkt $x(t)$ besitzt sogar dasselbe Indexpaar (QI, QCI) wie $\bar{x}$. □

Satz 2.3.12a ist das Analogon zu Satz 2.2.5 aus dem unrestringierten Fall, und Aussage b und c verallgemeinern die Aussage von Proposition 2.2.8 auf den restringierten Fall. Mit analogen Argumenten wie im unrestringierten Fall beweist man auch die folgende Verallgemeinerung von Korollar 2.2.9.

2.3.13 Korollar *Für $\bar{t} \in$ int T sei der Punkt $\bar{x}$ ein nichtdegenerierter lokaler Minimalpunkt von $P(\bar{t})$. Dann ist der lokal eindeutige verallgemeinerte kritische Punkt $x(t)$ von $P(t)$ für t aus einer genügend kleinen Umgebung von $\bar{t}$ sogar lokaler Minimalpunkt von $P(t)$.*

Schließlich erhalten wir auch folgendes Analogon zu Korollar 2.2.10 aus dem unrestringierten Fall. Dazu erinnern wir daran [55], dass ein Optimierungsproblem $P(t)$ konvex heißt, wenn $M(t)$ eine konvexe Menge und $f(t, \cdot)$ eine auf $M(t)$ konvexe Funktion sind.

2.3.14 Korollar *Für $\bar{t} \in$ int T sei der Punkt $\bar{x}$ ein nichtdegenerierter globaler Minimalpunkt von $P(\bar{t})$, und für jedes t aus einer Umgebung von $\bar{t}$ sei das Problem $P(t)$ konvex. Dann ist der lokal eindeutige verallgemeinerte kritische Punkt $x(t)$ für t aus einer genügend kleinen Umgebung von $\bar{t}$ sogar eindeutiger globaler Minimalpunkt von $P(t)$.*

2.3.15 Übung Beweisen Sie Korollar 2.3.13 und Korollar 2.3.14.

2.3.6 Sensitivität nichtdegenerierter Minimalpunkte

Im nächsten Schritt erhalten wir Sensitivitätsaussagen zu nichtdegenerierten kritischen Punkten, wenn wir die Gleichung

$$0 \equiv \mathcal{T}(t, x(t), \lambda(t), \mu(t))$$

per Kettenregel nach t ableiten:

$$0 \equiv D_t[\mathcal{T}(t, x(t), \lambda(t), \mu(t))]$$

$$= [D_t\mathcal{T}](t, x(t), \lambda(t), \mu(t)) + [D_{(x,\lambda,\mu)}\mathcal{T}](t, x(t), \lambda(t), \mu(t)) \cdot \begin{pmatrix} [Dx](t) \\ [D\lambda](t) \\ [D\mu](t) \end{pmatrix},$$

also [56]

$$
\begin{pmatrix}
D_x^2 L & \nabla_x g_{I_0} & \nabla_x g_{I_0^c} & \nabla_x h \\
\mathrm{diag}(\lambda_{I_0}) D_x g_{I_0} & \mathrm{diag}(g_{I_0}) & 0 & 0 \\
\mathrm{diag}(\lambda_{I_0^c}) D_x g_{I_0^c} & 0 & \mathrm{diag}(g_{I_0^c}) & 0 \\
D_x h & 0 & 0 & 0
\end{pmatrix}
\begin{pmatrix}
Dx \\
D\lambda_{I_0} \\
D\lambda_{I_0^c} \\
D\mu
\end{pmatrix}
\equiv -
\begin{pmatrix}
D_t \nabla_x L \\
\mathrm{diag}(\lambda_{I_0}) D_t g_{I_0} \\
\mathrm{diag}(\lambda_{I_0^c}) D_t g_{I_0^c} \\
D_t h
\end{pmatrix},
$$

wobei wir den Vektor mit den Einträgen g_i, $i \in I_0(\bar{t}, \bar{x})$, kurz als g_{I_0} usw. bezeichnen und die Argumente $(t, x(t), \lambda(t), \mu(t))$ bzw. t vorübergehend unterschlagen.

Mit Hilfe der Inaktivitäten, der Komplementaritäten und Satz 2.3.12b stellen wir fest, dass die Matrizen $\mathrm{diag}(g_{I_0})$ und $\mathrm{diag}(\lambda_{I_0^c})$ für alle t hinreichend nahe bei $\bar{t}$ verschwinden. Dies führt auf die vereinfachte Gleichung

$$
\begin{pmatrix}
D_x^2 L & \nabla_x g_{I_0} & \nabla_x g_{I_0^c} & \nabla_x h \\
\mathrm{diag}(\lambda_{I_0}) D_x g_{I_0} & 0 & 0 & 0 \\
0 & 0 & \mathrm{diag}(g_{I_0^c}) & 0 \\
D_x h & 0 & 0 & 0
\end{pmatrix}
\begin{pmatrix}
Dx \\
D\lambda_{I_0} \\
D\lambda_{I_0^c} \\
D\mu
\end{pmatrix}
\equiv -
\begin{pmatrix}
D_t \nabla_x L \\
\mathrm{diag}(\lambda_{I_0}) D_t g_{I_0} \\
0 \\
D_t h
\end{pmatrix}, \quad (2.15)
$$

deren dritte Blockzeile sofort $\nabla\lambda_{I_0^c}(t) \equiv 0$ für t hinreichend nahe bei $\bar{t}$ liefert (was ohnehin klar ist, da schon $\lambda_{I_0^c}(t) \equiv 0$ gilt). Aufgrund der strikten Komplementaritätsbedingung ist ferner $\mathrm{diag}(\lambda_{I_0}(t))$ für t hinreichend nahe bei $\bar{t}$ nichtsingulär, so dass wir diese Matrix aus der zweiten Blockzeile von (2.15) eliminieren können. Damit ergibt sich die reduzierte Gleichung

$$
\begin{pmatrix}
D_x^2 L & \nabla_x g_{I_0} & \nabla_x h \\
D_x g_{I_0} & 0 & 0 \\
D_x h & 0 & 0
\end{pmatrix}
\begin{pmatrix}
Dx \\
D\lambda_{I_0} \\
D\mu
\end{pmatrix}
\equiv -
\begin{pmatrix}
D_t \nabla_x L \\
D_t g_{I_0} \\
D_t h
\end{pmatrix}.
$$

Auflösen dieser Gleichung nach den Jacobi-Matrizen der impliziten Funktionen ist möglich [56], und es folgt schließlich

$$
\begin{pmatrix}
Dx \\
D\lambda_{I_0} \\
D\mu
\end{pmatrix}
\equiv -
\begin{pmatrix}
D_x^2 L & \nabla_x g_{I_0} & \nabla_x h \\
D_x g_{I_0} & 0 & 0 \\
D_x h & 0 & 0
\end{pmatrix}^{-1}
\begin{pmatrix}
D_t \nabla_x L \\
D_t g_{I_0} \\
D_t h
\end{pmatrix}. \quad (2.16)
$$

Wir erhalten also nicht nur eine Sensitivitätsaussage zum kritischen Punkt $x(t)$ bei $\bar{t}$, sondern automatisch auch eine solche zu den Multiplikatoren $\lambda_{I_0}(t)$ und $\mu(t)$. Analog zum unrestringierten Fall gelten diese Formeln insbesondere, wenn $\bar{x}$ nichtdegenerierter lokaler oder globaler Minimalpunkt von $P(\bar{t})$ ist.

2.3.7 Sensitivität nichtdegenerierter Minimalwerte

Wie im unrestringierten Fall konstruieren wir mit Hilfe der implizit definierten Funktion x eine Kritische-Werte-Funktion

$$\bar{v}(t) = f(t, x(t))$$

und berechnen per Kettenregel ihre erste Ableitung

$$D\bar{v}(t) = D_t f(t, x(t)) + D_x f(t, x(t)) \cdot Dx(t).$$

Leider gilt hier nicht notwendigerweise wie im unrestringierten Fall $D_x f(t, x(t)) \equiv 0$, so dass man die Ableitung $Dx(t)$ scheinbar explizit berücksichtigen muss. Die Berechnung von $Dx(t)$ aus (2.16) würde man aber offensichtlich sehr gerne vermeiden, und glücklicherweise gibt es tatsächlich einen erheblich eleganteren Weg, die erste Ableitung von $\bar{v}$ zu bestimmen. Er basiert auf der Beobachtung, dass man $\bar{v}$ mit Hilfe der Lagrange-Funktion zunächst „künstlich kompliziert" als

$$\bar{v}(t) = f(t, x(t)) + \sum_{i \in I} \lambda_i(t) \underbrace{g_i(t, x(t))}_{\equiv 0} + \sum_{j \in J} \mu_j(t) \underbrace{h_j(t, x(t))}_{\equiv 0} = L(t, x(t), \lambda(t), \mu(t))$$

schreiben kann. Es folgt

$$
\begin{aligned}
D\bar{v}(t) =& D_t[L(t, x(t), \lambda(t), \mu(t))] \\
=& [D_t L](t, x(t), \lambda(t), \mu(t)) + \underbrace{[D_x L](t, x(t), \lambda(t), \mu(t))}_{\equiv 0}[Dx](t) \\
& + [D_\lambda L](t, x(t), \lambda(t), \mu(t))[D\lambda](t) + [D_\mu L](t, x(t), \lambda(t), \mu(t))[D\mu](t) \\
=& D_t L(t, x(t), \lambda(t), \mu(t)) \\
& + \underbrace{g_{I_0}(t, x(t))}_{\equiv 0} D\lambda_{I_0}(t) + g_{I_0^c}(t, x(t)) \underbrace{D\lambda_{I_0^c}(t)}_{\equiv 0} + \underbrace{h(t, x(t))}_{\equiv 0} D\mu(t) \\
=& D_t L(t, x(t), \lambda(t), \mu(t)).
\end{aligned}
$$

Wie im unrestringierten Fall erhält man also nicht nur eine Formel für $\nabla \bar{v}$, in der *keine* Jacobi-Matrizen der impliziten Funktionen x, λ_{I_0} oder μ auftauchen, sondern man stellt auch wieder fest, dass $\nabla \bar{v}$ die Verknüpfung von C^{k-1}-Funktionen ist. Damit ist $\bar{v}$ eine C^k-Funktion, und man kann die Hesse-Matrix $D^2 \bar{v}$ für t hinreichend nahe bei $\bar{t}$ berechnen:

$$D^2 \bar{v}(t) \equiv D\nabla\bar{v}(t) = D_t[\nabla_t L(t, x(t), \lambda(t), \mu(t))]$$

$$= [D_t^2 L] + ([D_x \nabla_t L], [D_{\lambda_{I_0}} \nabla_t L], [D_{\lambda_{I_0^c}} \nabla_t L], [D_\mu \nabla_t L]) \begin{pmatrix} [Dx] \\ [D\lambda_{I_0}] \\ [D\lambda_{I_0^c}] \\ [D\mu] \end{pmatrix}$$

$$= D_t^2 L + \begin{pmatrix} D_t \nabla_x L \\ D_t g_{I_0} \\ D_t h \end{pmatrix}^{\mathsf{T}} \begin{pmatrix} Dx \\ D\lambda_{I_0} \\ D\mu \end{pmatrix}$$

$$= D_t^2 L - \begin{pmatrix} D_t \nabla_x L \\ D_t g_{I_0} \\ D_t h \end{pmatrix}^{\mathsf{T}} \begin{pmatrix} D_x^2 L & \nabla_x g_{I_0} & \nabla_x h \\ D_x g_{I_0} & 0 & 0 \\ D_x h & 0 & 0 \end{pmatrix}^{-1} \begin{pmatrix} D_t \nabla_x L \\ D_t g_{I_0} \\ D_t h \end{pmatrix},$$

wobei die letzte Gleichheit aus (2.16) folgt.

Damit haben wir das folgende Analogon zu Satz 2.2.15 für restringierte Probleme hergeleitet, dessen Aussage e wieder als *Umhüllungssatz* bekannt ist.

2.3.16 Satz (Sensitivitätsaussagen für restringierte Probleme)
*Für $T \subseteq \mathbb{R}^r$ und $k \geq 2$ gelte $f, g_i, h_j \in C^k(T \times \mathbb{R}^n, \mathbb{R})$, $i \in I$, $j \in J$, für $\bar{t} \in$ int T
sei der Punkt $\bar{x}$ ein nichtdegenerierter kritischer Punkt von $P(\bar{t})$ mit Multiplikatoren
$(\bar{\lambda}, \bar{\mu})$, für eine hinreichend kleine Umgebung U von $\bar{t}$ und $t \in U$ bezeichne $x(t)$ den
lokal eindeutigen verallgemeinerten kritischen Punkt von $P(t)$ mit Multiplikatoren
$(\lambda(t), \mu(t))$, und $\bar{v} : U \to \mathbb{R}$ sei die zugehörige Kritische-Werte-Funktion. Dann gilt:*

a) $(x, \lambda_{I_0}, \mu) \in C^{k-1}(U, \mathbb{R}^n \times \mathbb{R}^{p_0} \times \mathbb{R}^q)$

b) $\begin{pmatrix} Dx(\bar{t}) \\ D\lambda_{I_0}(\bar{t}) \\ D\mu(\bar{t}) \end{pmatrix} = - \left[\begin{pmatrix} D_x^2 L & \nabla_x g_{I_0} & \nabla_x h \\ D_x g_{I_0} & 0 & 0 \\ D_x h & 0 & 0 \end{pmatrix}^{-1} \begin{pmatrix} D_t \nabla_x L \\ D_t g_{I_0} \\ D_t h \end{pmatrix} \right]_{(\bar{t}, \bar{x}, \bar{\lambda}, \bar{\mu})}$

c) $D\lambda_{I_0^c}(\bar{t}) = 0$

d) $\bar{v} \in C^k(U, \mathbb{R})$

e) $\nabla \bar{v}(\bar{t}) = \nabla_t L(\bar{t}, \bar{x}, \bar{\lambda}, \bar{\mu})$

f) $D^2 \bar{v}(\bar{t}) =$

$\left[D_t^2 L - \begin{pmatrix} D_t \nabla_x L \\ D_t g_{I_0} \\ D_t h \end{pmatrix}^{\mathsf{T}} \begin{pmatrix} D_x^2 L & \nabla_x g_{I_0} & \nabla_x h \\ D_x g_{I_0} & 0 & 0 \\ D_x h & 0 & 0 \end{pmatrix}^{-1} \begin{pmatrix} D_t \nabla_x L \\ D_t g_{I_0} \\ D_t h \end{pmatrix} \right]_{(\bar{t}, \bar{x}, \bar{\lambda}, \bar{\mu})}$

g) *Zusätzlich sei das Problem $P(t)$ für jedes $t \in U$ konvex. Dann darf man in Aussage
d–f die Kritische-Werte-Funktion $\bar{v}$ durch die Minimalwertfunktion v ersetzen.*

Wie in Satz 2.2.15e unterscheiden sich auch in Satz 2.3.16f die Hesse-Matrizen $D^2 \bar{v}(\bar{t})$
und $D_t^2 L(\bar{t}, \bar{x}, \bar{\lambda}, \bar{\mu})$ um einen Verschiebungsterm. Dieser kann wegen des Auftretens einer
invertierten Matrix für „fast degenerierte" kritische Punkte wieder sehr groß werden. Bemerkenswert ist hierbei, dass sich von den drei Bedingungen, die einen nichtdegenerierten
kritischen Punkt auszeichnen, nur die „fast verletzte" LUB und die „fast verletzte" Bedingung zweiter Ordnung auf die Größe des Verschiebungsterms auswirken, während „fast
verschwindende" Lagrange-Multiplikatoren zu aktiven Ungleichungsrestriktionen keinen

Effekt haben. Dies liegt an der diskreten Natur der Komplementaritätsbedingungen, die ein „Umschalten" zwischen jeweils zwei Zuständen modellieren.

Als Anwendung des Umhüllungssatzes für restringierte Probleme zeigen wir im folgenden Beispiel, wie sich die Theorie der Schattenpreise von der linearen Optimierung (Abschn. 1.1) auf den nichtlinearen Fall übertragen lässt.

2.3.17 Beispiel (Schattenpreise)

Im linearen Fall aus Abschn. 1.1 haben wir gesehen, dass sich die Auswirkung von Änderungen der rechten Seiten der Restriktionen auf einen *Maximal*wert durch die optimalen Dualvariablen beschreiben lassen.

Für den allgemeinen nichtlinearen Fall gehen wir vom parameterfreien restringierten Maximierungsproblem

$$P: \quad \max_x f(x) \quad \text{s.t.} \quad g_i(x) \leq 0, \ i \in I, \ h_j(x) = 0, \ j \in J$$

mit $f, g_i, h_j \in C^2(\mathbb{R}^n, \mathbb{R})$, $i \in I$, $j \in J$, aus und ändern die rechten Seiten seiner Restriktionen durch unabhängige Parameter $t_i, i \in I$, sowie $t_j, j \in J$. Für dieses Beispiel setzen wir $I = \{1, \ldots, p\}$ und $J = \{p+1, \ldots, p+q\}$, um keine Indizes von Gleichungen und Ungleichungen zu verwechseln. Dann gilt $t \in \mathbb{R}^{p+q}$, also $r = p+q$ und $T = \mathbb{R}^{p+q}$. Dies führt auf das parametrische Maximierungsproblem

$$P(t): \quad \max_x f(x) \quad \text{s.t.} \quad \widetilde{g}_i(t, x) \leq 0, \ i \in I, \ \widetilde{h}_j(t, x) = 0, \ j \in J$$

mit

$$\widetilde{g}_i(t, x) := g_i(x) - t_i, \ i \in I,$$
$$\widetilde{h}_j(t, x) := h_j(x) - t_j, \ j \in J$$

und mit der Maximalwertfunktion v. Die Probleme $P(0)$ und P stimmen überein, so dass wir $\bar{t} = 0 \in \text{int } T$ als nominalen Parameter betrachten werden.

Um unsere allgemein für *Minimierungs*probleme formulierten Resultate benutzen zu können, wenden wir sie auf das äquivalente parametrische Problem

$$P_-(t): \quad \min_x -f(x) \quad \text{s.t.} \quad \widetilde{g}_i(t, x) \leq 0, \ i \in I, \ \widetilde{h}_j(t, x) = 0, \ j \in J$$

mit Minimalwertfunktion $v_- := -v$ an.

Es sei $\bar{x}$ ein nichtdegenerierter kritischer Punkt von $P_-(0)$ mit Multiplikatoren $(\bar{\lambda}, \bar{\mu})$. Nach Satz 2.3.12 existieren lokal um $\bar{t} = 0$ definierte Funktionen $x(t), \lambda(t), \mu(t)$, so dass $x(t)$ der lokal eindeutige nichtdegenerierte kritische Punkt von $P(t)$ mit Multiplikatoren $(\lambda(t), \mu(t))$ ist. Für die zugehörige Kritische-Werte-Funktion $\bar{v}_-$ gilt nach Satz 2.3.16e

$$\nabla \bar{v}_-(0) = \nabla_t L(\bar{t}, \bar{x}, \bar{\lambda}, \bar{\mu})$$

$$= \left[\nabla_t \left(-f(x) + \sum_{i \in I} \lambda_i \left(g_i(x) - t_i \right) + \sum_{j \in J} \mu_j \left(h_j(x) - t_j \right) \right) \right]_{(\bar{t}, \bar{x}, \bar{\lambda}, \bar{\mu})}$$

$$= -(\bar{\lambda}_1, \dots, \bar{\lambda}_p, \bar{\mu}_{p+1}, \dots, \bar{\mu}_{p+q})^\mathsf{T}$$

$$= - \begin{pmatrix} \bar{\lambda} \\ \bar{\mu} \end{pmatrix}.$$

Falls zusätzlich $P_-(0)$ ein konvexes Problem ist, dann ist auch $P_-(t)$ für jedes t aus einer Umgebung von $\bar{t}$ konvex. Für einen nichtdegenerierten globalen Minimalpunkt $\bar{x}$ von $P_-(0)$ mit Multiplikatoren $(\bar{\lambda}, \bar{\mu})$ erhalten wir dann nach Satz 2.3.16g für die Minimalwertfunktion v_- von P_-

$$\nabla v_-(0) = - \begin{pmatrix} \bar{\lambda} \\ \bar{\mu} \end{pmatrix}.$$

Nun sei $\bar{x}$ ein nichtdegenerierter globaler Maximalpunkt des konkaven Problems P, und die Multiplikatoren $(\bar{\lambda}, \bar{\mu})$ seien bestimmt wie oben. Dann erhalten wir für die Maximalwertfunktion v der Maximierungsprobleme $P(t)$ schließlich

$$\nabla v(0) = \begin{pmatrix} \bar{\lambda} \\ \bar{\mu} \end{pmatrix}.$$

Die Multiplikatoren sind also gerade die partiellen Ableitungen von v bezüglich Änderungen in den rechten Seiten der Restriktionen. Wie im linearen Fall die optimalen Dualvariablen geben sie daher den „Wert" der einzelnen Restriktionen an und werden in der ökonomischen Literatur aus diesem Grund als deren Schattenpreise interpretiert. ◄

Übung 3.7.23 wird sich damit befassen, wie sich die Voraussetzung der Nichtdegeneriertheit von $\bar{x}$ in Beispiel 2.3.17 lockern lässt.

2.4 Schwächere Voraussetzungen

Eine Lockerung unserer bislang getroffenen Voraussetzungen zur Beantwortung der Fragen ZF1, ZF2 und ZF3 ist nötig, wenn diese wie gewünscht in möglichst vielen Anwendungen erfüllt sein sollen. So haben wir in Abschn. 2.2.6 und 2.3.7 zwar unter anderem hinreichende Bedingungen für die Differenzierbarkeit von Minimalwertfunktionen an nichtdegenerierten Minimalwerten aufgestellt, Beispiel 1.9.1 und Beispiel 1.9.4 sowie Übung 1.9.6c haben aber gezeigt, dass Minimalwertfunktionen gar nicht notwendigerweise überall differenzierbar sind, dass also nicht notwendigerweise alle Minimalwerte nichtdegeneriert sind.

Immerhin treten degenerierte Minimalwerte und daraus resultierende Nichtdifferenzierbarkeitsstellen von v in den vorliegenden Beispielen nur an einzelnen, „singulären" Parameterwahlen $\bar{t}$ auf. Dort müssen degenerierte kritische Punkte $\bar{x}$ von $P(\bar{t})$ vorliegen, es muss also mindestens eine der Nichtdegeneriertheitsvoraussetzungen verletzt sein. Im unrestringierten Fall kann dies nur daran liegen, dass die Hesse-Matrix $D_x^2 f(\bar{t}, \bar{x})$ *singulär* ist, und im restringierten Fall sind neben einer Verletzung der entsprechenden Bedingung zweiter Ordnung noch Verletzungen der LUB oder der SKB möglich.

In [20, 36, 59] wird für den einparametrischen Fall $r = 1$ gezeigt, dass generisch solche Verletzungen tatsächlich nur an isolierten Parameterwerten auftreten können, dass dann nur eine dieser Bedingungen verletzt ist, und dies auch nur in einfachst-möglicher Form (d. h., genau ein Eigenwert der Hesse-Matrix oder genau ein Multiplikator zu Ungleichungsrestriktionen verschwindet, oder die Gradienten aktiver Restriktionen besitzen nicht maximalen Rang, sondern einen genau um eins verminderten). Die lokalen Strukturen der Menge verallgemeinerter kritischer Punkte und der Minimalwertfunktion lassen sich dann explizit bestimmen.

Im Rahmen dieses Lehrbuchs werden wir diesen Ansatz nicht weiter verfolgen, da erstens die Einführung der entsprechenden Generizitätsresultate ein umfangreiches Hintergrundwissen der Differentialtopologie erfordert (z. B. [28]) und zweitens die auftretenden Regularitätsvoraussetzungen trotz ihrer Generizität unter in Anwendungen vorliegenden speziellen Problemstrukturen häufig verletzt sind.

Die Lockerung des Konzepts nichtdegenerierter kritischer Punkte zu zwar nichtgenerischen, aber anwendungsrelevanteren Begriffen findet man zum Beispiel in [2, 4, 7, 61]. Dort werden etwa Bedingungen wie die LUB oder die SKB fallengelassen. Solange diese Regularitätsbedingungen nicht zu sehr abgeschwächt werden, lassen sich anstelle von Differenzierbarkeitsaussagen über Minimalwerte und -punkte immerhin noch Resultate zu deren Lipschitz-Stetigkeit zeigen. Auch hierauf gehen wir im Rahmen dieses Lehrbuchs nicht ein und verweisen für eine Zusammenfassung solcher Ergebnisse auf [61].

Stattdessen werden wir (in Abschn. 3.7) Sensitivitätsinformationen an Nichtdifferenzierbarkeitsstellen von Optimalwertfunktionen unter sehr schwachen Voraussetzungen herleiten. Solche Sensitivitätsaussagen sind in vielen Anwendungen wichtig, etwa für die lineare Unterschätzung konvexer Optimalwertfunktionen bei Dekompositionsverfahren [54], für Optimalitätsbedingungen bei semi-infiniten Problemen (Abschn. 4.1) oder für Algorithmen zur Identifizierung von Nash-Gleichgewichten (Abschn. 4.2).

Als Hilfsmittel werden wir dabei *Stabilitätseigenschaften* der Minimalwertfunktion v und der Minimalpunktabbildung S benötigen, die auch in vielen anderen Zusammenhängen wichtig sind, etwa in der Störungsanalyse, zur Garantie topologischer Eigenschaften der zulässigen Menge in der semi-infiniten Optimierung (Abschn. 4.1) oder für Algorithmen zur Identifizierung von Nash-Gleichgewichten (Abschn. 4.2). Damit beschäftigt sich das folgende Kap. 3.

Stabilität

3

Im vorliegenden Kapitel leiten wir Bedingungen her, die die Stetigkeit der Minimalwertfunktion v und der Minimalpunktabbildung S garantieren. Damit können wir nicht nur die Frage ZF4 beantworten, sondern die durch Stetigkeit garantierte Stabilität eines Optimierungsproblems unter Parameterstörungen spielt auch eine wichtige Rolle bei der numerischen Lösung parameterfreier Optimierungsprobleme (wie wir unter anderem in Abschn. 1.9 gesehen haben). Außerdem benötigen wir solche Stetigkeitsresultate bei der Untersuchung von semi-infiniten Problemen und Nash-Spielen, und sie ermöglichen die Lockerung der Nichtdegeneriertheitsbedingungen aus Kap. 2.

Nach einigen Vorüberlegungen in Abschn. 3.1 untersucht Abschn. 3.2 die Stetigkeit von Minimalwertfunktionen unrestringierter Probleme auf dem gesamten Parameterbereich T. Dabei werden die geometrischen Grundlagen der notwendigen Konzepte und Beweise besonders deutlich, denn insbesondere beweisen wir für unrestringierte Probleme den nach Beispiel 1.9.3 angesprochenen geometrischen Zusammenhang zwischen Epigraph der entfalteten Zielfunktion und Epigraph der Minimalwertfunktion.

Abschn. 3.3 zieht aus den Stetigkeitseigenschaften der Minimalwertfunktion v Schlussfolgerungen über wünschenswerte Eigenschaften der Minimalpunktabbildung S unrestringierter Probleme. Dazu wird hier definiert, was wir unter Stetigkeit einer mengenwertigen Abbildung überhaupt verstehen wollen, wofür wir die Mengenkonvergenz im Sinne von Painlevé-Kuratowski sowie die Begriffe der Außerhalb- und Innerhalbstetigkeit einführen. Damit geben wir hinreichende Bedingungen für die Stetigkeit von S an.

Im Hinblick auf die Stabilitätsuntersuchung von Minimalwertfunktion und Minimalpunktabbildung restringierter parametrischer Optimierungsprobleme gibt Abschn. 3.4 hinreichende Bedingungen für die zentralen Stetigkeitseigenschaften der Zulässige-Mengen-Abbildung M an. Abschn. 3.5 und Abschn. 3.6 verallgemeinern damit die Ergebnisse aus Abschn. 3.2 bzw. Abschn. 3.3 erstens auf restringierte Probleme, und zweitens formulieren sie die gewünschten Stetigkeitsbegriffe nicht mehr global auf der gesamten Parametermenge

O. Stein, *Grundzüge der Parametrischen Optimierung*,
https://doi.org/10.1007/978-3-662-61990-2_3

T, sondern nur punktweise an einem interessierenden Referenzparameter $\bar{t} \in T$. Dies versetzt uns endgültig in die Lage, die Frage ZF4 zu beantworten.

Nach dieser Untersuchung steht außerdem das Rüstzeug dafür bereit, die in Abschn. 2.4 angekündigte Lockerung der Voraussetzungen zur Beantwortung der Fragen ZF1, ZF2 und ZF3 vorzunehmen. In Abschn. 3.7 geben wir damit Formeln bzw. Abschätzungen für *Richtung*sableitungen der Minimalwertfunktion an.

3.1   Vorüberlegungen

Die Frage ZF4, die beispielsweise im Rahmen von Konvergenzuntersuchungen numerischer Verfahren für parameterfreie nichtlineare Optimierungsprobleme auftritt (Abschn. 1.3), lautet in der in Abschn. 2.1 eingeführten Notation wie folgt.

? Zentrale Frage 4 (ZF4)

Es sei $(t^k) \subseteq T$ eine Folge von Parametern mit $\lim_k t^k = t^\star \in T$, und für alle $k \in \mathbb{N}$ gelte $x^k \in S(t^k)$. Unter welchen Voraussetzungen konvergiert dann die Folge (x^k) gegen einen Punkt $x^\star \in S(t^\star)$?

Offensichtlich muss man diese Frage mit Voraussetzungen beantworten, die die passende Eigenschaft der Minimalpunktabbildung

$$S(t) \ = \ \{x \in M(t) |\ f(t, x) = v(t)\}$$

garantieren. Ein nützliches Konstrukt für die folgenden Untersuchungen ist der *Graph* der mengenwertigen Abbildung S,

$$\mathrm{gph}(S, T) \ = \ \{(t, x) \in T \times \mathbb{R}^n |\ x \in S(t)\},$$

denn die Frage ZF4 lässt sich damit wie folgt umformulieren.

? Zentrale Frage 4 (ZF4)

Es sei $(t^k) \subseteq T$ eine Folge von Parametern mit $\lim_k t^k = t^\star \in T$, und für alle $k \in \mathbb{N}$ gelte $(t^k, x^k) \in \mathrm{gph}(S, T)$. Unter welchen Voraussetzungen konvergiert dann die Folge (x^k) gegen einen Punkt $x^\star$ mit $(t^\star, x^\star) \in \mathrm{gph}(S, T)$?

Damit ist klar, dass für die Beantwortung der Frage ZF4 eine Voraussetzung günstig wäre, die die *Abgeschlossenheit* der Menge $\mathrm{gph}(S, T)$ impliziert.

So wird in [3] die Konvergenz der diversen dort diskutierten numerischen Lösungsverfahren für parameterfreie nichtlineare Optimierungsprobleme tatsächlich explizit mit Hilfe der Abgeschlossenheit
von gph(S, T) bewiesen.

Dafür benutzen wir die Darstellung

$$\text{gph}(S, T) = \{(t, x) \in \text{gph}(M, T) | \ f(t, x) = v(t)\}$$

mit dem Graphen

$$\text{gph}(M, T) = \{(t, x) \in T \times \mathbb{R}^n | \ x \in M(t)\}$$
$$= \{(t, x) \in T \times \mathbb{R}^n | \ g_i(t, x) \leq 0, \ i \in I, \ h_j(t, x) = 0, \ j \in J\}$$

der Zulässige-Mengen-Abbildung M. Etwa für eine abgeschlossene Parametermenge T und
für auf $T \times \mathbb{R}^n$ stetige Funktionen g_i, $i \in I$, und h_j, $j \in J$, ist zumindest gph(M, T) eine
abgeschlossene Menge. Diese Voraussetzungen sind in Anwendungen sehr häufig gegeben,
so dass wir sie als hinreichend schwach betrachten können.

Um die Abgeschlossenheit von gph(S, T) zu garantieren, ist demnach noch die Lösungsmenge der Gleichung $f(t, x) = v(t)$ zu untersuchen. Günstig wäre auch hier die Stetigkeit
beider auftretenden Funktionen. Während die Stetigkeit von f auf $T \times \mathbb{R}^n$ wieder als schwache Voraussetzung aufgefasst werden darf, kann man von einer stetigen Funktion v leider
nicht ohne Weiteres ausgehen, wie Beispiel 1.9.5 und Übung 1.9.6 gezeigt haben. Tatsächlich
ist die Menge gph(S, T) in Beispiel 1.9.5 und in Übung 1.9.6a auch nicht abgeschlossen.

Für die Beantwortung der Frage ZF4 sind demnach vermutlich Voraussetzungen entscheidend, die die Stetigkeit der Minimalwertfunktion v garantieren. Damit wird sich Abschn. 3.2
zunächst für den unrestringierten Fall befassen, in dem die geometrischen Grundlagen der
Herleitung besonders augenfällig sind. Nachteil dieser *globalen* Stetigkeitsuntersuchung
von v auf ganz T ist allerdings, dass man sie für die Beantwortung der Frage ZF4 gar
nicht in dieser Allgemeinheit benötigt, sondern genau genommen nur am dort vorgegebenen Parameter $t^\star$. Die Stetigkeit von v an einem gegebenen Punkt $t^\star \in T$ werden wir für
den allgemeinen restringierten Fall in Abschn. 3.5 untersuchen.

Unabhängig von der Beantwortung der Frage ZF4 ist die Stetigkeit von Optimalwertfunktionen auch in anderen Zusammenhängen interessant, etwa weil die oberen und unteren
Hüllfunktionen aus Abschn. 1.5 solche Optimalwertfunktionen sind, weil die Optimalwertfunktionen der einzelnen Spieler bei der Untersuchung von Nash-Spielen eine wesentliche
Rolle spielen oder bei Dekompositionsverfahren.

Leicht zu übersehen ist allerdings, dass mit Bedingungen für die Stetigkeit von v die
Frage ZF4 noch nicht vollständig beantwortet ist. Dies liegt daran, dass dort auch gefragt
wird, ob die Folge (x^k) *überhaupt konvergiert*. Dass die Konvergenz von (t^k) gegen $t^\star$ nicht
für jede Wahl von $x^k \in S(t^k)$, $k \in \mathbb{N}$, auch die Konvergenz der Folge (x^k) nach sich zieht,
zeigt das folgende Beispiel eines unrestringierten Problems P (derselbe Effekt tritt für eine
andere Folge im restringierten Problem P aus Übung 1.9.6b auf).

Abb. 3.1 Graph der
Minimalpunktabbildung aus
Beispiel 3.1.1

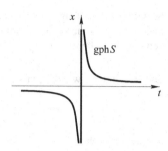

3.1.1 Beispiel

Für die stetige Funktion $f(t, x) = (tx - 1)^2$ erhält man aus der Differenzierbarkeit und
Konvexität von $f(t, \cdot), t \in \mathbb{R}$,

$$S(t) \; = \; \{x \in \mathbb{R}^n \mid (tx - 1)t = 0\} \; = \; \begin{cases} \{\frac{1}{t}\}, & t \neq 0, \\ \mathbb{R}, & t = 0, \end{cases}$$

(Abb. 3.1). Für $t^k = 1/k$ liegen die Punkte $x^k = k$ also für jedes k in $S(t^k)$, die Para-
meterfolge (t^k) konvergiert für $k \to \infty$ gegen $t^\star = 0$, aber die Folge (x^k) divergiert.
◄

Ein in der Analysis beliebtes Mittel, um die Konvergenz einer Folge wenigstens „teilweise"
zu erzwingen, ist es, mit zusätzlichen Voraussetzungen ihre Beschränktheit zu garantieren.
Nach dem Satz von Bolzano-Weierstraß (z. B. [27]) besitzt sie dann nämlich wenigstens eine
konvergente Teilfolge. Tatsächlich werden wir die Frage ZF4 auch nur in diesem Sinne beantworten, also durch die Garantie einer konvergenten Teilfolge von (x^k) mit Grenzpunkt $x^\star$
(der Punkt $x^\star$ heißt dann *Häufungspunkt* der Folge (x^k)). Für viele Anwendungen, in denen
die Frage ZF4 auftritt, ist dies ausreichend. Insbesondere besitzen Konvergenzaussagen zu
numerischen Verfahren der parameterfreien nichtlinearen Optimierung typischerweise diese
Form.

Die Beschränktheit der Folge (x^k) werden wir dadurch garantieren, dass für hinreichend
große k die Minimalpunktmengen $S(t^k)$ in einer beschränkten Menge enthalten sind. Es
werden also hinreichende Bedingungen für diese *lokale Beschränktheit* der Minimalpunktabbildung S an $t^\star$ notwendig sein.

3.2 Globale Stetigkeitseigenschaften unrestringierter Minimalwerte

In diesem Abschnitt betrachten wir unrestringierte Probleme

$$P(t): \quad \min_{x \in \mathbb{R}^n} f(t, x)$$

mit $t \in T \subseteq \mathbb{R}^r$ und der zugehörigen Minimalwertfunktion

$$v: T \to \overline{\mathbb{R}}, \quad t \mapsto \inf_{x \in \mathbb{R}^n} f(t, x).$$

Wir fragen nach globalen Stetigkeitseigenschaften von v, also nach Eigenschaften, die auf ganz T gelten. Dazu merken wir an, dass $v(t) < +\infty$ für jedes $t \in T$ gilt (wegen $\mathbb{R}^n \neq \emptyset$). Da das Problem P einzig durch die Angabe der Zielfunktion f und der Parametermenge T definiert ist, suchen wir nach Möglichkeiten, die Stetigkeit von v auf T durch Eigenschaften von f auf $T \times \mathbb{R}^n$ zu garantieren.

Dazu „zerlegt" Abschn. 3.2.1 die Frage nach der Stetigkeit einer Funktion in die Fragen nach ihrer Ober- und Unterhalbstetigkeit. Wichtige Anwendungen und Charakterisierungen der beiden Halbstetigkeitskonzepte bilden den Inhalt von Abschn. 3.2.2. Dies versetzt uns erstens in die Lage, in Abschn. 3.2.3 und Abschn. 3.2.4 zu klären, wann eine Minimalwertfunktion oberhalbstetig bzw. unterhalbstetig und – bei gleichzeitiger Gültigkeit beider Halbstetigkeitseigenschaften – stetig (Abschn. 3.2.5) ist. Zweitens werden wir aber auch sehen, dass Stetigkeit einer Funktion für einige wichtige Anwendungen gar nicht erforderlich ist, sondern zu einer der beiden Halbstetigkeitseigenschaften abgeschwächt werden darf.

3.2.1 Halbstetigkeit von Funktionen

Stetigkeitseigenschaften von Funktionen wie der Optimalwertfunktion v (und später auch von mengenwertigen Abbildungen wie M oder S) „zerlegen" wir im Folgenden stets in Halbstetigkeitseigenschaften. Aus der Schulmathematik ist dieses Konzept daher bekannt, dass die Stetigkeit einer Funktion $f: \mathbb{R}^1 \to \mathbb{R}^1$ am Punkt $\bar{x}$ durch die Identität von *links*- und *rechts*seitigen Grenzwerten von f an $\bar{x}$ mit dem Wert $f(\bar{x})$ charakterisiert wird. Dieses Konzept lässt sich für unsere Untersuchung von Funktionen $f: \mathbb{R}^n \to \mathbb{R}^1$ nicht verallgemeinern, da die Begriffe *links* und *rechts* im n-dimensionalen Definitionsbereich von f für $n > 1$ keine Bedeutung haben. Sehr wohl ist es im eindimensionalen *Bild*bereich von f aber sinnvoll, von *oben* und *unten* zu sprechen, und tatsächlich sind die betrachteten Halbstetigkeitseigenschaften die der Ober- und Unterhalbstetigkeit.

Für eine Menge $X \subseteq \mathbb{R}^n$, eine Funktion $f: X \to \overline{\mathbb{R}}$ und einen Punkt $\bar{x} \in X$ untersuchen wir dabei für beliebige Folgen $(x^k) \subseteq X$ mit $\lim_k x^k = \bar{x}$, ob die Funktionswerte $f(x^k)$ „im Grenzwert" ober- oder unterhalb von $f(\bar{x})$ liegen. Leider impliziert die Konvergenz der Folge (x^k) aber nicht die Konvergenz der Funktionswerte $(f(x^k))$ (da wir natürlich nicht die Stetigkeit von f an $\bar{x}$ voraussetzen), so dass wir ihr Verhalten für $k \to \infty$ mit Hilfe von *Limes inferior* und *Limes superior* untersuchen.

Dazu erinnern wir daran, dass eine beschränkte Folge reeller Zahlen stets einen kleinsten Häufungswert besitzt, wobei die Häufungswerte gerade die Grenzwerte konvergenter Teilfolgen sind [26]. Der kleinste Häufungswert wird als Limes inferior bezeichnet. Falls die Folge nicht nach unten beschränkt ist, existiert der Limes inferior nur „uneigentlich" und wird zu $-\infty$ definiert.

Liegt die betrachtete Folge zudem nicht in $\mathbb{R}$, sondern in $\overline{\mathbb{R}}$, so kann als Limes inferior auch dann der „Wert" $-\infty$ auftreten, wenn *unendlich viele* Folgenglieder (d. h. eine Teilfolge) mit dem konstanten „Wert" $-\infty$ existieren. Falls andererseits *fast alle* Folgenglieder (d. h. alle bis auf endlich viele) mit $+\infty$ übereinstimmen, dann kann der Limes inferior außerdem den „Wert" $+\infty$ annehmen. Analoge Überlegungen gelten für den Limes superior. Eine Folge ist genau dann (eventuell uneigentlich) konvergent, wenn ihr Limes inferior mit ihrem Limes superior übereinstimmt.

3.2.1 Definition (Unterhalb- und Oberhalbstetigkeit)
Für eine Menge $X \subseteq \mathbb{R}^n$ heißt die Funktion $f : X \to \overline{\mathbb{R}}$ an $\bar{x} \in X$ *unterhalbstetig* (*ust.*), falls für alle Folgen $(x^k) \subseteq X$ mit $\lim_k x^k = \bar{x}$

$$\liminf_k f(x^k) \geq f(\bar{x})$$

gilt, und *oberhalbstetig* (*ost.*), falls für alle Folgen $(x^k) \subseteq X$ mit $\lim_k x^k = \bar{x}$

$$\limsup_k f(x^k) \leq f(\bar{x})$$

gilt. f heißt unterhalbstetig (oberhalbstetig) (auf ganz X), falls f an jedem Punkt $\bar{x} \in X$ unterhalbstetig (oberhalbstetig) ist.

3.2.2 Übung Zeigen Sie für $X \subseteq \mathbb{R}^n$, dass $f : X \to \overline{\mathbb{R}}$ an einem Punkt $\bar{x} \in X$ genau dann *stetig* ist, wenn f dort unterhalbstetig und oberhalbstetig ist. Dabei heißt f stetig an einem Punkt $\bar{x} \in X$ mit $f(\bar{x}) = \pm\infty$, falls $\lim_k f(x^k) = \pm\infty$ für alle Folgen $(x^k) \subseteq X$ mit $\lim_k x^k = \bar{x}$ gilt (siehe Lösung 5.5).

3.2.3 Übung Betrachten Sie noch einmal die Minimalwertfunktionen der drei Optimierungsprobleme aus Übung 1.9.6. Entscheiden Sie anhand der Skizzen in Abb. 5.3, Abb. 5.5 und Abb. 5.7, welche der Funktionen oberhalbstetig und welche unterhalbstetig auf $T = \mathbb{R}$ sind.

Für unsere späteren Anwendungen von Stetigkeitsbegriffen auf parametrische Optimierungsprobleme ist es wesentlich, dass die (Halb-)Stetigkeit einer Funktion f an einem

*Rand*punkt $\bar{x} \in X$ ihres Definitionsbereichs X bereits dann gezeigt ist, wenn die entsprechenden Konvergenzeigenschaften der Funktionswerte $f(x^k)$ für alle Folgen $(x^k) \subseteq X$ mit $\lim_k x^k = \bar{x}$ nachgewiesen werden können, während gegen $\bar{x}$ konvergente Folgen (x^k) mit Folgengliedern außerhalb von X dafür keine Rolle spielen. Beispielsweise ist die Funktion v aus Übung 1.9.6c stetig auf der Menge $\{t \in \mathbb{R} | M(t) \neq \emptyset\} = [-1/\sqrt{2}, 1]$.

Zudem werden in den Definitionen der Halbstetigkeitsbegriffe keinerlei Voraussetzungen an den Definitionsbereich X der Funktion f gestellt. Insbesondere müssen Randpunkte von X nicht notwendigerweise zu X gehören (d. h., X wird nicht als abgeschlossen vorausgesetzt). Für solche Randpunkte $\bar{x}$ von X können wir naturgemäß keine Stetigkeitsaussagen treffen, da ihr Funktionswert $f(\bar{x})$ nicht definiert ist.

3.2.4 Übung Für eine Menge $X \subseteq \mathbb{R}^n$ seien die Funktionen $f : X \to \mathbb{R}$ und $g : X \to \overline{\mathbb{R}}$ an $\bar{x} \in X$ unterhalbstetig (oberhalbstetig). Zeigen Sie, dass dann auch die Funktion $f + g : X \to \overline{\mathbb{R}}$ an $\bar{x}$ unterhalbstetig (oberhalbstetig) ist.

3.2.5 Übung Zeigen Sie, dass für eine Menge $X \subseteq \mathbb{R}^n$ die Funktion $f : X \to \overline{\mathbb{R}}$ genau dann an $\bar{x} \in X$ unterhalbstetig ist, wenn die Funktion $-f$ an $\bar{x}$ oberhalbstetig ist.

3.2.6 Übung Für Mengen $X \subseteq \mathbb{R}^n$ und $Y \subseteq \mathbb{R}^m$ sei $f : X \times Y \to \overline{\mathbb{R}}$ unterhalbstetig (oberhalbstetig). Zeigen Sie, dass dann die Funktion $f(x, \cdot)$ für jedes $x \in X$ unterhalbstetig (oberhalbstetig) auf Y ist.

3.2.2 Anwendungen und Charakterisierungen der Halbstetigkeit von Funktionen

Die folgenden beiden wichtigen Resultate zu nichtlinearen Optimierungsproblemen werden häufig per Stetigkeit der beteiligten Funktionen gezeigt, benötigen aber tatsächlich nur Halbstetigkeitseigenschaften.

3.2.7 Übung (Satz von Weierstraß)
Die Menge $X \subseteq \mathbb{R}^n$ sei nichtleer und kompakt, und die Funktion $f : X \to \mathbb{R}$ sei unterhalbstetig. Zeigen Sie, dass dann f auf X einen globalen Minimalpunkt besitzt.

Hinweis: Der Beweis der Aussage unter der Voraussetzung einer *stetigen* Funktion f findet sich in [55] (siehe Lösung 5.6).

3.2.8 Übung Für $X \subseteq \mathbb{R}^n$ sei

$$M = \{x \in X | g_i(x) \leq 0, \, i \in I\}$$

mit einer endlichen Indexmenge I und oberhalbstetigen Funktionen $g_i : X \to \mathbb{R}, \, i \in I$. Für $\bar{x} \in M$ bezeichne

$$I_0(\bar{x}) \;=\; \{i \in I \mid g_i(\bar{x}) = 0\}$$

die Menge der *aktiven Indizes* an $\bar{x}$. Zeigen Sie, dass es eine Umgebung U von $\bar{x}$ mit

$$M \cap U \;=\; \{x \in X \mid g_i(x) \le 0,\, i \in I_0(\bar{x})\} \cap U$$

gibt.

Hinweis: Der Beweis der Aussage für $X = \mathbb{R}^n$ und unter der Voraussetzung *stetiger* Funktionen $g_i,\, i \in I$, findet sich in [56] (siehe Lösung 5.7).

3.2.9 Übung   Zeigen Sie, dass die Aussage aus Übung 2.2.2 gültig bleibt, wenn man die Stetigkeit zur Unterhalbstetigkeit von φ an $\bar{t}$ abschwächt.

Sehr nützlich wird im Folgenden auch der *verschärfte Satz von Weierstraß* sein [55, 56], da er im Gegensatz zum Satz von Weierstraß die Zielfunktion f und die zulässige Menge M eines Optimierungsproblems nicht als getrennte Objekte behandelt, sondern ihr Zusammenspiel ausnutzt. Für die Formulierung des Satzes erinnern wir zunächst an das Konzept der unteren Niveaumengen (*lower level sets* [55, 56]): Für $X \subseteq \mathbb{R}^n$, $f : X \to \overline{\mathbb{R}}$ und $\alpha \in \overline{\mathbb{R}}$ heißt

$$\mathrm{lev}_{\le}^{\alpha}(f, X) \;=\; \{x \in X \mid f(x) \le \alpha\}$$

untere Niveaumenge von f auf X zum Niveau α. Im Fall $X = \mathbb{R}^n$ schreiben wir kurz

$$f_{\le}^{\alpha} \;:=\; \mathrm{lev}_{\le}^{\alpha}(f, \mathbb{R}^n) \quad (= \{x \in \mathbb{R}^n \mid f(x) \le \alpha\}).$$

Die Menge $\mathrm{lev}_{\le}^{\alpha}(f, X)$ ist immer dann leer, wenn α so klein gewählt ist, dass kein $x \in X$ mit $f(x) \le \alpha$ existiert. Für jede Funktion f gilt außerdem offensichtlich $\mathrm{lev}_{\le}^{+\infty}(f, X) = X$.

Die Unterhalbstetigkeit einer Funktion f auf X lässt sich durch eine Abgeschlossenheitseigenschaft ihrer unteren Niveaumengen $\mathrm{lev}_{\le}^{\alpha}(f, X)$ *charakterisieren*. Dabei wäre es allerdings ungünstig, die Abgeschlossenheit der Menge X berücksichtigen zu müssen, weil diese wie gesehen auch in der Definition von Unterhalbstetigkeit keine Rolle spielt.

Dazu erinnern wir an das Konzept der Abgeschlossenheit *relativ zu einer Menge* (was ein Begriff aus der sog. *Teilraumtopologie* ist [47]): Für $A \subseteq B \subseteq \mathbb{R}^n$ heißt A *abgeschlossen relativ zu B*, wenn jede konvergente Folge $(x^k) \subseteq A$ mit Grenzpunkt $x^\star \in B$ auch $x^\star \in A$ erfüllt. Zum Beispiel ist das Intervall $A = [0, 1)$ abgeschlossen relativ zur Menge $B = [-1, 1)$. Falls B selbst abgeschlossen ist, stimmt die Abgeschlossenheit von A relativ zu B mit der üblichen Definition der Abgeschlossenheit von A überein (nämlich mit derjenigen relativ zu $\mathbb{R}^n$).

> **3.2.10 Lemma** *Für $X \subseteq \mathbb{R}^n$ ist eine Funktion $f : X \to \overline{\mathbb{R}}$ genau dann unterhalbstetig, wenn ihre sämtlichen unteren Niveaumengen $\mathrm{lev}^{\alpha}_{\leq}(f, X), \alpha \in \overline{\mathbb{R}},$ abgeschlossen relativ zu X sind.*

Beweis Zunächst sei $f : X \to \overline{\mathbb{R}}$ unterhalbstetig. Für diejenigen $\alpha \in \overline{\mathbb{R}}$ mit $\mathrm{lev}^{\alpha}_{\leq}(f, X) = \emptyset$ ist $\mathrm{lev}^{\alpha}_{\leq}(f, X)$ trivialerweise abgeschlossen relativ zu X. Für jedes andere α wählen wir eine konvergente Folge $(x^k) \subseteq \mathrm{lev}^{\alpha}_{\leq}(f, X)$ mit Grenzpunkt $x^\star \in X$. Zu zeigen ist $x^\star \in \mathrm{lev}^{\alpha}_{\leq}(f, X)$. Tatsächlich gilt $\alpha \geq f(x^k)$ für jedes $k \in \mathbb{N}$ und wegen der Unterhalbstetigkeit von f an $x^\star \in X$ daher $\alpha \geq \liminf_k f(x^k) \geq f(x^\star)$.

Andererseits seien alle Mengen $\mathrm{lev}^{\alpha}_{\leq}(f, X), \alpha \in \overline{\mathbb{R}}$, abgeschlossen relativ zu X. Wir wählen ein beliebiges $\bar{x} \in X$ sowie eine Folge $(x^k) \subseteq X$ mit $\lim_k x^k = \bar{x}$. Zu zeigen ist $\liminf_k f(x^k) \geq f(\bar{x})$. Für $f(\bar{x}) = -\infty$ ist dies trivial, es sei also $f(\bar{x}) > -\infty$.

Angenommen, es gilt $\liminf_k f(x^k) < f(\bar{x})$. Dann gibt es ein $\bar{\alpha} < f(\bar{x})$ und eine Teilfolge (x^{k_ℓ}) von (x^k) mit $f(x^{k_\ell}) \leq \bar{\alpha}$ für alle $k \in \mathbb{N}$, also $(x^{k_\ell}) \subseteq \mathrm{lev}^{\bar{\alpha}}_{\leq}(f, X)$. Wegen $(x^{k_\ell}) \subseteq X$ und $\lim_\ell x^{k_\ell} = \bar{x}$ folgt $\bar{x} \in \mathrm{lev}^{\bar{\alpha}}_{\leq}(f, X)$ aus der Abgeschlossenheit von $\mathrm{lev}^{\bar{\alpha}}_{\leq}(f, X)$ relativ zu X. Dies erzeugt aber den Widerspruch $f(\bar{x}) \leq \bar{\alpha} < f(\bar{x})$. $\square$

Angesichts der obigen Vorbemerkung zur Abgeschlossenheit relativ zu einer abgeschlossenen Menge ist die Unterhalbstetigkeit einer Funktion $f : X \to \overline{\mathbb{R}}$ mit *abgeschlossenem* Definitionsbereich $X \subseteq \mathbb{R}^n$ nach Lemma 3.2.10 durch die Abgeschlossenheit aller Mengen $\mathrm{lev}^{\alpha}_{\leq}(f, X), \alpha \in \overline{\mathbb{R}}$, charakterisiert.

Mit Hilfe von Lemma 3.2.10 lassen sich unter anderem die Beweise der beiden folgenden Resultate aus [55] übertragen.

3.2.11 Übung (Verschärfter Satz von Weierstraß)
Für eine abgeschlossene Menge $X \subseteq \mathbb{R}^n$ sei die Funktion $f : X \to \mathbb{R}$ unterhalbstetig, und mit einem $\alpha \in \mathbb{R}$ sei die untere Niveaumenge $\mathrm{lev}^{\alpha}_{\leq}(f, X)$ nichtleer und beschränkt. Zeigen Sie, dass dann f auf X einen globalen Minimalpunkt besitzt (siehe Lösung 5.8).

3.2.12 Übung (Verschärfter Satz von Weierstraß für unrestringierte Probleme)
Die Funktion $f : \mathbb{R}^n \to \mathbb{R}$ sei unterhalbstetig, und mit einem $\alpha \in \mathbb{R}$ sei die untere Niveaumenge $f^{\alpha}_{\leq}$ nichtleer und beschränkt. Zeigen Sie, dass dann f auf $\mathbb{R}^n$ einen globalen Minimalpunkt besitzt.

Wir halten fest, dass wir im Rahmen der *Anwendung* des Konzepts der Unterhalbstetigkeit beim verschärften Satz vom Weierstraß mit Lemma 3.2.10 gleichzeitig eine wichtige *Charakterisierung* von Unterhalbstetigkeit kennengelernt haben.

Im Hinblick auf eine alternative Charakterisierung von Halbstetigkeitseigenschaften bilden Epi- und Hypographen ein wichtiges Instrument. Sie ermöglichen in den folgenden beiden Abschnitten die angekündigte geometrische Herleitung der Bedingungen für Ober- und Unterhalbstetigkeit der Minimalwertfunktion v.

3.2.13 Definition (Epigraph und Hypograph)

Für eine Menge $X \subseteq \mathbb{R}^n$ und eine Funktion $f : X \to \overline{\mathbb{R}}$ heißen die Mengen

$$\mathrm{epi}(f, X) := \{(x, \alpha) \in X \times \mathbb{R} \mid f(x) \leq \alpha\},$$
$$\mathrm{epi}_<(f, X) := \{(x, \alpha) \in X \times \mathbb{R} \mid f(x) < \alpha\},$$
$$\mathrm{hypo}(f, X) := \{(x, \alpha) \in X \times \mathbb{R} \mid f(x) \geq \alpha\}$$

Epigraph, strikter Epigraph bzw. *Hypograph* von f auf X. Im Fall $X = \mathbb{R}^n$ schreiben wir kurz epi $f := \mathrm{epi}(f, \mathbb{R}^n)$ usw.

Beachten Sie, dass die Epi- und Hypographen Teilmengen von $X \times \mathbb{R}$ und *nicht* von $X \times \overline{\mathbb{R}}$ sind. Abb. 3.2 zeigt den Epigraphen einer unstetigen Funktion f auf $X \subseteq \mathbb{R}$. An den Unstetigkeitsstellen deuten die ausgefüllten Punkte an, wo der Funktionswert angenommen wird. Ein Teil des Randes von $\mathrm{epi}(f, X)$ gehört in diesem Beispiel nicht zu $\mathrm{epi}(f, X)$, so dass $\mathrm{epi}(f, X)$ keine abgeschlossene Menge ist. Ob $\mathrm{epi}(f, X)$ abgeschlossen ist oder nicht, wird dabei von der Lage der Funktionswerte an den Unstetigkeitsstellen gesteuert.

Tatsächlich werden wir im Folgenden sehen, dass sich Halbstetigkeitseigenschaften von $f : X \to \overline{\mathbb{R}}$ per Abgeschlossenheit von $\mathrm{epi}(f, X)$ bzw. Offenheit von $\mathrm{epi}_<(f, X)$ charakterisieren lassen. Dies geschieht wieder in einer Teilraumtopologie, diesmal relativ zu $X \times \mathbb{R}$. Dabei heißt A *offen relativ zu B*, wenn $B \setminus A$ abgeschlossen relativ zu B ist. Zum Beispiel ist $A = [-1, 0)$ offen relativ zu $B = [-1, 1)$. Falls B selbst offen ist, stimmt die Offenheit von A relativ zu B mit der üblichen Definition von Offenheit (relativ zu $\mathbb{R}^n$) überein.

Abb. 3.2 Epigraph einer
unstetigen Abbildung

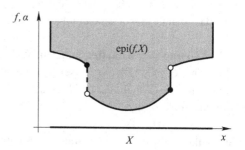

3.2.14 Satz *Für $X \subseteq \mathbb{R}^n$ und $f : X \to \overline{\mathbb{R}}$ gelten die folgenden Aussagen:*

a) *f ist genau dann auf X unterhalbstetig, wenn $\mathrm{epi}(f, X)$ abgeschlossen relativ zu $X \times \mathbb{R}$ ist.*

b) *f ist genau dann auf X oberhalbstetig, wenn $\mathrm{epi}_<(f, X)$ offen relativ zu $X \times \mathbb{R}$ ist.*

Beweis Zum Beweis von Aussage a sei zunächst f unterhalbstetig auf X. Wir wählen eine Folge $((x^k, \alpha^k)) \subseteq \mathrm{epi}(f, X)$ mit $\lim_k (x^k, \alpha^k) = (x^\star, \alpha^\star)$ und $x^\star \in X$. Zu zeigen ist $(x^\star, \alpha^\star) \in \mathrm{epi}(f, X)$. Da aus $((x^k, \alpha^k)) \subseteq \mathrm{epi}(f, X)$ insbesondere $(x^k) \subseteq X$ folgt, können wir die Unterhalbstetigkeit von f an $x^\star$ ausnutzen. Ferner folgt daraus $\alpha^k \geq f(x^k)$ für jedes $k \in \mathbb{N}$, was $\liminf_k \alpha^k \geq \liminf_k f(x^k)$ impliziert. Dies führt zu

$$\alpha^\star = \lim_k \alpha^k = \liminf_k \alpha^k \geq \liminf_k f(x^k) \geq f(x^\star),$$

also $(x^\star, \alpha^\star) \in \mathrm{epi}(f, X)$.

Zum Beweis der Rückrichtung sei $\mathrm{epi}(f, X)$ abgeschlossen relativ zu $X \times \mathbb{R}$. Wir wählen ein beliebiges $\bar{x} \in X$ sowie eine Folge $(x^k) \subseteq X$ mit $\lim_k x^k = \bar{x}$ und setzen $\bar{\alpha} := \liminf_k f(x^k)$. Zu zeigen ist $f(\bar{x}) \leq \bar{\alpha}$.

Im Fall $\bar{\alpha} = +\infty$ gilt die Behauptung trivialerweise, im Folgenden sei daher $\bar{\alpha} < +\infty$. Wähle ein beliebiges $\alpha > \bar{\alpha}$. Dann gilt $f(x^k) \leq \alpha$, also $(x^k, \alpha) \in \mathrm{epi}(f, X)$, für unendlich viele $k \in \mathbb{N}$. Die entsprechende Teilfolge von $((x^k, \alpha))$ liegt also in der als abgeschlossen relativ zu $X \times \mathbb{R}$ vorausgesetzten Menge $\mathrm{epi}(f, X)$ und konvergiert gegen $(\bar{x}, \alpha)$ mit $\bar{x} \in X$, so dass auch $(\bar{x}, \alpha) \in \mathrm{epi}(f, X)$ folgt. Schließlich liefern der Grenzübergang $\alpha \to \bar{\alpha}$ und die Abgeschlossenheit von $\mathrm{epi}(f, X)$ relativ zu $X \times \mathbb{R}$ die Behauptung.

Für Aussage b beweist man völlig analog, dass f genau dann oberhalbstetig auf X ist, wenn $\mathrm{hypo}\, f$ abgeschlossen relativ zu $X \times \mathbb{R}$ ist. Wegen $\mathrm{epi}_<(f, X) = (X \times \mathbb{R}) \setminus \mathrm{hypo}\, f$ ist dies gleichbedeutend mit der Offenheit von $\mathrm{epi}_<(f, X)$ relativ zu $X \times \mathbb{R}$. $\qquad\square$

3.2.3 Oberhalbstetigkeit von Minimalwerten

Satz 3.2.14a und Satz 3.2.14b charakterisieren die Unterhalbstetigkeit von v auf T durch die Abgeschlossenheit von

$$\mathrm{epi}(v, T) = \{(t, \alpha) \in T \times \mathbb{R} \mid v(t) \leq \alpha\}$$

relativ zu $T \times \mathbb{R}$ beziehungsweise die Oberhalbstetigkeit durch die Offenheit von

$$\mathrm{epi}_<(v, T) = \{(t, \alpha) \in T \times \mathbb{R} \mid v(t) < \alpha\}$$

relativ zu $T \times \mathbb{R}$. Die Stetigkeit von v auf T wird laut Übung 3.2.2 also durch die gleich-zeitige Abgeschlossenheit von $\mathrm{epi}(v, T)$ und Offenheit von $\mathrm{epi}_<(v, T)$ relativ zu $T \times \mathbb{R}$ charakterisiert.

Ein naheliegender Ansatz zur Herleitung von Bedingungen für diese Abgeschlossenheit bzw. Offenheit besteht darin, die Mengen $\mathrm{epi}(v, T)$ und $\mathrm{epi}_<(v, T)$ mit den entsprechenden Epigraphen von f in Verbindung zu bringen, nämlich mit

$$\mathrm{epi}(f, T \times \mathbb{R}^n) = \{(t, x, \alpha) \in T \times \mathbb{R}^n \times \mathbb{R} \mid f(t, x) \le \alpha\}$$

und

$$\mathrm{epi}_<(f, T \times \mathbb{R}^n) = \{(t, x, \alpha) \in T \times \mathbb{R}^n \times \mathbb{R} \mid f(t, x) < \alpha\}.$$

Wie wir in Abschn. 1.9 anhand eines Beispiels gesehen haben (Abb. 1.7), findet man den Graphen der Funktion v bei einem „Blick entlang der x-Achse" unter dem Graphen der entfalteten Funktion f wieder. Noch übersichtlicher wird dieser Zusammenhang, wenn man anstelle von Graphen nur die beteiligten *Epi*graphen betrachtet. Der „Blick entlang der x-Achse" bedeutet in einer mathematischen Formulierung gerade, dass eine *Parallelprojektion* auftritt. Für eine allgemeine Menge $A \subseteq \mathbb{R}^n \times \mathbb{R}^m$ ist die Parallelprojektion in den (von uns etwas lax als „x-Raum" bezeichneten) Raum $\mathbb{R}^n$ als

$$\mathrm{pr}_x A = \{x \in \mathbb{R}^n \mid \exists y \in \mathbb{R}^m : (x, y) \in A\}$$

definiert (Abb. 3.3).

Wir sind jetzt in der Lage, mit geometrischen Argumenten zunächst die Oberhalbstetigkeit von v auf T aus der Oberhalbstetigkeit von f auf $T \times \mathbb{R}^n$ herzuleiten. Laut Satz 3.2.14b kann man äquivalent fragen, ob die Offenheit von $\mathrm{epi}_<(f, T \times \mathbb{R}^n)$ relativ zu $T \times \mathbb{R}^n \times \mathbb{R}$ die Offenheit von $\mathrm{epi}_<(v, T)$ relativ zu $T \times \mathbb{R}$ impliziert. Zunächst stellen wir fest, dass $\mathrm{epi}_<(v, T)$ tatsächlich stets eine Parallelprojektion von $\mathrm{epi}_<(f, T \times \mathbb{R}^n)$ ist.

Abb. 3.3 Parallelprojektion eines Polytops A

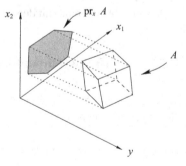

3.2.15 Lemma *Es gilt* $\mathrm{epi}_<(v, T) = \mathrm{pr}_{(t,\alpha)} \mathrm{epi}_<(f, T \times \mathbb{R}^n)$.

Beweis Die Kette von Äquivalenzen

$$(\bar{t}, \bar{\alpha}) \in \mathrm{epi}_<(v, T) \Leftrightarrow \bar{t} \in T, \ \bar{\alpha} > v(\bar{t}) = \inf_x f(\bar{t}, x)$$

$$\Leftrightarrow \bar{t} \in T, \ \exists x \in \mathbb{R}^n : \bar{\alpha} > f(\bar{t}, x)$$

$$\Leftrightarrow \exists x \in \mathbb{R}^n : \bar{t} \in T, \ (\bar{t}, x, \bar{\alpha}) \in \mathrm{epi}_<(f, T \times \mathbb{R}^n)$$

$$\Leftrightarrow (\bar{t}, \bar{\alpha}) \in \mathrm{pr}_{(t,\alpha)} \mathrm{epi}_<(f, T \times \mathbb{R}^n)$$

folgt direkt aus den zugrunde liegenden Definitionen. Dass die Behauptung in der zweiten Zeile aus der ersten Zeile folgt, sieht man beispielsweise durch Kontraposition. $\square$

Nach Lemma 3.2.15 würde die Oberhalbstetigkeit von v auf T also folgen, wenn die Offenheit der Menge $\mathrm{epi}_<(f, T \times \mathbb{R}^n)$ relativ zu $T \times \mathbb{R}^n \times \mathbb{R}$ die Offenheit ihrer Parallel-projektion $\mathrm{pr}_{(t,\alpha)} \mathrm{epi}_<(f, T \times \mathbb{R}^n)$ relativ zu $T \times \mathbb{R}$ implizierte. Letzteres wäre insbesondere dann richtig, wenn Parallelprojektionen offener Mengen *stets* offen wären. Dies ist tatsächlich der Fall, wie das folgende Parallelprojektionslemma zeigt.

3.2.16 Satz (Parallelprojektionslemma für offene Mengen)
Für $B \subseteq \mathbb{R}^n$ sei $A \subseteq B \times \mathbb{R}^m$ offen relativ zu $B \times \mathbb{R}^m$. Dann ist auch $\mathrm{pr}_x A$ offen relativ zu B.

Beweis Mit der „$\bar{y}$-Faser" von A,

$$A_{\bar{y}} := \{x \in B | (x, \bar{y}) \in A\}$$

(Abb. 3.4), gilt

$$\mathrm{pr}_x A = \bigcup_{\bar{y} \in \mathbb{R}^m} A_{\bar{y}}.$$

Man braucht also nur zu zeigen, dass alle Mengen $A_{\bar{y}}$, $\bar{y} \in \mathbb{R}^m$, offen relativ zu B sind, denn die Vereinigung beliebig vieler offener Mengen ist wieder offen. In der Tat ist für jedes $\bar{y} \in \mathbb{R}^m$ die Funktion

$$i_{\bar{y}} : B \to B \times \mathbb{R}^m, \ x \mapsto (x, \bar{y})$$

stetig, und es gilt $A_{\bar{y}} = i_{\bar{y}}^{-1}(A)$. Damit ist $A_{\bar{y}}$ als Urbild einer relativ zu $B \times \mathbb{R}^m$ offenen Menge unter einer stetigen Funktion offen relativ zu B. $\square$

Abb. 3.4 $\bar{y}$-Faser der offenen
Menge A

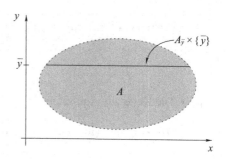

Wir fassen unsere Überlegungen zur Oberhalbstetigkeit von v im folgenden Satz zusammen.

3.2.17 Satz *Die Funktion $f : T \times \mathbb{R}^n \to \mathbb{R}$ sei oberhalbstetig. Dann ist v auf T oberhalbstetig.*

Beweis Die Kette von Implikationen

$$f \text{ ost. auf } T \times \mathbb{R}^n \overset{\text{Satz 3.2.14b}}{\Rightarrow} \text{epi}_< (f, T \times \mathbb{R}^n) \text{ offen relativ zu } T \times \mathbb{R}^n \times \mathbb{R}$$

$$\overset{\text{Lemma 3.2.16}}{\Rightarrow} \text{pr}_{(t,\alpha)} \text{epi}_< (f, T \times \mathbb{R}^n) \text{ offen relativ zu } T \times \mathbb{R}$$

$$\overset{\text{Lemma 3.2.15}}{\Rightarrow} \text{epi}_< (v, T) \text{ offen relativ zu } T \times \mathbb{R}$$

$$\overset{\text{Satz 3.2.14b}}{\Rightarrow} v \text{ ost. auf } T$$

zeigt die Behauptung.   □

Nach Satz 3.2.17 folgt insbesondere für eine auf $T \times \mathbb{R}^n$ stetige Zielfunktion f die Oberhalbstetigkeit von v auf T ohne weitere Voraussetzungen. Die Probleme $P(t), t \in T$, brauchen für diese Aussage noch nicht einmal lösbar zu sein, d. h., für jedes $t \in T$ ist weder der Fall $v(t) = \inf_{x \in \mathbb{R}^n} f(t, x) = -\infty$ noch $v(t) > -\infty$ mit nicht angenommenem endlichen Infimum ausgeschlossen.

3.2.4 Unterhalbstetigkeit von Minimalwerten

3.2.18 Beispiel

Wir kommen noch einmal auf Beispiel 3.1.1 zurück, in dem die Zielfunktion $f(t, x) = (tx - 1)^2$ zur Minimalpunktabbildung

$$S(t) = \{x \in \mathbb{R}^n \mid (tx - 1)t = 0\} = \begin{cases} \{\frac{1}{t}\}, & t \neq 0, \\ \mathbb{R}, & t = 0 \end{cases}$$

geführt hatte. Die entsprechende Minimalwertfunktion

$$v(t) = \begin{cases} 0, & t \neq 0, \\ 1, & t = 0 \end{cases}$$

ist auf $\mathbb{R}$ oberhalbstetig, wie es Satz 3.2.17 garantiert. Allerdings zeigt dieses Beispiel, dass die Stetigkeit von f nicht ausreicht, um auch die *Unterhalb*stetigkeit von v auf $\mathbb{R}$ zu garantieren. ◄

Die direkte Übertragung der Argumente zum Beweis der Oberhalbstetigkeit von v aus Satz 3.2.17 auf den Beweis der Unterhalbstetigkeit scheitert sowohl an der Gültigkeit des Analogons von Lemma 3.2.15 als auch an der des Analogons von Lemma 3.2.16. Tatsächlich gilt ohne weitere Voraussetzung weder $\mathrm{epi}(v, T) = \mathrm{pr}_{(t,\alpha)}\,\mathrm{epi}(f, T \times \mathbb{R}^n)$, noch sind Parallelprojektionen abgeschlossener Mengen stets abgeschlossen.

Lösbarkeit und Koerzivität
Wir befassen uns zunächst damit, die erste dieser beiden Beweislücken zu schließen. Die Kette von Äquivalenzen im Beweis von Lemma 3.2.15 lässt sich fast durchgängig auf den Beweis der Identität $\mathrm{epi}(v, T) = \mathrm{pr}_{(t,\alpha)}\,\mathrm{epi}(f, T \times \mathbb{R}^n)$ übertragen, nur folgt aus $\bar{\alpha} \geq v(\bar{t}) = \inf_x f(\bar{t}, x)$ nicht notwendigerweise die Existenz eines $x \in \mathbb{R}^n$ mit $\bar{\alpha} \geq f(\bar{t}, x)$. Dazu muss zusätzlich sichergestellt sein, dass das Infimum *angenommen* wird, dass also das Problem $P(\bar{t})$ lösbar ist. Damit ist folgendes Resultat bewiesen.

3.2.19 Lemma *Das Problem $P(t)$ sei für jedes $t \in T$ lösbar. Dann gilt $\mathrm{epi}(v, T) = \mathrm{pr}_{(t,\alpha)}\,\mathrm{epi}(f, T \times \mathbb{R}^n)$.*

Natürliche hinreichende Bedingungen für die Lösbarkeit von $P(t)$ mit $t \in T$ in Lemma 3.2.19 haben wir in Übung 3.2.12 kennengelernt, nämlich die Unterhalbstetigkeit der Funktion $f(t, \cdot)$ sowie die Existenz eines Niveaus $\alpha(t) \in \mathbb{R}$, so dass die Menge

$$f(t, \cdot)_{\leq}^{\alpha(t)} = \{x \in \mathbb{R}^n \mid f(t, x) \leq \alpha(t)\}$$

nichtleer und beschränkt ist.

Zur Anwendung dieses Resultats ist es häufig zu aufwendig, die geforderten Niveaus $\alpha(t)$, $t \in T$, explizit zu konstruieren, bloß um ihre Existenz nachzuweisen. Für gegebenes $t \in T$ liefert die *Koerzivität* von $f(t, \cdot)$ auf $\mathbb{R}^n$ stattdessen eine hinreichende Bedingung für die Existenz eines solchen $\alpha(t)$, die häufig leichter nachzuprüfen ist.

In der nachfolgenden Diskussion dieses Konzepts unterschlagen wir vorübergehend die Parameterabhängigkeit der Funktion f. Sie heißt dann auf $\mathbb{R}^n$ *koerziv,* falls für jede Folge $(x^k) \subseteq \mathbb{R}^n$ mit $\lim_k \|x^k\| = +\infty$ auch $\lim_k f(x^k) = +\infty$ gilt [55].

3.2.20 Übung   Zeigen Sie, dass für jedes $t \in \mathbb{R}$ die Funktion

$$f(t, x) = \frac{x^4}{8} - \frac{3}{4}x^2 - tx$$

aus Beispiel 1.9.1 koerziv auf $\mathbb{R}$ ist.

Es sind allerdings gleich *alle* unteren Niveaumengen jeder koerziven Funktion beschränkt, wie das folgende Resultat zeigt. Nach dem verschärften Satz von Weierstraß aus Übung 3.2.12 existieren Minimalpunkte hingegen bereits für nichtkoerzive Funktionen, die mindestens eine nichtleere und beschränkte untere Niveaumenge besitzen (diese Situation tritt etwa in der Cluster-Analyse auf [55]). Im Anschluss an Übung 3.2.22 werden wir aber diskutieren, in welchem Sinne Koerzivität trotzdem als natürliche Voraussetzung aufgefasst werden kann.

3.2.21 Lemma   *Eine Funktion $f : \mathbb{R}^n \to \mathbb{R}$ ist genau dann koerziv, wenn alle unteren Niveaumengen $f_{\leq}^{\alpha}, \alpha \in \mathbb{R}$, beschränkt sind.*

Beweis   Zunächst sei f koerziv auf $\mathbb{R}^n$. Für ein beliebiges $\alpha \in \mathbb{R}$ nehmen wir an, die Menge $f_{\leq}^{\alpha}$ sei unbeschränkt. Dann existiert eine Folge $(x^k) \subseteq f_{\leq}^{\alpha}$ mit $\lim_k \|x^k\| = +\infty$. Die Koerzivität von f impliziert also $\lim_k f(x^k) = +\infty$, was im Widerspruch zur gleichzeitigen Gültigkeit von $f(x^k) \leq \alpha$ für alle $k \in \mathbb{N}$ steht.

Andererseits sei f nicht koerziv auf $\mathbb{R}^n$. Dann existiert eine Folge $(x^k) \subseteq \mathbb{R}^n$ mit $\lim_k \|x^k\| = +\infty$ und $f(x^k) \not\to +\infty$. Letzteres impliziert die Existenz eines $\alpha \in \mathbb{R}$ mit $f(x^k) \leq \alpha$ für alle $k \in \mathbb{N}$ und damit $(x^k) \subseteq f_{\leq}^{\alpha}$. Wegen $\lim_k \|x^k\| = +\infty$ beweist dies die Existenz einer unbeschränkten Menge $f_{\leq}^{\alpha}$ mit $\alpha \in \mathbb{R}$. $\square$

Übung 3.2.12 und Lemma 3.2.21 liefern das folgende Resultat.

3.2.22 Übung   Die Funktion $f : \mathbb{R}^n \to \mathbb{R}$ sei unterhalbstetig und koerziv. Zeigen Sie, dass dann f auf $\mathbb{R}^n$ einen globalen Minimalpunkt besitzt.

Die Charakterisierung der Koerzivität aus Lemma 3.2.21 mit Hilfe einer Eigenschaft von unteren Niveaumengen ähnelt stark derjenigen von Unterhalbstetigkeit aus Lemma 3.2.10. Beispielsweise ist eine Funktion $f : \mathbb{R}^n \to \mathbb{R}$ wie in Übung 3.2.22 genau dann gleichzeitig unterhalbstetig und koerziv, wenn alle unteren Niveaumengen $f_\leq^\alpha$ mit $\alpha \in \mathbb{R}$ gleichzeitig abgeschlossen und beschränkt, also kompakt, sind. In diesem Sinne kann man die Koerzivität einer Funktion als eine ebenso natürliche Voraussetzung wie ihre Unterhalbstetigkeit auffassen.

Die Kombination von Übung 3.2.22 mit Lemma 3.2.19 impliziert schließlich das folgende Resultat für parameterabhängige Funktionen.

3.2.23 Lemma   *Für jedes $t \in T$ sei $f(t, \cdot)$ unterhalbstetig und koerziv auf $\mathbb{R}^n$. Dann gilt* $\mathrm{epi}(v, T) = \mathrm{pr}_{(t,\alpha)} \, \mathrm{epi}(f, T \times \mathbb{R}^n)$.

Dass die Voraussetzungen von Lemma 3.2.23 stärker sind als die von Lemma 3.2.19, zeigt die Funktion f aus Beispiel 3.1.1 und Beispiel 3.2.18, bei der zwar Lösbarkeit von $P(t)$ für jedes $t \in \mathbb{R}$ vorliegt, für die aber $f(0, \cdot)$ nicht koerziv ist (und noch nicht einmal eine einzige nichtleere und beschränkte untere Niveaumenge besitzt).

Im Hinblick auf die anschließenden Überlegungen sei angemerkt, dass koerzive Funktionen wegen Lemma 3.2.21 in der Literatur zur parametrischen Optimierung gelegentlich auch *niveaubeschränkt (level bounded)* genannt werden [49].

Abgeschlossenheit von Projektionen und lokal gleichmäßige Niveaubeschränktheit
Mit Lemma 3.2.23 können wir zwar den gewünschten Zusammenhang der Epigraphen von f und v per Parallelprojektion herstellen, das folgende Beispiel zeigt allerdings, dass zum Nachweis der Unterhalbstetigkeit von v die Voraussetzungen von Lemma 3.2.23 noch nicht ausreichen.

3.2.24 Beispiel ([49])

Mit
$$f(t, x) = \begin{cases} \min\{|x - \frac{1}{t}|, 1 + |x|\}, & t \neq 0, \\ 1 + |x|, & t = 0 \end{cases}$$

ist $f(t, \cdot)$ ist für jedes $t \in \mathbb{R}$ stetig und koerziv, und insbesondere gelten die Voraussetzungen von Lemma 3.2.23 mit $T = \mathbb{R}$.

Als Minimalpunktabbildung erhält man

$$S(t) = \begin{cases} \{\frac{1}{t}\}, & t \neq 0, \\ \{0\}, & t = 0 \end{cases}$$

und die gleiche Minimalwertfunktion

$$v(t) = \begin{cases} 0, & t \neq 0, \\ 1, & t = 0 \end{cases}$$

wie in Beispiel 3.2.18, also nach wie vor eine nicht unterhalbstetige Funktion. ◀

3.2.25 Übung Zeigen Sie, dass auch die Funktion

$$f(t, x) = (5t^4 + 4t^2)x^4 - 8(t^3 + t)x^3 + (2t^2 + 4)x^2 + 1$$

die Minimalpunktabbildung S und die Minimalwertfunktion v aus Beispiel 3.2.24 besitzt und dass $f(t, \cdot)$ für jedes $t \in \mathbb{R}$ stetig und koerziv ist. Dies belegt, dass die nichtglatte Struktur der Funktion f aus Beispiel 3.2.24 nicht für den illustrierten Effekt verantwortlich ist.

Dass selbst die Voraussetzungen von Lemma 3.2.23 noch nicht die Unterhalbstetigkeit von v garantieren, liegt daran, dass wir bei der Übertragung von Satz 3.2.17 auf unterhalbstetige Funktionen noch die zweite Beweislücke zu schließen haben, nämlich die im Allgemeinen nicht garantierte Abgeschlossenheit von Parallelprojektionen abgeschlossener Mengen.

Letzteres illustriert das Beispiel der abgeschlossenen Menge $A = \{(x, y) \in \mathbb{R} \times \mathbb{R} | x \geq 0, \ xy \geq 1\}$, welche die offene Parallelprojektion $\text{pr}_x A = (0, +\infty)$ besitzt (Abb. 3.5). Die Übertragung der Beweisidee aus Lemma 3.2.16 scheitert daran, dass die Vereinigung beliebig vieler abgeschlossener Mengen nicht notwendigerweise wieder abgeschlossen ist.

Abb. 3.5 Offene
Parallelprojektion einer
abgeschlossenen Menge

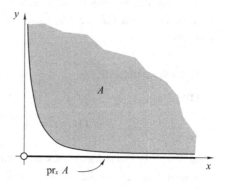

Das obige Beispiel und auch die vorausgegangenen Beispiele parametrischer Optimierungsprobleme mit nicht unterhalbstetigen Minimalwertfunktionen v lassen vermuten, dass
gewisse asymptotische Effekte für die fehlende Unterhalbstetigkeit verantwortlich sind, die
man mit einer passenden *Beschränktheits*annahme in den Griff bekommen könnte.

Zu erwarten ist beispielsweise, dass jede *beschränkte* abgeschlossene Menge $A \subseteq \mathbb{R}^n \times \mathbb{R}^m$ eine abgeschlossene Parallelprojektion $\mathrm{pr}_x A$ besitzt. Diese Aussage ist zwar richtig (als
Konsequenz von Lemma 3.2.29), für die uns interessierende Anwendung aber leider nicht
einsetzbar, denn die Menge $A = \mathrm{epi}(f, T \times \mathbb{R}^n)$ ist als Epigraph stets unbeschränkt.

Als Lösung dieses Problems scheint es auf den ersten Blick hilfreich zu sein, dass die
Parallelprojektion $\mathrm{pr}_x A$ einer abgeschlossenen Menge $A \subseteq \mathbb{R}^n \times \mathbb{R}^m$ bereits dann abgeschlossen sein sollte, wenn nur ihre Parallelprojektion $\mathrm{pr}_y A$ beschränkt ist. Auch dies folgt
aus Lemma 3.2.29, und dieser Ansatz mag vielversprechend erscheinen, weil wir uns für
die Abgeschlossenheit der Menge $\mathrm{pr}_{(t,\alpha)} \mathrm{epi}(f, T \times \mathbb{R}^n)$ interessieren. Wir müssten dann
nämlich die Beschränktheit von $\mathrm{pr}_x \mathrm{epi}(f, T \times \mathbb{R}^n)$ nachweisen, wobei die im obigen ersten
Versuch für die Unbeschränktheit verantwortliche Epigraphvariable α vermeintlich keine
Rolle mehr spielen würde.

Auch diese Idee lässt sich hier aber nicht einsetzen, denn für jedes $\bar{t} \in T$ gilt

$$\mathrm{pr}_x \mathrm{epi}(f, T \times \mathbb{R}^n) = \bigcup_{t \in T, \alpha \in \mathbb{R}} \{x \in \mathbb{R}^n \mid f(t, x) \leq \alpha\} = \bigcup_{t \in T, \alpha \in \mathbb{R}} f(t, \cdot)_{\leq}^{\alpha} \supseteq \bigcup_{\alpha \in \mathbb{R}} f(\bar{t}, \cdot)_{\leq}^{\alpha} \supseteq \mathbb{R}^n,$$

wobei die letzte Inklusion daraus folgt, dass für jedes $\bar{x} \in \mathbb{R}^n$ die Wahl $\bar{\alpha} := f(\bar{t}, \bar{x})$ zu
$\bar{x} \in \bigcup_{\alpha \in \mathbb{R}} f(\bar{t}, \cdot)_{\leq}^{\alpha}$ führt. Folglich ist auch die Menge $\mathrm{pr}_x \mathrm{epi}(f, T \times \mathbb{R}^n)$ stets unbeschränkt.

Als letzten und schließlich erfolgreichen Ausweg lockern wir die Beschränktheit der
Menge $\mathrm{pr}_y A$ zu einer *lokalen* Beschränktheit im folgenden Sinne.

3.2.26 Definition (Lokale Beschränktheit von Mengen)

Eine Menge $A \subseteq \mathbb{R}^n \times \mathbb{R}^m$ heißt *an* $\bar{x} \in \mathbb{R}^n$ *lokal beschränkt bezüglich* x, falls eine
Umgebung U von $\bar{x}$ in $\mathbb{R}^n$ existiert, so dass die Menge

$$\mathrm{pr}_y(A \cap (U \times \mathbb{R}^m)) = \bigcup_{x \in U} \{y \in \mathbb{R}^m \mid (x, y) \in A\}$$

beschränkt ist. A heißt *lokal beschränkt bezüglich* x, falls A an jedem $\bar{x} \in \mathbb{R}^n$ lokal
beschränkt bezüglich x ist. A heißt *beschränkt bezüglich* x, falls A lokal beschränkt
bezüglich x mit der Wahl $U = \mathbb{R}^n$ ist.

Die Menge A aus Abb. 3.5 ist an $\bar{x} = 0$ nicht lokal beschränkt bezüglich x.

3.2.27 Übung   Zeigen Sie, dass die Menge

$$A \,=\, \{(x, y) \in \mathbb{R}^2 \,|\, x \geq 0,\ y \in [-x, x]\}$$

zwar nicht beschränkt, aber lokal beschränkt bezüglich x ist.

3.2.28 Übung   In Abwandlung der in Abb. 3.5 dargestellten Menge sei $A = \{(x, y) \in \mathbb{R} \times \mathbb{R} \,|\, x \geq 0,\ xy = 1\}$. Zeigen Sie, dass dann nach wie vor $\mathrm{pr}_x\, A = (0, +\infty)$ gilt, dass A an $\bar{x} = 0$ nicht lokal beschränkt bezüglich x ist, dass aber jede Menge $\mathrm{pr}_y(A \cap (\{x\} \times \mathbb{R}))$ mit $x \in \mathbb{R}$ beschränkt ist.

Die Eigenschaft der Menge A aus Übung 3.2.28 bezeichnen wir als *punktweise Beschränktheit von A bezüglich x*. Entscheidend für das Verständnis der lokalen Beschränktheit bezüglich x von A an $\bar{x}$ ist, dass sie sich nicht darin erschöpft, die *punktweise* Beschränktheit von A bezüglich x für jedes x aus einer Umgebung U von $\bar{x}$ zu fordern (dies ist in der Situation von Übung 3.2.28 bei $\bar{x} = 0$ gegeben). Stattdessen muss diese Beschränktheit in dem Sinne *gleichmäßig* gelten, dass sogar die *Vereinigung* aller Mengen $\mathrm{pr}_y(A \cap (\{x\} \times \mathbb{R}))$ mit $x \in U$ beschränkt ist.

Aus dieser Sicht wäre es angebracht, die lokale Beschränktheit einer Menge bezüglich x genauer als *lokal gleichmäßige Beschränktheit* zu bezeichnen. Darauf verzichten wir aber, da sich in der Literatur zur parametrischen Optimierung der Begriff der lokalen Beschränktheit durchgesetzt hat.

Das folgende Resultat zeigt zunächst wie angekündigt, dass Parallelprojektionen abgeschlossener Mengen unter der Annahme lokaler Beschränktheit tatsächlich abgeschlossen sind. Im Hinblick auf die Behandlung der Menge T in unserer späteren Anwendung formulieren wir es wieder in einer Teilraumtopologie.

3.2.29 Lemma (Parallelprojektionslemma für abgeschlossene Mengen)
Für $B \subseteq \mathbb{R}^n$ sei $A \subseteq B \times \mathbb{R}^m$ abgeschlossen relativ zu $B \times \mathbb{R}^m$ und lokal beschränkt bezüglich x. Dann ist auch $\mathrm{pr}_x\, A$ abgeschlossen relativ zu B.

Beweis   Wähle eine Folge $(x^k) \subseteq \mathrm{pr}_x\, A$ mit $\lim_k x^k = x^\star \in B$. Zu zeigen ist $x^\star \in \mathrm{pr}_x\, A$. Wegen $x^k \in \mathrm{pr}_x\, A$ existiert für jedes $k \in \mathbb{N}$ ein $y^k \in \mathbb{R}^m$ mit $(x^k, y^k) \in A$.

Da A an $x^\star$ lokal beschränkt bezüglich x ist, gibt es eine Umgebung U von $x^\star$, so dass die x^k für fast alle $k \in \mathbb{N}$ in U und die y^k in einer beschränkten Menge liegen. Damit ist die Folge (y^k) beschränkt, besitzt also einen Häufungspunkt $y^\star$. Es sei (y^{k_ℓ}) eine Teilfolge mit $\lim_\ell y^{k_\ell} = y^\star$. Damit gilt $((x^{k_\ell}, y^{k_\ell})) \subseteq A$ und $\lim_\ell (x^{k_\ell}, y^{k_\ell}) = (x^\star, y^\star)$. Die Abgeschlossenheit von A relativ zu $B \times \mathbb{R}^m$ liefert $(x^\star, y^\star) \in A$. Es folgt $x^\star \in \mathrm{pr}_x\, A$. $\square$

Im Beweis zu Lemma 3.2.29 wird genau der Effekt abgefangen, den wir in den Vorüberlegungen zur Beantwortung der Frage ZF4 in Abschn. 3.1 diskutiert haben: Die Punkte y^k mit (x^k, y^k) existieren für $x^k \in \mathrm{pr}_x A$ zwar, aber deshalb ist noch lange nicht ihre Konvergenz gewährleistet. Dass die Folge (y^k) wenigstens einen Häufungspunkt besitzt, wird gerade durch die lokale Beschränktheitsannahme erzwungen (und die bloße Existenz des Häufungspunkts anstelle eines Grenzpunkts genügt für den Beweis auch).

Bemerkenswert an dieser Beobachtung ist, dass wir Lemma 3.2.29 formuliert haben, um im Folgenden die Unterhalbstetigkeit von v nachzuweisen, aus der gemeinsam mit der nach Satz 3.2.17 gültigen Oberhalbstetigkeit die Abgeschlossenheit des Graphen $\mathrm{gph}(S, T)$ der Minimalpunktabbildung folgen würde. Damit wäre der zweite Teil der Frage ZF4 garantiert, nämlich $(t^\star, x^\star) \in \mathrm{gph}(S, T)$ für $(t^k, x^k) \in \mathrm{gph}(S, T)$ und $\lim_k (t^k, x^k) = (t^\star, x^\star)$. Ob aber (x^k) überhaupt gegen ein $x^\star$ konvergiert, haben wir in Abschn. 3.1 als davon unabhängige Frage aufgefasst. Glücklicherweise stellt sich heraus, dass man eine hinreichende Bedingung für die Unterhalbstetigkeit von v, nämlich eine gewisse lokale Beschränktheit, gleichzeitig zur Garantie der Konvergenz der Folge (x^k) ausnutzen kann. Darauf werden wir in Abschn. 3.3.2 zurückkommen.

Im nächsten Schritt formulieren wir aus, was die lokale Beschränktheit der uns interessierenden Menge $A = \mathrm{epi}(f, T \times \mathbb{R}^n)$ bezüglich (t, α) für die Funktion f bedeutet: An einem Punkt $(\bar{t}, \bar{\alpha}) \in T \times \mathbb{R}$ ist $\mathrm{epi}(f, T \times \mathbb{R}^n)$ lokal beschränkt bezüglich (t, α), falls eine Umgebung U von $\bar{t}$ (relativ zu T) und ein $\varepsilon > 0$ existieren, so dass die Menge

$$\bigcup_{t \in U,\, |\alpha - \bar{\alpha}| < \varepsilon} \{x \in \mathbb{R}^n \mid f(t, x) \le \alpha\} = \bigcup_{t \in U,\, |\alpha - \bar{\alpha}| < \varepsilon} f(t, \cdot)_{\le}^{\alpha}$$

beschränkt ist.

Zur Anwendung von Lemma 3.2.29 müssen wir diese Bedingung wegen Definition 3.2.26 für alle $\bar{t} \in T$ und alle $\bar{\alpha} \in \mathbb{R}$ voraussetzen. In späteren Resultaten (etwa in Satz 3.3.18) werden wir allerdings nur an festen $\bar{t} \in T$ interessiert sein, während $\bar{\alpha} \in \mathbb{R}$ weiterhin beliebig gewählt wird. Daher betrachten wir diesen Fall von festem $\bar{t}$ und beliebigem $\bar{\alpha}$ zunächst genauer.

Für gegebenes $\bar{t} \in T$ impliziert die lokale Beschränktheit von $\mathrm{epi}(f, T \times \mathbb{R}^n)$ bezüglich (t, α) an jedem Punkt $(\bar{t}, \bar{\alpha})$ mit $\bar{\alpha} \in \mathbb{R}$, dass sämtliche Niveaumengen $f(\bar{t}, \cdot)_{\le}^{\bar{\alpha}}$ mit $\bar{\alpha} \in \mathbb{R}$ beschränkt sind. Dies ist nach Lemma 3.2.21 gleichbedeutend damit, dass die Funktion $f(\bar{t}, \cdot)$ koerziv ist. Über diese Koerzivitätsforderung an $f(\bar{t}, \cdot)$ hinaus beinhaltet die lokale Beschränktheit von $\mathrm{epi}(f, T \times \mathbb{R}^n)$ aber selbst für festes $\bar{t}$ auch einen *gleichmäßigen* Aspekt in t, den wir in dem folgenden zentralen Konzept formulieren.

3.2.30 Definition (Lokal gleichmäßige Niveaubeschränktheit)

Eine Funktion $f : T \times \mathbb{R}^n \to \mathbb{R}$ heißt *lokal gleichmäßig niveaubeschränkt an* $\bar{t} \in T$, falls für jedes $\bar{\alpha} \in \mathbb{R}$ eine Umgebung U von $\bar{t}$ (relativ zu T) existiert, so dass die Menge $\bigcup_{t \in U} f(t, \cdot)_{\le}^{\bar{\alpha}}$ beschränkt ist. Die Funktion f heißt *lokal gleichmäßig niveaubeschränkt auf* T, falls sie an jedem $\bar{t} \in T$ lokal gleichmäßig niveaubeschränkt ist.

Wir halten zunächst den vor Definition 3.2.30 hergestellten Zusammenhang zur Koerzivität in der neuen Terminologie fest.

3.2.31 Lemma *Falls eine Funktion $f : T \times \mathbb{R}^n \to \mathbb{R}$ lokal gleichmäßig niveaubeschränkt an $\bar{t} \in T$ ist, dann ist $f(\bar{t}, \cdot)$ koerziv auf $\mathbb{R}^n$.*

3.2.32 Übung Zeigen Sie, dass die Funktion f aus Beispiel 3.2.24 an $\bar{t} = 0$ zwar koerziv, aber nicht lokal gleichmäßig niveaubeschränkt ist.

Das folgende Resultat stellt den Zusammenhang zwischen der lokal gleichmäßigen Niveaubeschränktheit von f an $\bar{t}$ und der lokalen Beschränktheit von $\mathrm{epi}(f, T \times \mathbb{R}^n)$ an $(\bar{t}, \bar{\alpha})$ her.

3.2.33 Lemma *Für gegebenes $\bar{t} \in T$ ist die Menge $\mathrm{epi}(f, T \times \mathbb{R}^n)$ genau dann an jedem $(\bar{t}, \bar{\alpha})$ mit $\bar{\alpha} \in \mathbb{R}$ lokal beschränkt bezüglich (t, α), wenn die Funktion f an $\bar{t}$ lokal gleichmäßig niveaubeschränkt ist.*

Beweis Zunächst sei $\mathrm{epi}(f, T \times \mathbb{R}^n)$ an jedem $(\bar{t}, \bar{\alpha})$ mit $\bar{\alpha} \in \mathbb{R}$ lokal beschränkt bezüglich (t, α). Dann existieren für jedes $\bar{\alpha} \in \mathbb{R}$ eine Umgebung U von $\bar{t}$ (relativ zu T) und ein $\varepsilon > 0$, so dass die Menge $\bigcup_{t \in U, \, |\alpha - \bar{\alpha}| < \varepsilon} f(t, \cdot)^{\alpha}_{\leq}$ beschränkt ist. Damit ist auch deren Teilmenge $\bigcup_{t \in U} f(t, \cdot)^{\bar{\alpha}}_{\leq}$ beschränkt, und wir haben die lokal gleichmäßige Niveaubeschränktheit von f an $\bar{t}$ gezeigt.

Andererseits sei f lokal gleichmäßig niveaubeschränkt an $\bar{t}$. Zu gegebenem $\bar{\alpha} \in \mathbb{R}$ und beliebigem $\varepsilon > 0$ setzen wir $\alpha_\varepsilon := \bar{\alpha} + \varepsilon$. Laut Voraussetzung existiert dann eine Umgebung U von $\bar{t}$, so dass die Menge $\bigcup_{t \in U} f(t, \cdot)^{\alpha_\varepsilon}_{\leq}$ beschränkt ist. Für jedes $t \in U$ und jedes α mit $|\alpha - \bar{\alpha}| < \varepsilon$ gilt außerdem $f(t, \cdot)^{\alpha}_{\leq} \subseteq f(t, \cdot)^{\alpha_\varepsilon}_{\leq}$, so dass auch die Menge

$$\bigcup_{t \in U, \, |\alpha - \bar{\alpha}| < \varepsilon} f(t, \cdot)^{\alpha}_{\leq} \subseteq \bigcup_{t \in U} f(t, \cdot)^{\alpha_\varepsilon}_{\leq}$$

beschränkt und die Behauptung gezeigt ist. $\square$

Lassen wir neben $\bar{\alpha} \in \mathbb{R}$ auch $\bar{t} \in T$ variieren, so liefert Lemma 3.2.33, dass die Menge $\mathrm{epi}(f, T \times \mathbb{R}^n)$ genau dann lokal beschränkt bezüglich (t, α) ist, wenn die Funktion f lokal gleichmäßig niveaubeschränkt auf T ist.

3.2.34 Beispiel

Die Funktion

$$f(t, x) = \frac{x^4}{8} - \frac{3}{4} x^2 - tx$$

aus Beispiel 1.9.1 ist lokal gleichmäßig niveaubeschränkt auf $T = \mathbb{R}$. Um dies zu sehen, wählen wir ein $\bar{t} \in \mathbb{R}$ sowie ein $\bar{\alpha} \in \mathbb{R}$. Wir müssen die Existenz einer Umgebung U von $\bar{t}$ nachweisen, so dass die Menge $\bigcup_{t \in U} f(t, \cdot)^{\bar{\alpha}}_{\leq}$ beschränkt ist.

Dazu setzen wir $U = (\bar{t} - 1, \bar{t} + 1)$. Dann gilt für alle $t \in U$ und $x \in f(t, \cdot)^{\bar{\alpha}}_{\leq}$

$$(t - \bar{t})x \leq |(t - \bar{t})x| = |t - \bar{t}|\,|x| \leq |x|$$

und daher $tx \leq \bar{t}x + |x|$. Dies impliziert

$$\bar{\alpha} \geq f(t, x) \geq \frac{x^4}{8} - \frac{3}{4} x^2 - \bar{t}x - |x| =: F(x),$$

also $\bigcup_{t \in U} f(t, \cdot)^{\bar{\alpha}}_{\leq} \subseteq F^{\bar{\alpha}}_{\leq}$. Wie in Übung 3.2.20 sieht man, dass die Funktion F koerziv auf $\mathbb{R}$ ist, so dass $F^{\bar{\alpha}}_{\leq}$ nach Lemma 3.2.21 beschränkt ist. Dies zeigt die Behauptung. ◄

Wir sind jetzt in der Lage, eine hinreichende Bedingung für die Unterhalbstetigkeit von v auf T anzugeben.

3.2.35 Satz *Die Funktion $f : T \times \mathbb{R}^n \to \mathbb{R}$ sei unterhalbstetig und lokal gleichmäßig niveaubeschränkt. Dann ist v auf T unterhalbstetig.*

Beweis Aus der Unterhalbstetigkeit von f folgt mit Satz 3.2.14a die Abgeschlossenheit der Menge $\mathrm{epi}(f, T \times \mathbb{R}^n)$ relativ zu $T \times \mathbb{R}^n \times \mathbb{R}$, und die lokal gleichmäßige Niveaubeschränktheit von f auf T liefert nach Lemma 3.2.33 die lokale Beschränktheit von $\mathrm{epi}(f, T \times \mathbb{R}^n)$ bezüglich (t, α). Aus Lemma 3.2.29 folgt daher die Abgeschlossenheit der Menge $\mathrm{pr}_{(t,\alpha)}\,\mathrm{epi}(f, T \times \mathbb{R}^n)$.

Für jedes $t \in T$ ist außerdem $f(t, \cdot)$ nach Übung 3.2.6 unterhalbstetig sowie nach Lemma 3.2.31 koerziv auf $\mathbb{R}^n$, so dass die abgeschlossene Menge $\mathrm{pr}_{(t,\alpha)}\,\mathrm{epi}(f, T \times \mathbb{R}^n)$ wegen Lemma 3.2.23 mit dem Epigraphen $\mathrm{epi}(v, T)$ übereinstimmt. Die Behauptung folgt schließlich aus Satz 3.2.14a. □

Als hinreichende Bedingung für das Vorliegen von lokal gleichmäßiger Niveaubeschränktheit halten wir fest, dass sich unter einer zusätzlichen Konvexitätsannahme die Aussage von Lemma 3.2.31 umkehren lässt.

3.2.36 Satz *Mit einer Umgebung U von $\bar{t} \in T$ (relativ zu T) seien alle Funktionen $f(t, \cdot), t \in U$, auf $\mathbb{R}^n$ konvex, f sei an jedem Punkt in $\{\bar{t}\} \times \mathbb{R}^n$ stetig, und die Funktion $f(\bar{t}, \cdot)$ sei koerziv. Dann ist f an $\bar{t}$ sogar lokal gleichmäßig niveaubeschränkt.*

Beweis Wir wählen einen beliebigen Punkt $\bar{x} \in \mathbb{R}^n$ und betrachten zunächst ein beliebiges Niveau $\bar{\alpha} \geq f(\bar{t}, \bar{x})$. Wir werden zeigen, dass die Menge $\bigcup_{t \in U} f(t, \cdot)_{\leq}^{\bar{\alpha}}$ nach einer eventuellen Verkleinerung von U beschränkt ist.

Angenommen, dies lässt sich nicht bewerkstelligen. Dann existieren eine Folge $(t^k) \subseteq T \cap U$ mit $\lim_k t^k = \bar{t}$ sowie eine Folge (x^k) mit $x^k \in f(t^k, \cdot)_{\leq}^{\bar{\alpha}}, k \in \mathbb{N}$, und $\lim_k \|x^k\| = +\infty$. Wegen Lemma 3.2.21 existiert außerdem eine Schranke $c > 0$ mit $\|x\| < c$ für alle $x \in f(\bar{t}, \cdot)_{\leq}^{\bar{\alpha}}$. Wir werden einen Widerspruch erzeugen, indem wir mit Hilfe der Folge (x^k) einen Punkt $\tilde{x} \in f(\bar{t}, \cdot)_{\leq}^{\bar{\alpha}}$ mit $\|\tilde{x}\| = c$ konstruieren.

Wegen $\lim_k \|x^k\| = +\infty$ gilt $\|x^k\| \geq c$ für alle hinreichend großen $k \in \mathbb{N}$. Für diese k definieren wir die Punkte $\tilde{x}^k := \bar{x} + \tau^k(x^k - \bar{x})$ mit $\tau^k \in [0, 1]$. Wegen $f(\bar{t}, \bar{x}) \leq \bar{\alpha}$ würden wir für $\tau^k = 0$ den Punkt $\tilde{x}^k = \bar{x}$ mit $\|\tilde{x}^k\| < c$ erhalten und für $\tau^k = 1$ den Punkt $\tilde{x}^k = x^k$ mit $\|\tilde{x}^k\| \geq c$. Daher dürfen wir $\tau^k \in [0, 1]$ für jedes k so wählen, dass $\|\tilde{x}^k\| = c$ gilt. Die Darstellung $\tau^k = \|\tilde{x}^k - \bar{x}\| / \|x^k - \bar{x}\|$ liefert gemeinsam mit der Beschränktheit von $(\tilde{x}^k)$ sowie der Unbeschränktheit von (x^k) die Konvergenz von (τ^k) gegen null.

Da die Folge $(\tilde{x}^k)$ in der kompakten Menge $\{x \in \mathbb{R}^n \mid \|x\| = c\}$ liegt, besitzt sie einen Häufungspunkt $\tilde{x}$ mit $\|\tilde{x}\| = c$. Wir bezeichnen die zugehörige Teilfolge von $(\tilde{x}^k)$ mit $(\tilde{x}^{k_\ell})$. Gemeinsam mit der Stetigkeit von f an $(\bar{t}, \tilde{x})$, $(\bar{t}, \tilde{x}) \in \{\bar{t}\} \times \mathbb{R}^n$ und der Konvexität der Funktionen $f(t^{k_\ell}, \cdot)$ folgt daraus

$$f(\bar{t}, \tilde{x}) = \lim_\ell f(t^{k_\ell}, \tilde{x}^{k_\ell}) \leq \lim_\ell \left((1 - \tau^{k_\ell}) f(t^{k_\ell}, \bar{x}) + \tau^{k_\ell} \underbrace{f(t^{k_\ell}, x^{k_\ell})}_{\leq \bar{\alpha}} \right) = f(\bar{t}, \bar{x}) \leq \bar{\alpha},$$

also wie gewünscht $\tilde{x} \in f(\bar{t}, \cdot)_{\leq}^{\bar{\alpha}}$.

Es bleibt noch die Behauptung für Niveaus $\bar{\alpha} < f(\bar{t}, \bar{x})$ zu zeigen. Dazu sei $\overline{U} \subseteq U$ eine der gerade als existent nachgewiesenen Umgebungen mit beschränkter Menge $\bigcup_{t \in \overline{U}} f(t, \cdot)_{\leq}^{f(\bar{t}, \bar{x})}$. Dann gilt für alle $\bar{\alpha} < f(\bar{t}, \bar{x})$ und alle $t \in \overline{U}$

$$f(t, \cdot)_{\leq}^{\bar{\alpha}} \subseteq f(t, \cdot)_{\leq}^{f(\bar{t}, \bar{x})},$$

so dass $\bigcup_{t \in \overline{U}} f(t, \cdot)_{\leq}^{\bar{\alpha}}$ in der beschränkten Menge $\bigcup_{t \in \overline{U}} f(t, \cdot)_{\leq}^{f(\bar{t}, \bar{x})}$ enthalten ist. $\square$

Im Hinblick auf eine Reihe späterer Beweise (und Übung 3.5.6) weisen wir darauf hin, dass zwischen der in Satz 3.2.36 getroffenen Voraussetzung der Stetigkeit von f *an jedem Punkt in $\{\bar{t}\} \times \mathbb{R}^n$* und der Voraussetzung der Stetigkeit von f *auf $\{\bar{t}\} \times \mathbb{R}^n$* ein entscheidender

Unterschied besteht: Im ersten Fall wird das passende Konvergenzverhalten der Funktionswerte von f auf Folgen gefordert, von denen nur der Grenzpunkt in $\{\bar{t}\} \times \mathbb{R}^n$ liegen muss, die Folgenglieder aber nicht. Hingegen betrachtet man im zweiten Fall nur Folgen, die komplett in $\{\bar{t}\} \times \mathbb{R}^n$ liegen. Die Stetigkeit von f auf $\{\bar{t}\} \times \mathbb{R}^n$ hätte beispielsweise im Beweis von Satz 3.2.36 nicht ausgereicht.

Die lokal gleichmäßige Niveaubeschränktheit einer parameterabhängigen Funktion f darf nicht mit einer *lokal gleichmäßigen Koerzivität* verwechselt werden, die man etwa dadurch definieren könnte, dass man zu $\bar{t} \in T$ die Existenz einer Umgebung U von $\bar{t}$ (relativ zu T) fordert, so dass für jedes $\bar{\alpha} \in \mathbb{R}$ die Menge $\bigcup_{t \in U} f(t, \cdot)_{\leq}^{\bar{\alpha}}$ beschränkt ist. Im Unterschied zur Definition der lokal gleichmäßigen Niveaubeschränktheit muss man hier für jedes Niveau $\bar{\alpha}$ dieselbe *zuvor* gewählte Umgebung U benutzen, während dort jedes $\bar{\alpha}$ mit einer anderen Umgebung U versehen werden darf. Die lokal gleichmäßige Koerzivität ist also „noch gleichmäßiger" und damit eine stärkere Eigenschaft als die lokal gleichmäßige Niveaubeschränktheit einer Funktion.
Beispielsweise ist die Funktion

$$f(t, x) \;=\; \begin{cases} \min\{|x|, 1/t\}, & t > 0, \\ |x|, & t = 0 \end{cases}$$

mit $T = \{t \in \mathbb{R} \,|\, t \geq 0\}$ an $\bar{t} = 0$ lokal gleichmäßig niveaubeschränkt, aber nicht lokal gleichmäßig koerziv (denn $f(t, \cdot)$ ist für kein $t > 0$ koerziv). Aus den Überlegungen in Beispiel 3.2.34 geht andererseits hervor, dass die dortige Funktion nicht nur lokal gleichmäßig niveaubeschränkt, sondern sogar lokal gleichmäßig koerziv auf $T = \mathbb{R}$ ist.

Es sei nochmals betont, dass die Koerzivität einer Funktion nur eine hinreichende Bedingung für die Existenz von Minimalpunkten ist, während die Existenz einer einzigen nichtleeren und beschränkten unteren Niveaumenge dafür bereits ausreichen würde. Im Gegensatz dazu charakterisiert die lokal gleichmäßige Niveaubeschränktheit einer parameterabhängigen Funktion die Voraussetzung des geometrisch intuitiven Projektionslemmas für abgeschlossene Mengen (Lemma 3.2.29). Arbeitet man mit diesem Projektionslemma, so ist die lokal gleichmäßige Niveaubeschränktheit also eine natürliche Voraussetzung.
Verzichtet man andererseits auf die Anwendung des Projektionslemmas, so lassen sich die gewünschten Resultate auch dann noch herleiten, wenn in folgendem Sinne nur einzelne Niveaumengen lokal gleichmäßig beschränkt sind: Es gibt eine Umgebung U von $\bar{t} \in T$ (relativ zu T) und eine an $\bar{t}$ unterhalbstetige Funktion $\alpha : U \to \mathbb{R}$, so dass die Mengen $f(t, \cdot)_{\leq}^{\alpha(t)}$, $t \in U$, nichtleer und die Menge $\bigcup_{t \in U} f(t, \cdot)_{\leq}^{\alpha(t)}$ beschränkt sind. Auf die Ausführung dieses technischeren Konzepts verzichten wir im Rahmen dieses Lehrbuchs.

3.2.5 Stetigkeit von Minimalwerten

Aus Satz 3.2.17 und Satz 3.2.35 können wir die gewünschte hinreichende Bedingung für die Stetigkeit von v folgern.

3.2.37 Korollar *Die Funktion $f : T \times \mathbb{R}^n \to \mathbb{R}$ sei stetig und lokal gleichmäßig niveaubeschränkt. Dann ist v auf T stetig.*

3.2.38 Übung Zeigen Sie ohne Rückgriff auf Beispiel 1.9.3, dass die Funktion v aus Beispiel 1.9.1 auf $\mathbb{R}$ stetig ist.

Die folgende Übung zeigt, dass die Stetigkeitsbedingungen für v aus Korollar 3.2.37 nur hinreichend, aber nicht notwendig sind. Insbesondere sind sie so stark, dass sie auch die Lösbarkeit aller Probleme $P(t)$, $t \in T$, implizieren, was für die Stetigkeit von v aber nicht zwingend erforderlich ist.

3.2.39 Übung Zeigen Sie, dass die Funktion $f(t, x) = e^x - t^2 x$ auf $\mathbb{R}$ nicht lokal gleichmäßig niveaubeschränkt ist, dass die zugehörige Minimalwertfunktion v aber trotzdem auf $\mathbb{R}$ stetig ist.

Die Kombination von Satz 3.2.17, Satz 3.2.35 und Satz 3.2.36 liefert das folgende Resultat.

3.2.40 Korollar *Die Funktion f sei auf $T \times \mathbb{R}^n$ stetig, und alle Funktionen $f(t, \cdot)$, $t \in T$, seien auf $\mathbb{R}^n$ konvex sowie koerziv. Dann ist v auf T stetig.*

Eine wichtige Klasse von gleichzeitig konvexen und koerziven Funktionen bilden die gleichmäßig konvexen Funktionen [55].

Das Ergebnis aus Korollar 3.2.40 bedeutet, dass unter den dortigen zusätzlichen Konvexitätsannahmen die lokal gleichmäßige Niveaubeschränktheit von f zur nur punktweisen (in t) Koerzivität von f abgeschwächt werden darf, wobei die punktweise Koerzivität von f wegen Lemma 3.2.21 gerade der punktweisen Niveaubeschränktheit entspricht.

3.3   Globale Stetigkeitseigenschaften unrestringierter Minimalpunkte

Nach der globalen Stabilitätsuntersuchung der Minimal*wert*funktion v in Abschn. 3.2 untersuchen wir im nächsten Schritt für das unrestringierte Problem P die Stetigkeit der minimalen *Punkte*

$$S(t) \; = \; \{x \in \mathbb{R}^n \,|\, f(t, x) = v(t)\}$$

für $t \in T$. Wie bereits in mehreren Beispielen gesehen, ist S im Allgemeinen allerdings keine *Funktion* von t, denn dazu müsste $S(t)$ für jedes t genau ein Element besitzen. Stattdessen kann $S(t)$ auch aus mehreren oder gar keinen (im Fall der Unlösbarkeit von $P(t)$) Punkten bestehen. Eine solche Zuordnung einer (gegebenenfalls leeren) Menge zu einem Punkt heißt *mengenwertige Abbildung*.

Abschn. 3.3.1 führt zunächst einige grundlegende Definitionen und Eigenschaften ein, an denen wir für in der parametrischen Optimierung auftretende mengenwertige Abbildungen wie die Minimalpunktabbildung S und die Zulässige-Mengen-Abbildung M interessiert sind. Da wir in Abschn. 3.3.3 sehen werden, dass insbesondere die Abgeschlossenheit und die lokale Beschränktheit einer mengenwertigen Abbildung für den dort definierten Stetigkeitsbegriff und für die Beantwortung der Frage ZF4 wesentlich sind, überlegen wir vorab in Abschn. 3.3.2, wann die Minimalpunktabbildung eines parametrischen Optimierungsproblems abgeschlossen und lokal beschränkt ist. Abschn. 3.3.4 wendet die erzielten Resultate schließlich an, um Stetigkeitseigenschaften der Minimalpunktabbildung herzuleiten.

3.3.1 Grundkonzepte zu mengenwertigen Abbildungen

3.3.1 Definition (Mengenwertige Abbildung)

Für eine Menge $X \subseteq \mathbb{R}^n$ nennen wir eine Abbildung F von X in die Menge der Teilmengen von $\mathbb{R}^m$ *mengenwertige Abbildung von X nach $\mathbb{R}^m$* und schreiben

$$F : X \rightrightarrows \mathbb{R}^m, \ x \mapsto F(x).$$

Weitere Bezeichnungen sind

$$\mathrm{gph}(F, X) := \{(x, y) \in X \times \mathbb{R}^m \,|\, y \in F(x)\},$$
$$\mathrm{bild}(F, X) := \{y \in \mathbb{R}^m \,|\, \exists\, x \in X : y \in F(x)\},$$
$$\mathrm{dom}(F, X) := \{x \in X \,|\, F(x) \neq \emptyset\}$$

für den *Graphen*, das *Bild* bzw. den (effektiven) *Definitionsbereich* von F auf X. Für $X = \mathbb{R}^n$ schreiben wir wieder $\mathrm{gph}\, F := \mathrm{gph}(F, \mathbb{R}^n)$ usw.

Man sieht leicht, dass die Darstellung $\mathrm{bild}(F, X) = \bigcup_{x \in X} F(x)$ sowie die Projektionseigenschaften

$$\mathrm{bild}(F, X) = \mathrm{pr}_y \,\mathrm{gph}(F, X) \quad \text{und} \quad \mathrm{dom}(F, X) = \mathrm{pr}_x \,\mathrm{gph}(F, X)$$

gelten (Abb. 3.6).

Abb. 3.6 Graph,
Definitionsbereich und Bild
von F

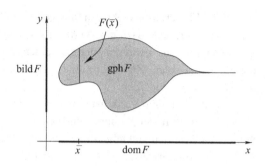

Beispielsweise ist die Minimalpunktabbildung S von P eine mengenwertige Abbildung von $T \subseteq \mathbb{R}^r$ nach $\mathbb{R}^n$, deren Definitionsbereich $\mathrm{dom}(S, T)$ gerade aus denjenigen $t \in T$ besteht, für die $P(t)$ lösbar ist.

3.3.2 Übung Berechnen Sie den Definitionsbereich $\mathrm{dom}\, M$ der Zulässige-Mengen-Abbildung $M : \mathbb{R} \rightrightarrows \mathbb{R}$ aus Übung 1.9.6c (Abb. 5.6).

Wir geben zunächst drei wichtige *global* definierte Konzepte für mengenwertige Abbildungen an.

> **3.3.3 Definition (Globale Eigenschaften mengenwertiger Abbildungen)**
> Eine mengenwertige Abbildung $F : X \rightrightarrows \mathbb{R}^m$ mit $X \subseteq \mathbb{R}^n$ heißt
> a) *nichttrivial*, falls $\mathrm{gph}(F, X) \neq \emptyset$ gilt;
> b) *abgeschlossen*, falls $\mathrm{gph}(F, X)$ abgeschlossen relativ zu $X \times \mathbb{R}^m$ ist;
> c) *beschränkt*, falls $\mathrm{bild}(F, X)$ in $\mathbb{R}^m$ beschränkt ist.

3.3.4 Übung   Zeigen Sie, dass eine mengenwertige Abbildung $F : X \rightrightarrows \mathbb{R}^m$ mit $X \subseteq \mathbb{R}^n$ genau für $\mathrm{dom}(F, X) \neq \emptyset$ nichttrivial ist.

Die Minimalpunktabbildung $S : T \rightrightarrows \mathbb{R}^n$ von P ist laut Übung 3.3.4 genau dann nichttrivial, wenn $P(t)$ für mindestens ein $t \in T$ lösbar ist.

3.3.5 Übung   Geben Sie ein Beispiel für eine nichttriviale abgeschlossene mengenwertige Abbildung $F : \mathbb{R} \rightrightarrows \mathbb{R}$ mit offenem Definitionsbereich $\mathrm{dom}\, F$ an.

Es folgen weitere wichtige Begriffe für mengenwertige Abbildungen, die aber nicht global, sondern an einem Punkt $\bar{x}$ oder in der Umgebung eines Punkts definiert sind, also *punktweise* bzw. *lokal*. Da es sich beim *Wert* einer mengenwertigen Abbildung F am Punkt $\bar{x}$ um eine

Menge $F(\bar{x})$ handelt, bezeichnen wir eine mengenwertige Abbildung im Folgenden als *abgeschlossenwertig, konvexwertig* usw., wenn die Bildmengen $F(\bar{x})$ die entsprechenden Eigenschaften besitzen.

3.3.6 Definition (Punktweise und lokale Eigenschaften mengenwertiger Abbildungen)
Eine mengenwertige Abbildung $F : X \rightrightarrows \mathbb{R}^m$ mit $X \subseteq \mathbb{R}^n$ heißt

a) *abgeschlossenwertig* an $\bar{x} \in X$, falls die Menge $F(\bar{x})$ abgeschlossen ist;

b) *konvexwertig* an $\bar{x} \in X$, falls die Menge $F(\bar{x})$ konvex ist;

c) *einpunktig* an $\bar{x} \in X$, falls $F(\bar{x})$ genau ein Element besitzt;

d) *lokal beschränkt* an $\bar{x} \in X$, falls eine Umgebung U (relativ zu X) von $\bar{x}$ existiert, so dass $\bigcup_{x \in U} F(x)$ beschränkt ist;

e) *lokal konstantwertig mit Wert* Y an $\bar{x} \in X$, falls eine Umgebung U von $\bar{x}$ (relativ zu X) sowie eine Menge $Y \subseteq \mathbb{R}^m$ mit $F(x) = Y$ für alle $x \in U$ existieren.

Die mengenwertige Abbildung F heißt *(auf X) abgeschlossenwertig/konvexwertig/einpunktig/lokal beschränkt/lokal konstantwertig mit Wert Y*, falls die entsprechende Eigenschaft an jedem $\bar{x} \in X$ gilt.

Eine *einpunktige* mengenwertige Abbildung könnte man konsistenterweise auch *punktwertig* nennen, eingebürgert hat sich aber der erste Begriff.

Im Fall einer einpunktigen mengenwertigen Abbildung $F : X \rightrightarrows \mathbb{R}^m$ existiert eine Funktion $f : X \to \mathbb{R}^m$ mit $F(x) = \{f(x)\}$ für alle $x \in X$. Die globalen Begriffe *Graph*, *Bild* und *beschränkt* für F stimmen dann mit denen für die entsprechende Funktion f überein.

Beispielsweise ist die Minimalpunktabbildung S von P genau dann einpunktig an $\bar{t} \in T$, wenn $P(\bar{t})$ eindeutig lösbar ist (eine hinreichende Bedingung für eindeutige Lösbarkeit wird z. B. in [55] gegeben), und sie ist an $\bar{t} \in T$ konvexwertig, falls $P(\bar{t})$ ein konvexes Optimierungsproblem ist [55].

3.3.7 Übung   Für $X \subseteq \mathbb{R}^n$ sei $F : X \rightrightarrows \mathbb{R}^m$ eine abgeschlossene mengenwertige Abbildung. Zeigen Sie, dass F dann auch abgeschlossenwertig ist.

3.3.8 Übung   Geben Sie ein Beispiel für eine abgeschlossenwertige mengenwertige Abbildung $F : \mathbb{R} \rightrightarrows \mathbb{R}$ an, die nicht abgeschlossen ist. Konstruieren Sie das Beispiel so, dass F sogar einpunktig ist.

3.3.9 Übung Zeigen Sie, dass eine mengenwertige Abbildung $F : X \rightrightarrows \mathbb{R}^m$ mit $X \subseteq \mathbb{R}^n$ genau dann an $\bar{x}$ lokal beschränkt ist, wenn ihr Graph an $\bar{x}$ lokal beschränkt bezüglich x im Sinne von Definition 3.2.26 ist, wobei dort die Umgebung U relativ zu X zu wählen ist.

Analog zur Diskussion nach Definition 3.2.26 könnte man also auch eine lokal beschränkte mengenwertige Abbildung genauer als *lokal gleichmäßig beschränkt* bezeichnen. In der Literatur zur parametrischen Optimierung ist allerdings der Begriff der lokalen Beschränktheit gebräuchlich.

3.3.10 Übung Geben Sie ein Beispiel für eine mengenwertige Abbildung $F : \mathbb{R} \rightrightarrows \mathbb{R}$ an, die zwar beschränktwertig ist (also ausschließlich beschränkte Bilder besitzt), aber nicht lokal beschränkt.

3.3.11 Übung Geben Sie ein Beispiel für eine mengenwertige Abbildung $F : \mathbb{R} \rightrightarrows \mathbb{R}$ an, die zwar lokal beschränkt, aber unbeschränkt ist.

3.3.12 Übung Die mengenwertige Abbildung $F : X \rightrightarrows \mathbb{R}^m$ mit $X \subseteq \mathbb{R}^n$ sei abgeschlossen und lokal beschränkt, und es seien eine Folge $(x^k) \subseteq X$ mit $\lim_k x^k = x^\star \in X$ sowie eine Folge (y^k) mit $y^k \in F(x^k)$, $k \in \mathbb{N}$, gegeben. Zeigen Sie dann die Existenz einer gegen ein $y^\star \in F(x^\star)$ konvergenten Teilfolge von (y^k).

Übung 3.3.12 zeigt insbesondere, dass wir die Frage ZF4 mit einer Voraussetzung beantworten dürfen, die die Abgeschlossenheit und lokale Beschränktheit der Minimalpunktabbildung S impliziert. Damit befasst sich für den Fall unrestringierter Probleme Abschn. 3.3.2, während Abschn. 3.6.1 die Frage ZF4 für restringierte Probleme beantwortet.

3.3.13 Übung Untersuchen Sie die Minimalpunktabbildung $S : \mathbb{R} \rightrightarrows \mathbb{R}$ aus Beispiel 3.2.18 auf Abgeschlossenheit und lokale Beschränktheit (siehe Lösung 5.9).

3.3.14 Übung Die mengenwertige Abbildung $F : X \rightrightarrows \mathbb{R}^m$ mit $X \subseteq \mathbb{R}^n$ sei abgeschlossen und lokal beschränkt. Zeigen Sie, dass dann $\mathrm{dom}(F, X)$ abgeschlossen relativ zu X ist.

3.3.15 Übung Gegeben sei eine Funktion $f : X \rightarrow \mathbb{R}^m$ mit $X \subseteq \mathbb{R}^n$. Zeigen Sie, dass f genau dann stetig ist, wenn die einpunktige mengenwertige Abbildung $F : X \rightrightarrows \mathbb{R}^m$, $x \mapsto \{f(x)\}$ abgeschlossen und lokal beschränkt ist (siehe Lösung 5.10).

Dass sich die lokale Beschränktheit einer mengenwertigen Abbildung $F : X \rightrightarrows \mathbb{R}^m$ an $\bar{x} \in X$ bereits aus der Beschränktheit von $F(\bar{x})$ folgern lässt, ist laut Übung 3.3.10 nur unter zusätzlichen Voraussetzungen zu erwarten. Fast wörtlich wie im Beweis zu Satz 3.2.36 lässt sich dafür die Beschreibung von F durch eine Ungleichungsrestriktion mit gewissen Konvexitätseigenschaften ausnutzen.

3.3.16 Satz *Mit einer Umgebung U von $\bar{x} \in X \subseteq \mathbb{R}^n$ (relativ zu X) und einer Funktion $G : U \times \mathbb{R}^m \to \mathbb{R}$ gelte $F(x) = \{y \in \mathbb{R}^m \mid G(x, y) \leq 0\}$, alle Funktionen $G(x, \cdot)$, $x \in U$, seien auf $\mathbb{R}^m$ konvex, G sei an jedem Punkt in $\{\bar{x}\} \times \mathbb{R}^m$ stetig, und die Menge $F(\bar{x})$ sei nichtleer und beschränkt. Dann ist F an $\bar{x}$ sogar lokal beschränkt.*

Beweis Angenommen, F ist an $\bar{x}$ nicht lokal beschränkt. Dann existieren eine Folge $(x^k) \subseteq X \cap U$ mit $\lim_k x^k = \bar{x}$ sowie eine Folge (y^k) mit $y^k \in F(x^k), k \in \mathbb{N}$, und $\lim_k \|y^k\| = +\infty$. Wegen der Beschränktheit von $F(\bar{x})$ existiert außerdem eine Schranke $c > 0$ mit $\|y\| < c$ für alle $y \in F(\bar{x})$. Wir werden einen Widerspruch erzeugen, indem wir ein $\tilde{y} \in F(\bar{x})$ mit $\|\tilde{y}\| = c$ konstruieren.

Tatsächlich gilt $\|y^k\| \geq c$ für alle hinreichend großen $k \in \mathbb{N}$. Für diese k definieren wir die Punkte $\tilde{y}^k := \bar{y} + \eta^k(y^k - \bar{y})$ mit einem beliebigen $\bar{y} \in F(\bar{x})$ sowie $\eta^k \in [0, 1]$. Dabei dürfen wir $\eta^k \in [0, 1]$ für jedes k so wählen, dass $\|\tilde{y}^k\| = c$ gilt. Die Darstellung $\eta^k = \|\tilde{y}^k - \bar{y}\| / \|y^k - \bar{y}\|$ liefert die Konvergenz von (η^k) gegen null.

Da die Folge $(\tilde{y}^k)$ in der kompakten Menge $\{y \in \mathbb{R}^n \mid \|y\| = c\}$ liegt, besitzt sie einen Häufungspunkt $\tilde{y}$ mit $\|\tilde{y}\| = c$. Wir bezeichnen die zugehörige Teilfolge von $(\tilde{y}^k)$ mit $(\tilde{y}^{k_\ell})$. Gemeinsam mit der Stetigkeit von G und der Konvexität der Funktionen $G(t^{k_\ell}, \cdot)$ folgt daraus

$$G(\bar{x}, \tilde{y}) = \lim_\ell G(x^{k_\ell}, \tilde{y}^{k_\ell}) \leq \lim_\ell \left((1 - \eta^{k_\ell}) G(x^{k_\ell}, \bar{y}) + \eta^{k_\ell} \underbrace{G(x^{k_\ell}, y^{k_\ell})}_{\leq 0} \right) = G(\bar{x}, \bar{y}) \leq 0,$$

also wie gewünscht $\tilde{y} \in F(\bar{x})$. $\qquad\square$

3.3.2 Abgeschlossenheit und lokale Beschränktheit von Minimalpunkten

Bevor wir in Abschn. 3.3.3 einen Stetigkeitsbegriff für mengenwertige Abbildungen explizit einführen, untersuchen wir vorab, wann die unrestringierte Minimalpunktabbildung S abgeschlossen und lokal beschränkt ist. Von beiden Eigenschaften werden wir sehen, dass sie eng mit der Stetigkeit von S zusammenhängen.

In den Vorüberlegungen aus Abschn. 3.1 haben wir festgestellt, dass (unter der schwachen Voraussetzung einer abgeschlossenen Zulässige-Mengen-Abbildung M) die Stetigkeit der Minimalwertfunktion v hinreichend für die Abgeschlossenheit der mengenwertigen Abbildung S ist. Die Stetigkeit von v lässt sich laut Korollar 3.2.37 wiederum durch die Stetigkeit und lokal gleichmäßige Niveaubeschränktheit von f garantieren.

Da wir mittlerweile die Aufspaltung der Stetigkeit einer Funktion in ihre Ober- und Unterhalbstetigkeit kennengelernt haben, können wir jetzt aber ausnutzen, dass die Abgeschlossenheit von S schon aus der *Oberhalb*stetigkeit von v und der *Unterhalb*stetigkeit von f folgt. Beides lässt sich schlicht durch die Stetigkeit von f garantieren, so dass die lokal gleichmäßige Niveaubeschränktheit von f an dieser Stelle gar nicht nötig ist.

3.3.17 Satz *Die Funktion $f : T \times \mathbb{R}^n \to \mathbb{R}$ sei stetig. Dann ist die Minimalpunktabbildung $S : T \rightrightarrows \mathbb{R}^n$ abgeschlossen.*

Beweis Zu zeigen ist die Abgeschlossenheit der Menge

$$
\begin{aligned}
\mathrm{gph}(S, T) &= \{(t, x) \in T \times \mathbb{R}^n \mid x \in S(t)\} \\
&= \{(t, x) \in T \times \mathbb{R}^n \mid f(t, x) = v(t)\} \\
&= \{(t, x) \in T \times \mathbb{R}^n \mid f(t, x) - v(t) \leq 0\}
\end{aligned}
$$

relativ zu $T \times \mathbb{R}^n$, wobei wir benutzt haben, dass per Definition von v die Menge $\{(t, x) \in T \times \mathbb{R}^n \mid f(t, x) < v(t)\}$ leer ist. Aus der Oberhalbstetigkeit von f folgt nach Satz 3.2.17 die Oberhalbstetigkeit von v. Mit Übung 3.2.5 erhalten wir daraus die Unterhalbstetigkeit von $-v$, und gemeinsam mit der Unterhalbstetigkeit von f und mit Übung 3.2.4 die Unterhalbstetigkeit der Funktion $f(t, x) - v(t)$ auf $T \times \mathbb{R}^n$. Lemma 3.2.10 liefert damit schließlich die Abgeschlossenheit von $\mathrm{gph}(S, T)$ relativ zu $T \times \mathbb{R}^n$. $\square$

Wie in Abschn. 3.2.4 angekündigt, stellt sich zudem heraus, dass ein Teil der hinreichenden Bedingungen für Unterhalbstetigkeit von v aus Satz 3.2.35 auch hinreichend für die lokale Beschränktheit von S ist.

3.3.18 Satz *Die Funktion $f : T \times \mathbb{R}^n \to \mathbb{R}$ sei an $\bar{t} \in T$ lokal gleichmäßig niveaubeschränkt, und mit einem Punkt $\bar{x} \in \mathbb{R}^n$ sei die Funktion $f(\cdot, \bar{x})$ oberhalbstetig an $\bar{t}$. Dann ist die Minimalpunktabbildung $S : T \rightrightarrows \mathbb{R}^n$ an $\bar{t}$ lokal beschränkt.*

Beweis Zu $\bar{\alpha} := f(\bar{t}, \bar{x}) + 1$ existiert wegen der lokal gleichmäßigen Niveaubeschränktheit von f an $\bar{t}$ eine Umgebung U von $\bar{t}$ (relativ zu T), so dass die Menge $\bigcup_{t \in U} f(t, \cdot)^{\bar{\alpha}}_{\leq}$ beschränkt ist. Aus $f(\bar{t}, \bar{x}) < \bar{\alpha}$ und der Oberhalbstetigkeit von $f(\cdot, \bar{x})$ an $\bar{t}$ folgt mit Übung 3.2.9, dass nach einer eventuellen Verkleinerung von U auch $f(t, \bar{x}) < \bar{\alpha}$ für alle $t \in U$ gilt. Demnach sind alle Niveaumengen $f(t, \cdot)^{\bar{\alpha}}_{\leq}$, $t \in U$, nichtleer, woraus $S(t) \subseteq$

$f(t, \cdot)\overset{\bar{\alpha}}{\leq}$ für jedes $t \in U$ folgt. Wir erhalten

$$\bigcup_{t \in U} S(t) \subseteq \bigcup_{t \in U} f(t, \cdot)\overset{\bar{\alpha}}{\leq}$$

und damit die lokale Beschränktheit von S an $\bar{t}$. $\qquad\square$

3.3.19 Übung Zeigen Sie mit Hilfe von Satz 3.3.17 und Satz 3.3.18, dass die Minimalpunktabbildung S aus Beispiel 1.9.1 abgeschlossen und an $\bar{t} = 0$ lokal beschränkt ist.

Satz 3.3.17 und Satz 3.3.18 zeigen, dass die hinreichenden Bedingungen für die Stetigkeit von v aus Korollar 3.2.37 auch die Abgeschlossenheit und lokale Beschränktheit von S implizieren. Nach Übung 3.3.12 lässt sich die Frage ZF4 im unrestringierten Fall also mit den Voraussetzungen der Stetigkeit und lokal gleichmäßigen Niveaubeschränktheit von f auf $T \times \mathbb{R}^n$ beantworten. Falls zusätzlich die Konvexitätsvoraussetzungen aus Korollar 3.2.40 vorliegen, lässt sich die lokal gleichmäßige Niveaubeschränktheit zur punktweisen (in t) Koerzivität von f abschwächen.

Es sei darauf hingewiesen, dass die Frage ZF4 nach der Konvergenz *globaler* Minimalpunkte gegen einen *globalen* Minimalpunkt fragt. Die analoge Frage für *lokale* Minimalpunkte lässt sich mit den Voraussetzungen aus Satz 3.3.17 und Satz 3.3.18 *nicht* beantworten. Ein Gegenbeispiel dazu lässt sich leicht aus Beispiel 3.6.6 entwickeln, das diesen Effekt für restringierte parametrische Optimierungsprobleme illustrieren wird.

Obwohl die Frage ZF4 somit für unrestringierte parametrische Optimierungsprobleme zufriedenstellend beantwortet ist, klären wir noch, ob man die Abgeschlossenheit und lokale Beschränktheit von S als *Stetigkeit* interpretieren kann. Während ein Stetigkeitskonzept für die *Minimalpunktabbildung S* nach der bereits erfolgten Beantwortung der Frage ZF4 im Rahmen dieses Lehrbuchs von untergeordneter Bedeutung ist, werden wir es in Abschn. 3.4 für die *Zulässige-Mengen-Abbildung M* benötigen, um im Anschluss restringierte parametrische Optimierungsprobleme untersuchen zu können.

Dass die Abgeschlossenheit und lokale Beschränktheit von S im Allgemeinen nicht ausreichen, um ein „stetiges Verhalten" der Minimalpunkte zu garantieren, belegt die Minimalpunktabbildung S aus Beispiel 1.9.1 (Abb. 1.7), die sowohl abgeschlossen als auch lokal beschränkt auf $\mathbb{R}$ ist, an $\bar{t} = 0$ aber eine „Sprungstelle" besitzt. Auffällig ist andererseits, dass die Unstetigkeit von S gerade für das einzige t auftritt, an dem $S(t)$ nicht *einpunktig* ist.

Tatsächlich ist für einpunktiges S der gewünschte Zusammenhang zur Stetigkeit gegeben.

3.3.20 Korollar *Die Funktion $f : T \times \mathbb{R}^n \to \mathbb{R}$ sei stetig und lokal gleichmäßig niveaubeschränkt, und $P(t)$ sei für jedes $t \in T$ nicht nur lösbar, sondern sogar eindeutig lösbar, d. h., es gelte $S(t) = \{s(t)\}$ für alle $t \in T$. Dann ist die Funktion $s : T \to \mathbb{R}^n$ stetig.*

Beweis Nach Satz 3.3.17 und Satz 3.3.18 ist $S : T \rightrightarrows \mathbb{R}^n$ abgeschlossen und lokal beschränkt. Gemeinsam mit der Einpunktigkeit von S liefert Übung 3.3.15 die Behauptung. □

3.3.3 Halbstetigkeitseigenschaften mengenwertiger Abbildungen

Im Hinblick auf die Untersuchung restringierter Probleme ab Abschn. 3.4 nehmen wir die mangelnde Stetigkeit von S in Beispiel 1.9.1 zum Anlass, punktweise Halbstetigkeitseigenschaften mengenwertiger Abbildungen einzuführen. Dies wird es auch ermöglichen, „punktweise Versionen" der bislang erzielten globalen Stabilitätsresultate zu formulieren, die in einigen Anwendungen zweckdienlicher sind.

Ein naheliegender Ansatz, den Stetigkeitsbegriff von Funktionen auf mengenwertige Abbildungen $F : X \rightrightarrows \mathbb{R}^m$ mit $X \subseteq \mathbb{R}^n$ zu übertragen, ist die Forderung, für jedes $\bar{x} \in X$ möge $F(x)$ für $x \to \bar{x}$ gegen $F(\bar{x})$ konvergieren. Etwas genauer meint man damit, dass für jede Folge $(x^k) \subseteq X$ mit $\lim_k x^k = \bar{x}$ die Mengen $F(x^k)$ gegen $F(\bar{x})$ konvergieren. Erforderlich ist also noch ein geeigneter Begriff der *Mengenkonvergenz*. Wir benutzen hier die Mengenkonvergenz im Sinne von *Painlevé-Kuratowski* (für eine ausführliche Darstellung vgl. [49]).

3.3.21 Definition (Innerer und äußerer Limes von Mengenfolgen)
Für eine Folge von Mengen (A^k) mit $A^k \subseteq \mathbb{R}^n$, $k \in \mathbb{N}$, bezeichnen

- $\liminf_k A^k$ die Menge der *Grenzpunkte* von Folgen (x^k) mit $x^k \in A^k$ für fast alle $k \in \mathbb{N}$ und
- $\limsup_k A^k$ die Menge der *Häufungspunkte* von Folgen (x^k) mit $x^k \in A^k$ für fast alle $k \in \mathbb{N}$.

Die Mengen $\liminf_k A^k$ und $\limsup_k A^k$ heißen *innerer Limes* bzw. *äußerer Limes* der Folge (A^k) (Abb. 3.7).

Abb. 3.7 Innerer und äußerer
Limes einer Mengenfolge

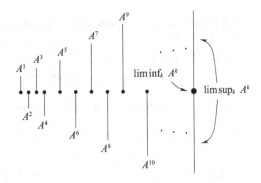

Aus der Definition der inneren und äußeren Limesmengen ist klar, dass sie (eventuell als leere Mengen) stets die Inklusion $\liminf_k A^k \subseteq \limsup_k A^k$ erfüllen. Dies erklärt die Namensgebung *innerer* und *äußerer* Limes.

3.3.22 Definition (Konvergenz im Sinne von Painlevé-Kuratowski)
Die Folge (A^k) *konvergiert gegen* A, falls $\liminf_k A^k = \limsup_k A^k = A$ gilt. In diese Fall schreiben wir kurz $\lim_k A^k = A$.

Es ist festzuhalten, dass die Menge $\lim_k A^k$ aufgrund ihrer Definition immer *abgeschlossen* ist, selbst wenn die einzelnen Mengen A^k nicht abgeschlossen sind. Als Extremfall gilt für eine konstante Folge offener Mengen $A^k \equiv B$ also nicht $\lim_k A^k = B$, sondern $\lim_k A^k = \mathrm{cl}\, B$, wobei $\mathrm{cl}\, B$ den (topologischen) Abschluss der Menge B bezeichnet. Dies wird für unsere Anwendung dieses Konvergenzbegriffs auf Stabilitätsaussagen in der parametrischen Optimierung jedoch keinen Nachteil bedeuten.

Mit Hilfe der Mengenkonvergenz können wir wie gewünscht die Stetigkeit von mengenwertigen Abbildungen einführen. Die Begriffe der inneren und äußeren Limesmengen erlauben es dabei sogar, analog zur Unter- und Oberhalbstetigkeit von Funktionen auch für mengenwertige Abbildungen zwei Konzepte zu definieren, deren gleichzeitige Gültigkeit gerade die Stetigkeit ist.

3.3.23 Definition (Innerhalb- und Außerhalbstetigkeit)

Für $X \subseteq \mathbb{R}^n$ heißt $F : X \rightrightarrows \mathbb{R}^m$ an $\bar{x} \in X$ *innerhalbstetig* (*ist.*), falls für alle Folgen $(x^k) \subseteq X$ mit $\lim_k x^k = \bar{x}$

$$\liminf_k F(x^k) \supseteq F(\bar{x})$$

gilt und *außerhalbstetig* (*ast.*), falls für alle Folgen $(x^k) \subseteq X$ mit $\lim_k x^k = \bar{x}$

$$\limsup_k F(x^k) \subseteq F(\bar{x})$$

gilt. F heißt *stetig* an $\bar{x}$, falls F an $\bar{x}$ innerhalbstetig und außerhalbstetig ist. F heißt *(auf X) innerhalbstetig/außerhalbstetig/stetig*, falls F an jedem Punkt $\bar{x} \in X$ innerhalbstetig/außerhalbstetig/stetig ist.

Die folgenden beiden Übungen liefern Charakterisierungen von Innerhalb- bzw. Außerhalbstetigkeit, die sich leichter handhaben lassen als deren Definitionen.

3.3.24 Übung Zeigen Sie die folgende Aussage: Für $X \subseteq \mathbb{R}^n$ ist $F : X \rightrightarrows \mathbb{R}^m$ an $\bar{x} \in X$ genau dann innerhalbstetig, wenn für jede Folge $(x^k) \subseteq X$ mit $\lim_k x^k = \bar{x}$ und jedes $\bar{y} \in F(\bar{x})$ eine Folge $(y^k) \subseteq \mathbb{R}^m$ mit $\lim_k y^k = \bar{y}$ existiert, so dass $y^k \in F(x^k)$ für fast alle $k \in \mathbb{N}$ gilt.

3.3.25 Übung Zeigen Sie die folgende Aussage: Für $X \subseteq \mathbb{R}^n$ ist $F : X \rightrightarrows \mathbb{R}^m$ an $\bar{x} \in X$ genau dann außerhalbstetig, wenn für jede Folge $(x^k) \subseteq X$ mit $\lim_k x^k = \bar{x}$ und jede Folge $(y^k) \subseteq \mathbb{R}^m$ mit $\lim_k y^k = \bar{y}$ und $y^k \in F(x^k)$, $k \in \mathbb{N}$, auch $\bar{y} \in F(\bar{x})$ gilt.

3.3.26 Beispiel

Betrachten Sie die Abbildung $S : [0, 2\pi] \rightrightarrows \mathbb{R}^2$ aus Beispiel 1.9.4 an der Stelle $\bar{t} = \pi/2$ (Abb. 1.9). Es gilt $S(\bar{t}) = [-1, 0] \times \{0\}$. Mit Hilfe von Übung 3.3.25 stellt man leicht die Außerhalbstetigkeit von S an $\bar{t}$ fest.

Andererseits sei ein beliebiger Punkt $\bar{x} \in S(\bar{t})$ gegeben. Dann lässt sich immer leicht eine Folge (t^k) mit $\lim_k t^k = \bar{t}$ angeben, so dass Punkte $x^k \in S(t^k)$ nicht gegen $\bar{x}$ konvergieren können. Nach Übung 3.3.24 ist S an $\bar{t}$ demnach nicht innerhalbstetig (dafür hätte dieses Verhalten schon an einem einzigen $\bar{x} \in S(\bar{t})$ gereicht), also insgesamt unstetig. ◀

Beispiel 3.3.26 zeigt übrigens, dass eine mengenwertige Abbildung unstetig sein kann, obwohl die naive Vorstellung von Stetigkeit etwas anderes besagt: Man kann gph$(S, [0, 2\pi])$ „zeichnen, ohne abzusetzen".

3.3.27 Beispiel

Betrachten Sie die Abbildung $S : [0, 2\pi] \rightrightarrows \mathbb{R}^2$ aus Beispiel 1.9.5 an der Stelle $\bar{t} = \pi/2$ (Abb. 1.11). Es gilt $S(\bar{t}) = \{(-1, 0)\}$. Mit Hilfe von Übung 3.3.24 und Übung 3.3.25 stellt man leicht fest, dass S an $\bar{t}$ weder inner- noch außerhalbstetig ist. ◄

3.3.28 Übung Zeigen Sie, dass die Zulässige-Mengen-Abbildung $M : [0, \pi] \rightrightarrows \mathbb{R}^2$ aus Beispiel 1.9.5 an $\bar{t} = \pi/2$ nicht innerhalbstetig ist.

Eine innerhalbstetige mengenwertige Abbildung wird in der Literatur zur parametrischen Optimierung auch *unterhalbstetig* oder *offen* genannt. Die in der Literatur gebräuchlichen Begriffe der *Oberhalbstetigkeit* mengenwertiger Abbildungen stimmen allerdings *nicht* mit dem der Außerhalbstetigkeit überein [29, 49]. Andererseits sind die Begriffe der Außerhalbstetigkeit und der *Abgeschlossenheit* im Sinne von Definition 3.3.3b äquivalent.

3.3.29 Proposition *Für $X \subseteq \mathbb{R}^n$ ist $F : X \rightrightarrows \mathbb{R}^m$ genau dann auf X außerhalbstetig, wenn F abgeschlossen ist.*

Beweis Per Definition besagt die Abgeschlossenheit von F, dass die Menge $\mathrm{gph}(F, X)$ abgeschlossen relativ zu $X \times \mathbb{R}^m$ ist, dass also für alle Folgen $((x^k, y^k)) \subseteq X \times \mathbb{R}^m$ mit $\lim_k(x^k, y^k) = (\bar{x}, \bar{y})$ und $\bar{x} \in X$ sowie $y^k \in F(x^k)$, $k \in \mathbb{N}$, auch $\bar{y} \in F(\bar{x})$ gilt. Mit Übung 3.3.25 folgt daraus die Behauptung. □

Wegen Proposition 3.3.29 werden die Begriffe *abgeschlossen* und *außerhalbstetig* für mengenwertige Abbildungen in der Literatur synonym gebraucht. Insbesondere nennt man eine an $\bar{x} \in X$ außerhalbstetige mengenwertige Abbildung F auch *an $\bar{x}$ abgeschlossen*. Dies ist eine stärkere Eigenschaft als die Abgeschlossen*wertigkeit* von F an $\bar{x}$.

Dass wir mit dem Konzept der Außerhalbstetigkeit die Abgeschlossenheit einer mengenwertigen Abbildung nunmehr nicht nur global, sondern auch punktweise definiert haben, erlaubt es uns im Folgenden, punktweise Stetigkeitsaussagen zu treffen. Dazu stellen wir zunächst einige „punktweise Versionen" von Resultaten bereit, die bereits als globale Aussagen bekannt sind.

3.3.30 Übung (Punktweise Version von Übung 3.3.7) Für $X \subseteq \mathbb{R}^n$ sei die mengenwertige Abbildung $F : X \rightrightarrows \mathbb{R}^m$ an $\bar{x}$ außerhalbstetig. Zeigen Sie, dass F dann an $\bar{x}$ abgeschlossenwertig ist.

3.3.31 Übung (Punktweise Version von Übung 3.3.8)   Geben Sie ein Beispiel für eine an $\bar{x} \in \mathbb{R}$ abgeschlossenwertige mengenwertige Abbildung $F : \mathbb{R} \rightrightarrows \mathbb{R}$ an, die an $\bar{x}$ nicht außerhalbstetig ist. Konstruieren Sie das Beispiel so, dass F sogar einpunktig ist.

3.3.32 Übung (Punktweise Version von Übung 3.3.12)   Die mengenwertige Abbildung $F : X \rightrightarrows \mathbb{R}^m$ mit $X \subseteq \mathbb{R}^n$ sei an $\bar{x} \in X$ außerhalbstetig und lokal beschränkt, und es seien eine Folge (x^k) mit $\lim_k x^k = \bar{x}$ sowie eine Folge (y^k) mit $y^k \in F(x^k)$, $k \in \mathbb{N}$, gegeben. Zeigen Sie dann die Existenz einer gegen ein $y^\star \in F(\bar{x})$ konvergenten Teilfolge von (y^k).

3.3.33 Übung (Punktweise Version von Übung 3.3.15)   Gegeben sei eine Funktion $f : X \rightarrow \mathbb{R}^m$ mit $X \subseteq \mathbb{R}^n$. Zeigen Sie, dass f genau dann an $\bar{x} \in X$ stetig ist, wenn die einpunktige mengenwertige Abbildung $F : X \rightrightarrows \mathbb{R}^m$, $x \mapsto \{f(x)\}$ an $\bar{x}$ außerhalbstetig und lokal beschränkt ist.

Ein Analogon zur Aussage von Übung 3.3.33 gilt für mehrpunktige mengenwertige Abbildungen *nicht*. Lokale Beschränktheit ist neben Inner- und Außerhalbstetigkeit also ein *drittes zentrales Element* in Stabilitätsuntersuchungen mengenwertiger Abbildungen.

3.3.34 Übung   Geben Sie ein Beispiel einer mengenwertigen Abbildung $F : \mathbb{R} \rightrightarrows \mathbb{R}$ an, die an $\bar{x} = 0$ zwar stetig, aber nicht lokal beschränkt ist.

Beachten Sie, dass wir mit den bislang zur Verfügung stehenden Techniken noch keine punktweisen Versionen von Satz 3.3.17 und Korollar 3.3.20 angeben können, da hierfür hinreichende Bedingungen für die punktweise Stetigkeit der Minimalwertfunktion erforderlich wären. Mit diesen befassen wir uns erst in Abschn. 3.5.

Wegen ihrer Übereinstimmung mit Abgeschlossenheit können wir schließen, dass die Außerhalbstetigkeit einer mengenwertigen Abbildung zumindest in Anwendungen der parametrischen Optimierung häufig eine schwache Voraussetzung ist. Wie bereits gesehen ist beispielsweise die Zulässige-Mengen-Abbildung M außerhalbstetig, sofern sie durch stetige Restriktionsfunktionen beschrieben wird. Auch zeigen Beispiel 1.9.1, Beispiel 1.9.4 und Übung 1.9.6, dass die Minimalpunktabbildung S häufig außerhalbstetig ist.

Leider kann man ohne weitere Voraussetzungen nicht so häufig auch die Innerhalbstetigkeit von mengenwertigen Abbildungen wie M und S erwarten. Die folgenden beiden Übungen illustrieren zunächst zwei Eigenschaften unserer bisherigen Definition von Innerhalbstetigkeit, die eine leichte Abschwächung dieses Konzepts motivieren.

3.3.35 Übung   Zeigen Sie, dass eine mengenwertige Abbildung $F : X \rightrightarrows \mathbb{R}^m$ an jedem Punkt $\bar{x} \in X \setminus \mathrm{dom}(F, X)$ trivialerweise innerhalbstetig ist.

3.3.36 Übung Zeigen Sie, dass die Innerhalbstetigkeit einer mengenwertigen Abbildung $F : X \rightrightarrows \mathbb{R}^m$ an $\bar{x} \in \mathrm{dom}(F, X)$ impliziert, dass $\bar{x}$ innerer Punkt von $\mathrm{dom}(F, X)$ relativ zu X ist.

Übung 3.3.36 zeigt, dass Innerhalbstetigkeit einer mengenwertigen Abbildung an Randpunkten ihres effektiven Definitionsbereichs im bisherigen Sinne nicht möglich ist. In Abschn. 3.5 wird die Innerhalbstetigkeit der Zulässige-Mengen-Abbildung M insbesondere an Randpunkten von $\mathrm{dom}(M, T)$ aber wichtig dafür sein, die Stetigkeit restringierter Optimalwertfunktionen v nicht nur im Inneren, sondern auch am Rand der Menge $\mathrm{dom}(M, T)$ nachweisen zu können.

Dies motiviert die folgende Definition, mit deren Hilfe wir die Innerhalbstetigkeit einer mengenwertigen Abbildung auf ihrem gesamten effektiven Definitionsbereich $\mathrm{dom}(F, X)$ betrachten können (während sie außerhalb von $\mathrm{dom}(F, X)$ nach Übung 3.3.35 uninteressant ist). Wir modifizieren dazu die Charakterisierung der Innerhalbstetigkeit aus Übung 3.3.24.

3.3.37 Definition (Innerhalbstetigkeit relativ zum effektiven Definitionsbereich)
Für $X \subseteq \mathbb{R}^n$ heißt $F : X \rightrightarrows \mathbb{R}^m$ an $\bar{x} \in \mathrm{dom}(F, X)$ *innerhalbstetig relativ zu* $\mathrm{dom}(F, X)$, falls für jede Folge $(x^k) \subseteq \mathrm{dom}(F, X)$ mit $\lim_k x^k = \bar{x}$ und jedes $\bar{y} \in F(\bar{x})$ eine Folge $(y^k) \subseteq \mathbb{R}^m$ mit $\lim_k y^k = \bar{y}$ existiert, so dass $y^k \in F(x^k)$ für fast alle $k \in \mathbb{N}$ gilt.

Für jeden inneren Punkt $\bar{x}$ von $\mathrm{dom}(F, X)$ relativ zu X stimmen die Begriffe der Innerhalbstetigkeit und der Innerhalbstetigkeit relativ zu $\mathrm{dom}(F, X)$ überein, während Randpunkte $\bar{x}$ von $\mathrm{dom}(F, X)$ relativ zu X mit der Innerhalbstetigkeit relativ zu $\mathrm{dom}(F, X)$ nur eine schwächere Eigenschaft erfüllen müssen als die laut Übung 3.3.36 unerfüllbare Innerhalbstetigkeit. Definition 3.3.37 ist also anwendungsrelevanter und wird gleichzeitig für unsere Anwendungen in der Stabilitätsanalyse parametrischer Optimierungsprobleme ausreichen.

3.3.38 Übung Zeigen Sie, dass die Zulässige-Mengen-Abbildung $M : \mathbb{R} \rightrightarrows \mathbb{R}$ aus Übung 1.9.6c an den beiden Punkten $\bar{t} \in \{-1/\sqrt{2}, 1\}$ nicht innerhalbstetig, aber innerhalbstetig relativ zu $\mathrm{dom}\, M$ ist (Abb. 5.6).

3.3.39 Übung Zeigen Sie, dass für eine mengenwertige Abbildung $F : X \rightrightarrows \mathbb{R}^m$ mit $\mathrm{dom}(F, X) = X$ die Konzepte der Innerhalbstetigkeit und der Innerhalbstetigkeit relativ zu $\mathrm{dom}(F, X)$ an jedem $\bar{x} \in X$ übereinstimmen.

Wir geben im Folgenden zwei hinreichende Bedingungen für die Innerhalbstetigkeit einer mengenwertigen Abbildung relativ zu ihrem effektiven Definitionsbereich an.

In Übung 3.3.33 haben wir gesehen, dass unter *Einpunktigkeit* von F auf X die Außerhalbstetigkeit und lokale Beschränktheit von F an $\bar{x} \in X$ bereits die Stetigkeit der zugehörigen Funktion f an $\bar{x}$ charakterisieren. Es ist zu erwarten, dass daraus wiederum die Innerhalbstetigkeit von F folgt. Tatsächlich folgt die Innerhalbstetigkeit von F relativ zu $\mathrm{dom}(F, X)$ sogar schon dann aus der Außerhalbstetigkeit und der lokalen Beschränktheit von F an $\bar{x}$, wenn F *nur* an $\bar{x}$ einpunktig ist.

3.3.40 Proposition *Die mengenwertige Abbildung* $F : X \rightrightarrows \mathbb{R}^m$ *sei an* $\bar{x} \in X$ *einpunktig, lokal beschränkt und außerhalbstetig. Dann ist* F *an* $\bar{x}$ *auch innerhalbstetig relativ zu* $\mathrm{dom}(F, X)$.

Beweis Aus der Einpunktigkeit von F an $\bar{x}$ folgt zunächst $\bar{x} \in \mathrm{dom}(F, X)$. Gegeben seien nun eine Folge $(x^k) \subseteq \mathrm{dom}(F, X)$ mit $\lim_k x^k = \bar{x}$ und der eindeutige Punkt $\bar{y} \in F(\bar{x})$. Wegen $x^k \in \mathrm{dom}(F, X)$ dürfen wir für jedes $k \in \mathbb{N}$ ein (beliebiges) $y^k \in F(x^k)$ wählen. Wegen der Außerhalbstetigkeit und lokalen Beschränktheit von F an $\bar{x}$ besitzt (y^k) nach Übung 3.3.32 einen Häufungspunkt $y^\star \in F(\bar{x}) = \{\bar{y}\}$. Letzteres gilt auch für jeden anderen ihrer Häufungspunkte, so dass die Folge (y^k) wie gewünscht gegen $\bar{y}$ konvergiert.   □

3.3.41 Übung Ist Proposition 3.3.40 geeignet, um für die Zulässige-Mengen-Abbildung $M : \mathbb{R} \rightrightarrows \mathbb{R}$ aus Übung 1.9.6c an den Punkten $\bar{t} \in \{-1/\sqrt{2}, 1\}$ die Innerhalbstetigkeit relativ zu $\mathrm{dom}(M, \mathbb{R})$ zu zeigen?

Eine zweite hinreichende Bedingung für Innerhalbstetigkeit einer mengenwertigen Abbildung relativ zum effektiven Definitionsbereich gibt die folgende Übung an.

3.3.42 Übung Die mengenwertige Abbildung $F : X \rightrightarrows \mathbb{R}^m$ sei an $\bar{x} \in X$ lokal konstantwertig mit Wert $Y \neq \emptyset$. Zeigen Sie, dass dann F an $\bar{x}$ innerhalbstetig relativ zu $\mathrm{dom}(F, X)$ ist.

Die lokale Konstantwertigkeit der Zulässige-Mengen-Abbildung M eines parametrischen Optimierungsproblems P liegt insbesondere dann an jedem $\bar{t} \in T$ vor, wenn nur die Zielfunktion f parameterabhängig ist, die zulässige Menge aber nicht.

Leider findet man in vielen anderen Anwendungen der parametrischen Optimierung weder Einpunktigkeit noch lokale Konstantwertigkeit vor, um die Innerhalbstetigkeit einer mengenwertigen Abbildung wie M oder S zu zeigen. Falls die mengenwertige Abbildung eine funktionale Beschreibung besitzt, etwa als Zulässige-Mengen-Abbildung M, werden wir weitere hinreichende Bedingungen für ihre Innerhalbstetigkeit in Form von Constraint Qualifications in Abschn. 3.4.3 kennenlernen.

Starke Konvexitätsvoraussetzungen erlauben schwache hinreichende Bedingungen für die Innerhalbstetigkeit von F. Beispielsweise folgt für mengenwertige Abbildungen F mit konvexem Graphen $\text{gph}(F, X)$ die Innerhalbstetigkeit relativ zu $\text{dom}(F, X)$ von F an $\bar{x}$ aus der *lokalen Polyedralität* der Menge $\text{dom}(F, X)$ an $\bar{x}$, d. h., in einer Umgebung von $\bar{x}$ besitzt die Menge $\text{dom}(F, X)$ eine funktionale Beschreibung als Polyeder. Insbesondere ist im Fall $n = 1$ die Menge $\text{dom}(F, X)$ an jedem Punkt lokal polyedrisch, wenn sie mit einem abgeschlossenen Intervall übereinstimmt (für Einzelheiten vgl. [60]).

Wir beenden diesen Abschnitt mit einer geometrisch intuitiven *notwendigen* Bedingung für Innerhalbstetigkeit. Dafür erinnern wir an die Definition einer geometrischen Approximation erster Ordnung an eine Menge $X \subseteq \mathbb{R}^n$ im Punkt $\bar{x} \in X$ [56]: Die Richtung $d \in \mathbb{R}^n$ liegt im *äußeren Tangentialkegel* $C(\bar{x}, X)$ an X in $\bar{x}$, falls Folgen $(d^k) \subseteq \mathbb{R}^n$ mit $\lim_k d^k = d$ und $(\tau^k) \subseteq \{\tau \in \mathbb{R} \mid \tau > 0\}$ mit $\lim_k \tau^k = 0$ existieren, so dass $\bar{x} + \tau^k d^k \in X$ für alle $k \in \mathbb{N}$ gilt. Es ist leicht zu sehen, dass $C(\bar{x}, X)$ für innere Punkte $\bar{x}$ von X mit ganz $\mathbb{R}^n$ übereinstimmt.

3.3.43 Proposition *Die mengenwertige Abbildung* $F : X \rightrightarrows \mathbb{R}^m$ *sei an* $\bar{x} \in \text{dom}(F, X)$ *innerhalbstetig relativ zu* $\text{dom}(F, X)$. *Dann ist für kein* $d \in C(\bar{x}, \text{dom}(F, X)) \setminus \{0\}$ *und kein* $y \in F(\bar{x})$ *der Punkt* $(\bar{x}, y)$ *lokaler Maximalpunkt des Problems*

$$\max_{x, y} \langle d, x \rangle \quad \text{s.t.} \quad (x, y) \in \text{gph}(F, X).$$

Beweis Angenommen, die Behauptung ist falsch. Dann existieren ein $d \in C(\bar{x}, \text{dom}(F, X)) \setminus \{0\}$ und ein $\bar{y} \in F(\bar{x})$, so dass $(\bar{x}, \bar{y})$ lokaler Maximalpunkt von $\langle d, x \rangle$ auf $\text{gph}(F, X)$ ist. Wegen $d \in C(\bar{x}, \text{dom}(F, X))$ existieren eine Folge $(d^k) \subseteq \mathbb{R}^n$ mit $\lim_k d^k = d$ und eine Folge $\tau^k \subseteq \{\tau \in \mathbb{R} \mid \tau > 0\}$ mit $\lim_k \tau^k = 0$, so dass $(x^k := \bar{x} + \tau^k d^k) \subseteq \text{dom}(F, X)$ gilt. Wegen $\lim_k x^k = \bar{x}$ und der Innerhalbstetigkeit relativ zu $\text{dom}(F, X)$ von F an $\bar{x}$ gibt es eine Folge $(y^k) \subseteq \mathbb{R}^m$ mit $\lim_k y^k = \bar{y}$ und $y^k \in F(x^k)$ für fast alle $k \in \mathbb{N}$.

Aufgrund der lokalen Maximalität von $(\bar{x}, \bar{y})$ existiert ferner eine Umgebung V von $(\bar{x}, \bar{y})$, so dass $\langle d, x \rangle \leq \langle d, \bar{x} \rangle$ für alle $(x, y) \in \text{gph}(F, X) \cap V$ gilt. Die Konvergenz der Folge $((x^k, y^k))$ gegen $(\bar{x}, \bar{y})$ impliziert, dass (x^k, y^k) für fast alle $k \in \mathbb{N}$ in V liegt, so dass wir insgesamt $(x^k, y^k) \in \text{gph}(F, X) \cap V$ und damit

$$0 \geq \langle d, x^k - \bar{x} \rangle = \tau^k \langle d, d^k \rangle$$

für fast alle $k \in \mathbb{N}$ erhalten. Wegen $\lim_k d^k = d \neq 0$ sind andererseits sowohl τ^k als auch $\langle d, d^k \rangle$ für fast alle $k \in \mathbb{N}$ positiv, so dass wir die Annahme zu einem Widerspruch geführt haben. $\qquad\square$

3.3.4 Stetigkeit von Minimalpunkten

Wir fassen in diesem Abschnitt die bislang gefundenen Resultate zu Stetigkeitseigenschaften der Minimalpunktabbildung S zusammen. Zu diesen Eigenschaften zählen ihre Außerhalb- und Innerhalbstetigkeit sowie ihre lokale Beschränktheit. Während Aussagen zur Innerhalbstetigkeit und lokalen Beschränktheit hier bereits punktweise möglich sind, können wir einige Resultate zur Außerhalbstetigkeit bislang nur global angeben. Dies ist auf die zugrunde liegende geometrische Herleitung der globalen Stetigkeitseigenschaften der Minimalwertfunktion zurückzuführen und wird erst in Abschn. 3.5 abgeschwächt.

Zur lokalen Beschränktheit von S halten wir das folgende Ergebnis fest. Teil a ist gerade die Aussage von Satz 3.3.18, und Teil b folgt aus der Kombination von Teil a mit Satz 3.2.36.

3.3.44 Korollar   *Die Minimalpunktabbildung $S : T \rightrightarrows \mathbb{R}^n$ ist unter jeder der beiden folgenden Voraussetzungen an $\bar{t} \in T$ lokal beschränkt:*

a) *Die Funktion $f : T \times \mathbb{R}^n \to \mathbb{R}$ ist an $\bar{t}$ lokal gleichmäßig niveaubeschränkt, und mit einem Punkt $\bar{x} \in \mathbb{R}^n$ ist die Funktion $f(\cdot, \bar{x})$ oberhalbstetig an $\bar{t}$.*
b) *Mit einer Umgebung U von $\bar{t}$ (relativ zu T) sind alle Funktionen $f(t, \cdot), t \in U$, auf $\mathbb{R}^n$ konvex, f ist an jedem Punkt in $\{\bar{t}\} \times \mathbb{R}^n$ stetig, und die Funktion $f(\bar{t}, \cdot)$ ist koerziv.*

Außerdem besagt Proposition 3.3.29, dass Satz 3.3.17 tatsächlich eine Stabilitätsaussage zu S im Sinne der Stetigkeit mengenwertiger Abbildungen trifft. Er gibt nämlich gerade eine hinreichende Bedingung für die globale *Außerhalbstetigkeit* der Minimalpunktabbildung S an.

3.3.45 Korollar   *Die Minimalpunktabbildung $S : T \rightrightarrows \mathbb{R}^n$ ist außerhalbstetig, falls die Funktion $f : T \times \mathbb{R}^n \to \mathbb{R}$ stetig ist.*

Hinreichende Bedingungen für die Innerhalbstetigkeit von S aus Übung 3.3.42 und Proposition 3.3.40 in Kombination mit Korollar 3.3.45 und Korollar 3.3.44 fasst das folgende Korollar zusammen.

3.3.46 Korollar *Die Minimalpunktabbildung $S : T \rightrightarrows \mathbb{R}^n$ ist unter jeder der drei folgenden Voraussetzungen an $\bar{t} \in \mathrm{dom}(S, T)$ innerhalbstetig relativ zu $\mathrm{dom}(S, T)$:*

a) *Die Abbildung S ist an $\bar{t}$ lokal konstantwertig mit Wert $X \neq \emptyset$.*

b) *Die Funktion f ist auf $T \times \mathbb{R}^n$ stetig sowie an $\bar{t}$ lokal gleichmäßig niveaubeschränkt, und das Optimierungsproblem $P(\bar{t})$ ist eindeutig lösbar.*

c) *Die Funktion f ist auf $T \times \mathbb{R}^n$ stetig, mit einer Umgebung U von $\bar{t}$ (relativ zu T) sind alle Funktionen $f(t, \cdot)$, $t \in U$, auf $\mathbb{R}^n$ konvex, die Funktion $f(\bar{t}, \cdot)$ ist koerziv, und das Optimierungsproblem $P(\bar{t})$ ist eindeutig lösbar.*

Da Voraussetzung b und c in Korollar 3.3.46 die Außerhalbstetigkeit von S auf ganz T sowie die lokale Beschränktheit von S an $\bar{t}$ nach sich ziehen, erhalten wir unter diesen Voraussetzungen gleichzeitig die *Stetigkeit* und lokale Beschränktheit von S an $\bar{t}$. In der Situation der Voraussetzung a in Korollar 3.3.46 muss man für dieselbe Schlussfolgerung fordern, dass die Menge X zusätzlich beschränkt und abgeschlossen (also kompakt) ist.

3.4 Stetigkeitseigenschaften der Zulässige-Mengen-Abbildung

In Abschn. 3.5 und Abschn. 3.6 werden wir die Minimalwertfunktion v beziehungsweise die Minimalpunktabbildung S des in Abschn. 2.1 eingeführten allgemeinen *restringierten* Problems

$$P(t): \quad \min_{x \in \mathbb{R}^n} f(t, x) \quad \text{s.t.} \quad x \in M(t)$$

mit

$$M(t) = \{x \in \mathbb{R}^n | \, g_i(t, x) \leq 0, \, i \in I, \, h_j(t, x) = 0, \, j \in J\}$$

und $t \in T \subseteq \mathbb{R}^r$ auf punktweise Stetigkeitseigenschaften untersuchen. Dazu werden wir häufig Stetigkeitseigenschaften der Zulässige-Mengen-Abbildung $M : T \rightrightarrows \mathbb{R}^n$ fordern müssen.

In Abschn. 3.2 und Abschn. 3.3 zu unrestringierten Problemen besaß M eine sehr einfache Gestalt, nämlich den für alle $t \in T$ konstanten Wert $M(t) = \mathbb{R}^n$, woraus $\mathrm{dom}(M, T) = T$ und mit den Ergebnissen aus Abschn. 3.3.3 die Stetigkeit von M auf T folgen. Dass in diesem Fall andererseits die lokale Beschränktheit von M an jedem Punkt in T verletzt ist, hat dort zur Notwendigkeit geführt, die lokal gleichmäßige Niveaubeschränktheit der Zielfunktion f einzuführen.

Der vorliegende Abschnitt gibt hinreichende Bedingungen für die lokale Beschränktheit (Abschn. 3.4.1), Außerhalbstetigkeit (Abschn. 3.4.2) und Innerhalbstetigkeit (Abschn. 3.4.3) der Zulässige-Mengen-Abbildung M eines restringierten parametrischen Optimierungsproblems P an.

Vorab erinnern wir daran, dass die Menge $\text{dom}(M, T)$ laut Übung 3.3.14 abgeschlossen relativ zu T ist, sofern M eine abgeschlossene und lokal beschränkte mengenwertige Abbildung ist.

3.4.1 Lokale Beschränktheit der Zulässige-Mengen-Abbildung

Eine direkt aus der Definition von lokaler Beschränktheit folgende hinreichende (und notwendige) Bedingung für die lokale Beschränktheit von M an $\bar{t} \in T$ ist die Existenz einer Umgebung U von $\bar{t}$ (relativ zu T) und einer beschränkten Menge $X \subseteq \mathbb{R}^n$ mit $M(t) \subseteq X$ für alle $t \in U$.

Alternativ können wir unter gewissen Konvexitätsvoraussetzungen Satz 3.3.16 heranziehen, um im nächsten Resultat die lokale Beschränktheit von M an $\bar{t}$ bereits aus der Beschränktheit von $M(\bar{t})$ zu schließen. Genauer gesagt sind dort für gewisse $t \in T$ alle Funktionen $g_i(t, \cdot)$, $i \in I$, auf $\mathbb{R}^n$ konvex und alle Funktionen $h_j(t, \cdot)$, $j \in J$, auf $\mathbb{R}^n$ linear, was die Konvexität der Mengen

$$M(t) = \{x \in \mathbb{R}^n \mid g_i(t, x) \leq 0, \ i \in I, \ h_j(t, x) = 0, \ j \in J\}$$

impliziert. Die Mengen $M(t)$ nennen wir dann *konvex beschrieben* [55, 56]. Falls eine Umgebung U von $\bar{t}$ (relativ zu T) existiert, so dass $M(t)$ für alle $t \in U$ konvex beschrieben ist, nennen wir die mengenwertige Abbildung M an $\bar{t}$ *lokal (relativ zu T) konvex beschrieben*.

3.4.1 Satz *Zu $\bar{t} \in \text{dom}(M, T)$ seien die Funktionen g_i, $i \in I$, h_j, $j \in J$, an jedem Punkt in $\{\bar{t}\} \times \mathbb{R}^n$ stetig, M sei an $\bar{t}$ lokal (relativ zu T) konvex beschrieben, und die Menge $M(\bar{t})$ sei beschränkt. Dann ist M an $\bar{t}$ lokal beschränkt.*

Beweis Mit einer nach Voraussetzung existierenden Umgebung U von $\bar{t}$ (relativ zu T), so dass die Mengen $M(t)$ für alle $t \in U$ konvex beschrieben sind, definieren wir auf $U \times \mathbb{R}^n$ die Funktion

$$G(t, x) := \max \left\{ \max_{i \in I} g_i(t, x), \ \max_{j \in J} h_j(t, x), \ \max_{j \in J}(-h_j(t, x)) \right\}.$$

Dann ist G an jedem Punkt in $\{\bar{t}\} \times \mathbb{R}^n$ als Maximum stetiger Funktionen selbst stetig, $G(t, \cdot)$ ist für jedes $t \in U$ als Maximum konvexer Funktionen selbst konvex auf $\mathbb{R}^n$, und für alle $t \in U$ gilt $M(t) = \{x \in \mathbb{R}^n \mid G(t, x) \leq 0\}$. Die Behauptung folgt daher aus Satz 3.3.16. $\square$

Angemerkt sei, dass im Beweis zu Satz 3.4.1 die Aufspaltung der Gleichungen $h_j(t, x) = 0$, $j \in J$, in jeweils zwei Ungleichungen problemlos möglich ist, weil hier keine Constraint Qualifications für die Mengen $M(t)$ benötigt werden. Im Gegensatz dazu werden wir in Abschn. 3.4.3 anders vorgehen müssen.

3.4.2 Außerhalbstetigkeit der Zulässige-Mengen-Abbildung

Die Außerhalbstetigkeit der mengenwertigen Abbildung M erhalten wir unter schwachen Voraussetzungen.

3.4.2 Proposition *Für $\bar{t} \in T$ seien die Funktionen g_i, $i \in I$, an jedem Punkt in $\{\bar{t}\} \times \mathbb{R}^n$ unterhalbstetig, und die Funktionen h_j, $j \in J$, seien an jedem Punkt in $\{\bar{t}\} \times \mathbb{R}^n$ stetig. Dann ist M an $\bar{t}$ außerhalbstetig.*

Beweis Gegeben seien eine Folge $(t^k) \subseteq T$ mit $\lim_k t^k = \bar{t}$ und eine Folge $(x^k) \subseteq \mathbb{R}^n$ mit $\lim_k x^k = \bar{x}$ und $x^k \in M(t^k)$ für alle $k \in \mathbb{N}$. Nach Übung 3.3.25 ist die Behauptung bewiesen, wenn wir $\bar{x} \in M(\bar{t})$ zeigen können.

Tatsächlich erhalten wir für jedes $k \in \mathbb{N}$ aus der Forderung $x^k \in M(t^k)$ die Ungleichungen $g_i(t^k, x^k) \le 0$, $i \in I$, sowie die Gleichungen $h_j(t^k, x^k) = 0$, $j \in J$. Die Unterhalbstetigkeit von g_i an $(\bar{t}, \bar{x})$ liefert für jedes $i \in I$

$$0 \ge \liminf_k g_i(t^k, x^k) \ge g_i(\bar{t}, \bar{x}),$$

und die Stetigkeit von h_j an $(\bar{t}, \bar{x})$ ergibt für jedes $j \in J$

$$0 = \lim_k h_j(t^k, x^k) = h_j(\bar{t}, \bar{x}).$$

Dies bedeutet wie gewünscht $\bar{x} \in M(\bar{t})$. $\qquad\square$

3.4.3 Innerhalbstetigkeit der Zulässige-Mengen-Abbildung

Als hinreichende Bedingungen für die Innerhalbstetigkeit (relativ zu $\mathrm{gph}(M, T)$) von M an $\bar{t} \in \mathrm{dom}(M, T)$ können wir aus Abschn. 3.3.3 zunächst die beiden folgenden Aussagen übertragen. Satz 3.4.3 folgt aus Proposition 3.3.40, Satz 3.4.1 und Proposition 3.4.2.

3.4.3 Satz *Zu $\bar{t} \in \mathrm{dom}(M, T)$ seien die Funktionen g_i, $i \in I$, h_j, $j \in J$, an jedem Punkt in $\{\bar{t}\} \times \mathbb{R}^n$ stetig, M sei an $\bar{t}$ lokal (relativ zu T) konvex beschrieben, und die Menge $M(\bar{t})$ sei einpunktig. Dann ist M an $\bar{t}$ nicht nur lokal beschränkt und außerhalbstetig, sondern auch innerhalbstetig relativ zu $\mathrm{gph}(M, T)$.*

Auf die Voraussetzung der lokal um $\bar{t}$ konvex beschriebenen zulässigen Mengen kann man in Satz 3.4.3 verzichten, wenn die lokale Beschränktheit von M an $\bar{t}$ aus anderen Gründen klar ist (die Funktionen g_i, $i \in I$, brauchen dann an jedem Punkt in $\{\bar{t}\} \times \mathbb{R}^n$ auch nur unterhalbstetig zu sein).

3.4.4 Übung Die mengenwertige Abbildung $M : T \rightrightarrows \mathbb{R}^n$ sei an $\bar{t} \in \mathrm{dom}(M, T)$ lokal konstantwertig mit Wert $X \neq \emptyset$. Zeigen Sie, dass dann M an $\bar{t}$ innerhalbstetig relativ zu $\mathrm{dom}(M, T)$ ist.

Satz 3.4.3 und Übung 3.4.4 machen im Wesentlichen nur von der Geometrie, aber nicht an zentraler Stelle von der funktionalen Beschreibung von M Gebrauch. Die Formulierungen weiterer Voraussetzungen für die Innerhalbstetigkeit von M nutzen stattdessen diese funktionale Beschreibung stärker aus. Dazu erinnern wir daran, dass der „gutartige" Zusammenhang von Geometrie und funktionaler Beschreibung einer Menge mit Hilfe von *Constraint Qualifications* garantiert werden kann [56].

Constraint Qualifications dienen in der Optimierungstheorie dabei zunächst einem *algebraischen* Zweck, nämlich im Satz von Fritz John das Verschwinden des Multiplikators vor dem Gradienten der Zielfunktion zu verhindern, um so den für Anwendungen zentralen Satz von Karush-Kuhn-Tucker zu erhalten [56]. Wie sich im Folgenden erweisen wird, haben Constraint Qualifications aber auch eine wichtige *topologische* Bedeutung, denn sie garantieren die Innerhalbstetigkeit von M in parametrischen Optimierungsproblemen.

Einem Ansatz aus [61] folgend definieren wir zunächst eine abstrakte Constraint Qualification für parameterunabhängige zulässige Mengen. Wir werden sehen, dass sie für zwei wichtige konkrete Constraint Qualifications erfüllt ist.

Im Folgenden wird es günstig sein, die Funktionen g_i, $i \in I$, und h_j, $j \in J$, zu Vektoren g bzw. h zusammenzufassen. Es sei daran erinnert, dass wir die Mächtigkeiten der Indexmengen I und J mit p bzw. $q < n$ bezeichnen.

3.4.5 Definition (Sequentielle Slater-Bedingung)
Für Funktionen $g : \mathbb{R}^n \to \mathbb{R}^p$ und $h : \mathbb{R}^n \to \mathbb{R}^q$ sei $M = \{x \in \mathbb{R}^n \,|\, g(x) \leq 0,\ h(x) = 0\}$. Dann ist an $\bar{x} \in M$ die *sequentielle Slater-Bedingung* (*SSB*) erfüllt, falls h an $\bar{x}$ stetig differenzierbar ist, die Jacobi-Matrix $Dh(\bar{x})$ den vollen Rang q besitzt und eine Folge $(x^k) \subseteq \mathbb{R}^n$ mit $\lim_k x^k = \bar{x}$ sowie $g(x^k) < 0$ und $h(x^k) = 0$ für alle $k \in \mathbb{N}$ existiert.

Grob gesagt muss sich in Definition 3.4.5 der Punkt $\bar{x} \in M$ durch Slater-Punkte von M approximieren lassen, ohne notwendigerweise selbst Slater-Punkt zu sein. Dazu sei daran erinnert [55], dass die Menge M die *Slater-Bedingung* (SB) erfüllt, falls die Jacobi-Matrix $Dh(x)$ für alle $x \in M$ den vollen Rang q besitzt und ein Punkt $x^\star \in M$ mit $g(x^\star) < 0$ und $h(x^\star) = 0$ existiert. Jeder solcher Punkt $x^\star$ wird *Slater-Punkt* von M genannt.

Die SB ist die zentrale Constraint Qualification für konvexe Optimierungsprobleme. Während die SB eine *globale* Constraint Qualification an die gesamte Menge M ist, handelt es sich bei der SSB um eine *lokale* Constraint Qualification am gegebenen Punkt $\bar{x} \in M$.

3.4.6 Übung Betrachten Sie noch einmal die Zulässige-Mengen-Abbildung $M : [0, 2\pi]$ $\rightrightarrows \mathbb{R}^2$ aus Beispiel 1.9.5. Identifizieren Sie die $M(t)$ definierenden Funktionen g_i, $i \in I$, und zeigen Sie deren Konvexität in x. Für welche $t \in [0, 2\pi]$ erfüllt $M(t)$ die SB?

Eine Aufspaltung der Gleichungs- in jeweils zwei Ungleichungsrestriktionen ist weder bei der SB noch bei der SSB möglich, weil die neuen Ungleichungen sich definitionsgemäß gerade *nicht* strikt erfüllen lassen. Daher müssen wir die Gleichungsrestriktionen im Folgenden explizit berücksichtigen und werden dazu die Mengen $M(t)$ bei Bedarf als $M(t) = G(t) \cap H(t)$ mit

$$G(t) := \{x \in \mathbb{R}^n | \, g_i(t, x) \le 0, \, i \in I\},$$
$$H(t) := \{x \in \mathbb{R}^n | \, h_j(t, x) = 0, \, j \in J\}$$

schreiben.

Die folgenden beiden Resultate zeigen zunächst, dass die sequentielle Slater-Bedingung jeweils schwächer als die Slater-Bedingung und die Mangasarian-Fromowitz-Bedingung ist.

3.4.7 Lemma *Die Menge $M = \{x \in \mathbb{R}^n | \, g(x) \le 0, \, h(x) = 0\}$ sei konvex beschrieben und erfülle die SB. Dann gilt an jedem Punkt $\bar{x} \in M$ die SSB.*

Beweis Es sei $\bar{x} \in M$. Da M konvex beschrieben ist, folgt aus der Linearität von h die stetige Differenzierbarkeit von h an $\bar{x}$. Aus der Gültigkeit der SB in M erhalten wir außerdem rang $Dh(\bar{x}) = q$ (wobei die Jacobi-Matrix Dh nicht vom Punkt $\bar{x}$ abhängt). Mit einem Slater-Punkt $x^\star$ von M setzen wir für jedes $k \in \mathbb{N}$

$$x^k := \left(1 - \frac{1}{k}\right) \bar{x} + \frac{1}{k} x^\star.$$

Dann impliziert die Konvexität von g_i für jedes $i \in I$ und jedes $k \in \mathbb{N}$

$$g_i(x^k) \leq \underbrace{\left(1 - \frac{1}{k}\right) g_i(\bar{x})}_{\leq 0} + \underbrace{\frac{1}{k} g_i(x^\star)}_{<0} < 0,$$

und aus der Linearität von h folgt für alle $k \in \mathbb{N}$

$$h(x^k) = \left(1 - \frac{1}{k}\right) \underbrace{h(\bar{x})}_{=0} + \frac{1}{k} \underbrace{h(x^\star)}_{=0} = 0.$$

Damit ist die Behauptung gezeigt.   □

Falls die Funktionen g und h in der funktionalen Beschreibung von M zwar nicht wie in Lemma 3.4.7 konvexe Komponenten besitzen bzw. linear sind, aber wenigstens stetige Differenzierbarkeit vorliegt, so steht als eine weitere zentrale Constraint Qualification die *Mangasarian-Fromowitz-Bedingung* (MFB) zur Verfügung [56]. Im Gegensatz zur SB wird sie nicht global für M formuliert, sondern punktweise: An $\bar{x} \in M$ gilt die MFB, falls rang $Dh(\bar{x}) = q$ gilt und falls ein Vektor $d \in \ker Dh(\bar{x})$ mit

$$\langle \nabla g_i(\bar{x}), d \rangle < 0, \ i \in I_0(\bar{x}),$$

existiert. Dabei bezeichnet $I_0(\bar{x}) = \{i \in I \,|\, g_i(\bar{x}) = 0\}$ wieder die Menge der aktiven Indizes von $\bar{x}$ in M.

Obwohl die SB eine globale und die MFB eine lokale Aussage trifft, sind sie für gleichzeitig konvex und stetig differenzierbar beschriebene Mengen M in gewissem Sinne äquivalent [56]. Daher ist die folgende Aussage wenig überraschend, obwohl ihr Beweis erheblich aufwendiger ist als derjenige von Lemma 3.4.7.

3.4.8 Lemma *An $\bar{x} \in M = \{x \in \mathbb{R}^n \,|\, g(x) \leq 0, \ h(x) = 0\}$ seien die Funktionen g und h stetig differenzierbar, und an $\bar{x}$ sei die MFB erfüllt. Dann gilt an $\bar{x}$ auch die SSB.*

Beweis Der Beweis beruht auf einer Koordinatentransformation, bei der wir die Funktionswerte von h als neue Koordinaten einführen. Dies ist lokal um $\bar{x}$ sinnvoll, da die Werte $h_j(x)$, $j \in J$, dort wegen rang $Dh(\bar{x}) = q$ „unabhängig" sind. Da der Funktionenvektor h allerdings weniger als n Komponenten besitzt, ergänzen wir ihn zunächst um weitere Einträge, nämlich um die Funktionen

$$h_j(x) = \langle \eta_j, x - \bar{x} \rangle, \ j = q + 1, \ldots, n,$$

wobei die Vektoren η_j, $j = q + 1, \ldots, n$, eine Orthonormalbasis von $\ker Dh(\bar{x})$ bilden. Die Funktion

$$\Phi(x) := \begin{pmatrix} h_1(x) \\ \vdots \\ h_q(x) \\ h_{q+1}(x) \\ \vdots \\ h_n(x) \end{pmatrix}$$

ist dann stetig differenzierbar an $\bar{x}$, es gilt $\Phi(\bar{x}) = 0 =: \bar{y}$, und die Jacobi-Matrix

$$D\Phi(\bar{x}) = \begin{pmatrix} Dh_1(\bar{x}) \\ \vdots \\ Dh_q(\bar{x}) \\ \eta_{q+1}^\mathsf{T} \\ \vdots \\ \eta_n^\mathsf{T} \end{pmatrix}$$

ist nichtsingulär. Nach dem Satz über inverse Funktionen (auch *Umkehrsatz* genannt [27]) gibt es daher Umgebungen U von $\bar{x}$ und V von $\bar{y} = 0$, so dass die Funktion Φ bijektiv von U nach V abbildet. Außerdem ist die Umkehrfunktion $\Phi^{-1} : V \to U$ an $\bar{y} = 0$ stetig differenzierbar und besitzt dort die Jacobi-Matrix $D(\Phi^{-1})(0) = (D\Phi(\bar{x}))^{-1}$.

Wir wählen nun einen laut der MFB existierenden Vektor $d \in \ker Dh(\bar{x})$ mit

$$\langle \nabla g_i(\bar{x}), d \rangle < 0, \ i \in I_0(\bar{x}),$$

sowie ein hinreichend kleines $\varepsilon > 0$, um für $\tau \in (-\varepsilon, \varepsilon)$ die Funktion

$$x(\tau) := \Phi^{-1}(\tau D\Phi(\bar{x})d)$$

zu definieren. Sie erfüllt $x(0) = \bar{x}$, ist stetig differenzierbar an $\bar{\tau} = 0$ mit Ableitung

$$Dx(0) = D\left(\Phi^{-1}(\tau D\Phi(\bar{x})d)\right)_{\tau=0} = D(\Phi^{-1})(0)D\Phi(\bar{x})d = d,$$

und aus

$$\begin{pmatrix} h(x(\tau)) \\ \langle \eta_{q+1}, x(\tau) - \bar{x} \rangle \\ \vdots \\ \langle \eta_n, x(\tau) - \bar{x} \rangle \end{pmatrix} = \Phi(x(\tau)) = \tau D\Phi(\bar{x})d = \tau \begin{pmatrix} Dh(\bar{x})d \\ \langle \eta_{q+1}, d \rangle \\ \vdots \\ \langle \eta_n, d \rangle \end{pmatrix}$$

folgt wegen $d \in \ker Dh(\bar{x})$ für alle $\tau \in (-\varepsilon, \varepsilon)$

$$h(x(\tau)) = 0.$$

Für jedes $i \notin I_0(\bar{x})$ gilt außerdem $g_i(\bar{x}) < 0$, aus Stetigkeitsgründen (Übung 2.2.2) also für alle τ hinreichend nahe bei $\bar{\tau} = 0$ ebenfalls $g_i(x(\tau)) < 0$.

Schließlich sei ein $i \in I_0(\bar{x})$ gegeben. Für die Funktion $g_i(x(\tau))$ erhalten wir dann $g_i(x(0)) = g_i(\bar{x}) = 0$ sowie per Kettenregel

$$[g_i(x(\tau))]'_{\tau=0} = \langle \nabla g_i(x(0)), Dx(0) \rangle = \langle \nabla g_i(\bar{x})), d \rangle < 0,$$

so dass auch für alle hinreichend kleinen $\tau > 0$ die strikte Ungleichung $g_i(x(\tau)) < 0$ gilt, etwa für alle $\tau \in (0, \delta)$ mit $0 < \delta \leq \varepsilon$.

Insgesamt haben wir damit für alle $\tau \in (0, \delta)$ die für die SSB erforderlichen Eigenschaften $g(x(\tau)) < 0$ und $h(x(\tau)) = 0$ gezeigt. Wir wählen abschließend ein $k_0 \in \mathbb{N}$ mit $1/k_0 < \delta$ und definieren die in der SSB gewünschte Folge durch $x^k := x(1/(k_0 + k))$. $\square$

3.4.9 Übung
Wie lässt sich der Beweis von Lemma 3.4.8 für nur durch Ungleichungsrestriktionen beschriebene Mengen (also für $J = \emptyset$) vereinfachen?

Wir kehren nun zur Betrachtung parametrischer Probleme zurück. Hauptgrund der Einführung der sequentiellen Slater-Bedingung ist, dass ihre Gültigkeit an allen $\bar{x} \in M(\bar{t})$ ausreicht, um die Innerhalbstetigkeit von M an $\bar{t}$ zu beweisen.

Wegen des technischen Aufwands der Behandlung allgemeiner nichtlinearer Gleichungsrestriktionen geben wir die folgenden Ergebnisse nur unter der Voraussetzung an, dass die mengenwertige Abbildung

$$H : T \rightrightarrows \mathbb{R}^n, \ t \mapsto H(t) = \{x \in \mathbb{R}^n | \ h_j(t, x) = 0, \ j \in J\}$$

an einem $\bar{t} \in \text{dom}(M, T)$ lokal (relativ zu $\text{dom}(M, T)$) linear beschrieben ist, dass also eine Umgebung U von $\bar{t}$ (relativ zu $\text{dom}(M, T)$) existiert, so dass für jedes $t \in U$ die Funktionen $h_j(t, \cdot), \ j \in J$, auf $\mathbb{R}^n$ linear sind. Für eine an $\bar{t}$ lokal (relativ zu T) konvex beschriebene Zulässige-Mengen-Abbildung M ist diese Voraussetzung erfüllt. Der Fall allgemeiner nichtlinearer Gleichungsrestriktionen kann beispielsweise mit den in [16] diskutierten Techniken behandelt werden (für aktuellere Ansätze vgl. [7, 39]).

3.4.10 Satz   *Für die Zulässige-Mengen-Abbildung*

$$M : T \rightrightarrows \mathbb{R}^n, \ t \mapsto M(t) = \{x \in \mathbb{R}^n | \ g_i(t, x) \leq 0, \ i \in I, \ h_j(t, x) = 0, \ j \in J\}$$

und $\bar{t} \in \text{dom}(M, T)$ seien die Funktionen $g_i, \ i \in I$, an jedem Punkt in $\{\bar{t}\} \times M(\bar{t})$ oberhalbstetig, die Funktionen $h_j, \ j \in J$, seien an jedem Punkt in $\{\bar{t}\} \times \mathbb{R}^n$ stetig, die mengenwertige Abbildung H sei an $\bar{t}$ lokal (relativ zu $\text{dom}(M, T)$) linear beschrieben, und an jedem Punkt in $M(\bar{t})$ gelte die SSB. Dann ist M an $\bar{t}$ innerhalbstetig relativ zu $\text{dom}(M, T)$.

Beweis Gegeben seien eine Folge $(t^k) \subseteq \text{dom}(M, T)$ mit $\lim_k t^k = \bar{t}$ sowie ein Punkt $\bar{x} \in M(\bar{t})$. Wir müssen ein $k_0 \in \mathbb{N}$ und Punkte $x^k \in M(t^k)$, $k \geq k_0$, mit $\lim_k x^k = \bar{x}$ finden.

Wir wählen zunächst eine laut Voraussetzung existierende Umgebung U von $\bar{t}$ (relativ zu $\text{dom}(M, T)$), so dass die Funktionen $h_j(t, \cdot)$ für alle $t \in U$ linear sind. Dann gilt $t^k \in U$ für alle $k \geq k_0'$ mit einem $k_0' \in \mathbb{N}$. Für alle $t \in U$ schreiben wir das Gleichungssystem $h_j(t, x) = 0$, $j \in J$, als $A(t)x + b(t) = 0$ mit einer (q, n)-Matrix $A(t)$ und einem Vektor $b(t) \in \mathbb{R}^q$. Als wichtige Konstruktion zur Behandlung der Gleichungsrestriktionen benutzen wir in diesem Beweis die orthogonale Projektion $\text{pr}(z, H(t))$ eines Punkts $z \in \mathbb{R}^n$ auf die Menge $H(t) = \{x \in \mathbb{R}^n \mid A(t)x + b(t) = 0\}$, d.h. den eindeutigen Minimalpunkt der Funktion $\|x - z\|_2$ über $H(t)$ [55].

Die Stetigkeitsvoraussetzung an die Funktionen h_j, $j \in J$, impliziert die Stetigkeit der Funktionen A und b an $\bar{t}$. Damit besitzt aufgrund der SSB am Punkt $\bar{x}$ in $M(\bar{t})$ nicht nur die Matrix $D_x h(\bar{t}, \bar{x}) = A(\bar{t})$ den vollen Rang q, sondern aus Stetigkeitsgründen auch die Matrizen $A(t)$ für alle $t \in U$ (nach einer eventuellen Verkleinerung von U). Die orthogonale Projektion eines beliebigen Punkts $z \in \mathbb{R}^n$ auf $H(t)$ kann dann als

$$\text{pr}(z, H(t)) = z - A(t)^\mathsf{T} (A(t)A(t)^\mathsf{T})^{-1} (A(t)z + b(t)) \tag{3.1}$$

dargestellt werden. Ferner sorgt die Stetigkeit von A und b an $\bar{t}$ dafür, dass wegen $\lim_k t^k = \bar{t}$ für jedes $z \in H(\bar{t})$

$$\lim_k \text{pr}(z, H(t^k)) = z \tag{3.2}$$

gilt (damit haben wir gerade die Innerhalbstetigkeit von H an $\bar{t}$ nachgewiesen, und zwar durch explizite Angabe der den Punkt $z \in H(\bar{t})$ approximierenden Punkte $z^k = \text{pr}(z, H(t^k)) \in H(t^k)$; wir werden die Darstellung von z^k als orthogonale Projektion am Ende des Beweises aber noch zu einem anderen Zweck benötigen).

Aufgrund der an $\bar{x}$ vorausgesetzten SSB gibt es eine Folge $(s^\ell) \subseteq \mathbb{R}^n$ mit $\lim_\ell s^\ell = \bar{x}$, $g(\bar{t}, s^\ell) < 0$ und $h(\bar{t}, s^\ell) = 0$ für alle $\ell \in \mathbb{N}$. Wir werden die gewünschte Folge (x^k) aus der Folge (s^ℓ) konstruieren.

Dazu sei ein festes $j \in \mathbb{N}$ gegeben. Wegen $\lim_\ell s^\ell = \bar{x}$ existiert zunächst ein ℓ_j mit

$$\|s^{\ell_j} - \bar{x}\| \leq \frac{1}{j}. \tag{3.3}$$

Wir definieren die orthogonale Projektion

$$s^{\ell_j, k} := \text{pr}(s^{\ell_j}, H(t^k))$$

und schließen aus $s^{\ell_j} \in H(\bar{t})$ und (3.2) die Konvergenz

$$\lim_k s^{\ell_j, k} = s^{\ell_j}. \tag{3.4}$$

Aus $g(\bar{t}, s^{\ell_j}) < 0$, aus der Konvergenz von (t^k) gegen $\bar{t}$, aus (3.4) und aus der Oberhalbstetigkeit der Funktionen g_i, $i \in I$, an $(\bar{t}, s^{\ell_j}) \in \{\bar{t}\} \times M(\bar{t})$ folgt die Existenz eines $k_j \in \mathbb{N}$ mit

$$g(t^k, s^{\ell_j,k}) < 0 \text{ für alle } k \geq k_j. \tag{3.5}$$

Da die Folge (k_j) nicht notwendigerweise streng monoton wachsend ist (was wir aber benötigen werden), definieren wir

$$k_1' := k_1 \text{ und } k_j' := \max\{k_{j-1}' + 1, k_j\} \text{ für alle } j \geq 2.$$

Dann gilt erstens $k_j' > k_{j-1}'$ für alle $j \geq 2$ (die Folge (k_j') ist also streng monoton wachsend) und zweitens $k_j' \geq k_j$ für alle $j \in \mathbb{N}$ und damit wegen (3.5)

$$g(t^k, s^{\ell_j,k}) < 0 \text{ für alle } k \geq k_j'. \tag{3.6}$$

Zu gegebenem $k \geq k_0 := \max\{k_0', k_1'\}$ wählen wir nun das bislang feste j bezüglich (3.6) größtmöglich zu

$$j_k := \max\{j \in \mathbb{N} | k \geq k_j'\} \tag{3.7}$$

(j_k ist als Maximum endlich vieler Zahlen wohldefiniert, da (k_j') streng monoton wächst). Damit setzen wir

$$x^k := s^{\ell(j_k),k}.$$

Dann gilt nämlich für jedes $k \geq k_0$ erstens nach (3.6)

$$g(t^k, x^k) = g(t^k, s^{\ell(j_k),k}) < 0$$

und zweitens wegen $x^k = s^{\ell(j_k),k} \in H(t^k)$ auch $h(t^k, x^k) = 0$, insgesamt also $x^k \in M(t^k)$. Es bleibt noch $\lim_k x^k = \bar{x}$ zu zeigen. Für jedes $k \geq k_0$ erhalten wir aus (3.1) und (3.3)

$$\begin{aligned}
\|x^k - \bar{x}\| &= \|s^{\ell(j_k),k} - \bar{x}\| \leq \|s^{\ell(j_k),k} - s^{\ell(j_k)}\| + \|s^{\ell(j_k)} - \bar{x}\| \\
&= \|A(t^k)^{\mathsf{T}}(A(t^k)A(t^k)^{\mathsf{T}})^{-1}(A(t^k)s^{\ell(j_k)} + b(t^k))\| + \|s^{\ell(j_k)} - \bar{x}\| \\
&\leq \|A(t^k)^{\mathsf{T}}(A(t^k)A(t^k)^{\mathsf{T}})^{-1}\| \, \|A(t^k)s^{\ell(j_k)} + b(t^k)\| + \frac{1}{j_k}.
\end{aligned}$$

Der Beweis ist erbracht, wenn wir die Konvergenz der rechten Seite dieser Ungleichung gegen null zeigen können. Tatsächlich liefern die Stetigkeit von A an $\bar{t}$ und die Stetigkeit der Matrixnorm zunächst

$$\lim_k \|A(t^k)^{\mathsf{T}}(A(t^k)A(t^k)^{\mathsf{T}})^{-1}\| = \|A(\bar{t})^{\mathsf{T}}(A(\bar{t})A(\bar{t})^{\mathsf{T}})^{-1}\| \in \mathbb{R}.$$

Da außerdem die Folge (k_j') streng monoton wachsend ist, strebt die durch (3.7) definierte Folge (j_k) gegen unendlich. Daraus folgt nicht nur $\lim_k (1/j_k) = 0$, sondern wegen (3.3) auch $\lim_k s^{\ell(j_k)} = \bar{x}$. Dies ergibt schließlich

$$\lim_k \|A(t^k)s^{\ell_{(j_k)}} + b(t^k)\| = \|A(\bar{t})\bar{x} + b(\bar{t})\| = 0,$$

was den Beweis beendet. □

Die im Beweis von Satz 3.4.10 zu einer Matrix A mit vollem Zeilenrang auftretende Matrix $A^\mathsf{T}(AA^\mathsf{T})^{-1}$ heißt *Moore-Penrose-Inverse* von A.

Aus der Kombination von Lemma 3.4.7 und Satz 3.4.10 erhalten wir das folgende Ergebnis unter Konvexitäts- und Linearitätsvoraussetzungen.

3.4.11 Korollar *Für die Zulässige-Mengen-Abbildung*

$$M : T \rightrightarrows \mathbb{R}^n, \ t \mapsto M(t) = \{x \in \mathbb{R}^n \mid g_i(t, x) \le 0, \ i \in I, \ h_j(t, x) = 0, \ j \in J\}$$

und $\bar{t} \in \mathrm{dom}(M, T)$ seien die Funktionen g_i, $i \in I$, an jedem Punkt in $\{\bar{t}\} \times M(\bar{t})$ oberhalbstetig, die Funktionen h_j, $j \in J$, seien an jedem Punkt in $\{\bar{t}\} \times \mathbb{R}^n$ stetig, die mengenwertige Abbildung H sei an $\bar{t}$ lokal (relativ zu $\mathrm{dom}(M, T)$) linear beschrieben, $M(\bar{t})$ sei konvex beschrieben, und $M(\bar{t})$ erfülle die SB. Dann ist M an $\bar{t}$ innerhalbstetig relativ zu $\mathrm{dom}(M, T)$.

3.4.12 Übung Zeigen Sie, dass $\bar{t}$ unter den Voraussetzungen von Korollar 3.4.11 ein innerer Punkt von $\mathrm{dom}(M, T)$ (relativ zu T) ist.

Wegen Übung 3.4.12 stimmt die in Korollar 3.4.11 an $\bar{t}$ gezeigte Innerhalbstetigkeit von M relativ zu $\mathrm{dom}(M, T)$ mit der Innerhalbstetigkeit überein. Dies bedeutet allerdings auch, dass die hinreichende Bedingung für Innerhalbstetigkeit von M relativ zu $\mathrm{dom}(M, T)$ aus Korollar 3.4.11 an Randpunkten von $\mathrm{dom}(M, T)$ (relativ zu T) nicht anwendbar ist.

3.4.13 Beispiel

Die Zulässige-Mengen-Abbildung $M : [0, 2\pi] \rightrightarrows \mathbb{R}^2$ aus Beispiel 1.9.5 ist nach Korollar 3.4.11 und Übung 3.4.6 an jedem $t \in [0, \frac{1}{2}\pi) \cup (\pi, 2\pi]$ innerhalbstetig. Dieses Beispiel zeigt allerdings auch, dass die SB nicht *notwendig* für die Innerhalbstetigkeit von M ist, denn M ist auch an jedem $t \in (\frac{1}{2}\pi, \pi)$ innerhalbstetig, obwohl dort keine Slater-Punkte in $M(t)$ existieren. Allerdings ist M dort *einpunktig*, so dass die Innerhalbstetigkeit aus Satz 3.4.3 folgt. ◄

Die Kombination von Lemma 3.4.8 und Satz 3.4.10 führt zu einem Ergebnis ohne Konvexitätsvoraussetzungen. Analog zu den Anmerkungen nach Korollar 3.4.11 sind auch seine Annahmen nur auf innere Punkte von $\operatorname{dom}(M, T)$ anwendbar.

3.4.14 Korollar *Für die Zulässige-Mengen-Abbildung*

$$M : T \rightrightarrows \mathbb{R}^n, \ t \mapsto M(t) = \{x \in \mathbb{R}^n \mid g_i(t, x) \leq 0, \ i \in I, \ h_j(t, x) = 0, \ j \in J\}$$

und $\bar{t} \in \operatorname{dom}(M, T)$ seien die Funktionen g_i, $i \in I$, an jedem Punkt in $\{\bar{t}\} \times M(\bar{t})$ oberhalbstetig, die Funktionen $g_i(\bar{t}, \cdot)$, $i \in I$, seien an jedem $\bar{x} \in M(\bar{t})$ stetig differenzierbar, die Funktionen h_j, $j \in J$, seien an jedem Punkt in $\{\bar{t}\} \times \mathbb{R}^n$ stetig, die mengenwertige Abbildung H sei an $\bar{t}$ lokal (relativ zu $\operatorname{dom}(M, T)$) linear beschrieben, und an jedem Punkt in $M(\bar{t})$ gelte die MFB. Dann ist M an $\bar{t}$ innerhalbstetig relativ zu $\operatorname{dom}(M, T)$.

Um die zentrale Bedeutung der Innerhalbstetigkeit zu illustrieren, diskutieren wir für den rein ungleichungsrestringierten Fall (d. h. für $J = \emptyset$) kurz einen Zusammenhang zwischen der hinreichenden Bedingung für Innerhalbstetigkeit aus Korollar 3.4.14 und der notwendigen Bedingung aus Proposition 3.3.43. Dafür erinnern wir an eine weitere Approximation erster Ordnung an X in $\bar{x}$ neben dem äußeren Tangentialkegel $C(\bar{x}, X)$. Falls X durch in einer Umgebung von $\bar{x}$ stetig differenzierbare Funktionen $g_i : \mathbb{R}^n \to \mathbb{R}$, $i \in I$, mit $|I| < \infty$ als $X = \{x \in \mathbb{R}^n \mid g_i(x) \leq 0, \ i \in I\}$ funktional beschrieben ist, so heißt die Menge $L_{\leq}(\bar{x}, X) = \{d \in \mathbb{R}^n \mid \langle \nabla g_i(\bar{x}), d \rangle \leq 0, \ i \in I_0(\bar{x})\}$ *äußerer Linearisierungskegel* an X in $\bar{x}$ [56].

Mit Hilfe dieser beiden Kegel lassen sich zwei weitere Constraint Qualifications formulieren [56]: An $\bar{x} \in X$ ist die *Abadie-Bedingung* (AB) erfüllt, falls $L_{\leq}(\bar{x}, X) \subseteq C(\bar{x}, X)$ gilt (die andere Inklusion ist ohnehin immer richtig). Zur Formulierung der zweiten Constraint Qualification erinnern wir für eine Menge $A \subseteq \mathbb{R}^n$ an die Definition ihres *Polarkegels* $A^\circ = \{s \in \mathbb{R}^n \mid \langle s, d \rangle \leq 0 \ \forall d \in A\}$ [56]. An $\bar{x} \in X$ ist die *Guignard-Bedingung* (GB) erfüllt, falls $C^\circ(\bar{x}, X) \subseteq L_{\leq}^\circ(\bar{x}, X)$ gilt. Es lässt sich zeigen, dass die GB schwächer als die AB und diese wiederum schwächer als die MFB ist. Die GB ist in gewissem Sinne sogar die *schwächstmögliche* Constraint Qualification [19].

Die Menge $N(\bar{x}, X) := C^\circ(\bar{x}, X)$ wird auch als *Normalenkegel* an X in $\bar{x}$ bezeichnet. Für eine auf einer Umgebung von $\bar{x}$ stetig differenzierbare Zielfunktion f ist nicht schwer zu sehen [56], dass die lokale Minimalität von $\bar{x}$ für f auf X die Beziehung $-\nabla f(\bar{x}) \in N(\bar{x}, X)$ impliziert. Unter der GB gilt dann auch $-\nabla f(\bar{x}) \in L_{\leq}^\circ(\bar{x}, X)$, und per Lemma von Farkas lässt sich die Darstellung $L_{\leq}^\circ(\bar{x}, X) = \operatorname{cone}(\{\nabla g_i(\bar{x}), \ i \in I_0(\bar{x})\})$ beweisen, also insgesamt der Satz von Karush-Kuhn-Tucker.

Laut der (rein geometrischen) Aussage von Proposition 3.3.43 können für eine an einem inneren Punkt $\bar{t}$ von $\operatorname{dom}(M, T)$ innerhalbstetige mengenwertige Abbildung M kein $s \neq 0$ und kein $\bar{x} \in M(\bar{t})$ existieren, so dass $(\bar{t}, \bar{x})$ lokaler Maximalpunkt von $\langle s, t \rangle$ auf $\operatorname{gph}(M, T)$ ist. Falls Letzteres trotzdem für ein $s \neq 0$ und ein $\bar{x} \in M(\bar{t})$ eintritt und falls an $(\bar{t}, \bar{x}) \in \operatorname{gph}(M, T)$ die GB gilt, dann erhalten wir aus obigen Überlegungen notwendigerweise

$$\begin{pmatrix} s \\ 0 \end{pmatrix} \in \operatorname{cone}\left(\left\{\begin{pmatrix} \nabla_t g_i(\bar{t}, \bar{x}) \\ \nabla_x g_i(\bar{t}, \bar{x}) \end{pmatrix}, \ i \in I_0(\bar{t}, \bar{x})\right\}\right)$$

und insbesondere

$$0 \in \text{cone}(\{\nabla_x g_i(\bar{t}, \bar{x}), \; i \in I_0(\bar{t}, \bar{x})\}).$$

Per Lemma von Gordan [56] sieht man, dass Letzteres zur Verletzung der MFB an $\bar{x} \in M(\bar{t})$ äquivalent ist.

Demnach folgt aus der hinreichenden Bedingung für Innerhalbstetigkeit von M an $\bar{t}$ aus Korollar 3.4.14 (nämlich der Gültigkeit der MFB an jedem $\bar{x} \in M(\bar{t})$) die notwendige Bedingung für Innerhalbstetigkeit aus Proposition 3.3.43 (dass nämlich gewisse lokale Maxima ausgeschlossen sind) auch auf direktem Wege. Bei dieser Schlussfolgerung werden nur *algebraische* Argumente benutzt, während die Innerhalbstetigkeit von M an $\bar{t}$ nicht explizit auftritt. Wie gesehen spielt die Innerhalbstetigkeit als *topologisches* Konzept in diesem Argument aber implizit die zentrale Rolle.

3.5 Punktweise Stetigkeitseigenschaften restringierter Minimalwerte

In den folgenden Abschnitten von Kap. 3 untersuchen wir wie angekündigt die in Abschn. 2.1 eingeführten restringierten parametrischen Optimierungsprobleme P der Form

$$P(t): \quad \min_{x \in \mathbb{R}^n} f(t, x) \quad \text{s.t.} \quad x \in M(t)$$

mit

$$M(t) = \{x \in \mathbb{R}^n \mid g_i(t, x) \leq 0, \; i \in I, \; h_j(t, x) = 0, \; j \in J\}$$

und $t \in T \subseteq \mathbb{R}^r$.

Wir merken an, dass die Zielfunktion f des Problems P nicht notwendigerweise auf ganz $T \times \mathbb{R}^n$ definiert zu sein braucht, sondern zur Formulierung von P genügt es, f auf dem Graphen

$$\text{gph}(M, T) = \{(t, x) \in T \times \mathbb{R}^n \mid g_i(t, x) \leq 0, \; i \in I, \; h_j(t, x) = 0, \; j \in J\}$$

der Zulässige-Mengen-Abbildung anzugeben.

Zur Herleitung von Stetigkeitseigenschaften der Minimalwertfunktion v und der Minimalpunktabbildung S von P *könnten* wir teilweise mit analogen geometrischen Argumenten wie im unrestringierten Fall (Abschn. 3.2 und Abschn. 3.3) vorgehen. Erstens ist dies aber nicht durchgängig möglich, und zweitens würden dabei wieder globale Stetigkeitsaussagen (d. h. Aussagen auf ganz T) entstehen, während man in Anwendungen häufig nur an punktweisen Stetigkeitseigenschaften interessiert ist (d. h. an einem Referenzpunkt $\bar{t} \in T$). Sobald punktweise Resultate vorliegen, folgen die entsprechenden globalen Resultate natürlich durch den Nachweis der Voraussetzungen für die punktweisen Resultate an jedem Punkt in T.

Solche punktweisen Resultate leiten wir in diesem Abschnitt für die Minimalwertfunktion v formal her, ohne auf die geometrische Anschauung zurückzugreifen. Wir betrachten dabei als Referenzpunkte $\bar{t} \in T$ nur solche mit nichtleerer zulässiger Menge $M(\bar{t})$ und damit $v(\bar{t}) < +\infty$, also Referenzpunkte $\bar{t} \in \text{dom}(M, T)$. Auch die Stetigkeitseigenschaften von v an $\bar{t}$ formulieren wir nicht relativ zu T, sondern relativ zu $\text{dom}(M, T)$, wie es für

Anwendungen üblicherweise sinnvoll ist. Den Fall unbeschränkter Optimierungsprobleme $P(t)$, die zum erweitert reellen Wert $v(t) = -\infty$ führen, schließen wir hingegen nicht aus.

Mit der Oberhalbstetigkeit der Minimalwertfunktion befasst sich Abschn. 3.5.1, bevor Abschn. 3.5.2 ihre Unterhalbstetigkeit behandelt. In Abschn. 3.5.3 fassen wir diese Ergebnisse zu Stetigkeitsaussagen über v zusammen.

3.5.1 Oberhalbstetigkeit von Minimalwerten

Übung 1.9.6a und Übung 3.2.3 belegen, dass man eine *oberhalb*stetige Funktion v ohne *innerhalb*stetiges M nicht erwarten kann. Tatsächlich gilt aber das folgende Resultat.

> **3.5.1 Satz** *Für $\bar{t} \in \mathrm{dom}(M, T)$ sei die Funktion $f : \mathrm{gph}(M, T) \to \mathbb{R}$ an jedem Punkt in $\{\bar{t}\} \times M(\bar{t})$ oberhalbstetig, und die Zulässige-Mengen-Abbildung $M : T \rightrightarrows \mathbb{R}^n$ sei an $\bar{t}$ innerhalbstetig relativ zu $\mathrm{dom}(M, T)$. Dann ist die Funktion $v : \mathrm{dom}(M, T) \to \overline{\mathbb{R}}$ an $\bar{t}$ oberhalbstetig.*

Beweis Zu $\bar{t} \in \mathrm{dom}(M, T)$ sei eine beliebige Folge $(t^k) \subseteq \mathrm{dom}(M, T)$ mit $\lim_k t^k = \bar{t}$ gegeben. Zu zeigen ist die Ungleichung $\limsup_k v(t^k) \leq v(\bar{t})$.

Fall 1: $v(\bar{t}) > -\infty$

Zu einem beliebig vorgegebenen $\varepsilon > 0$ wählen wir ein $\bar{x} \in M(\bar{t})$ mit $f(\bar{t}, \bar{x}) \leq v(\bar{t}) + \varepsilon$. Die Innerhalbstetigkeit von M relativ zu $\mathrm{dom}(M, T)$ an $\bar{t}$ garantiert für dieses $\bar{x}$ die Existenz einer Folge $(x^k) \subseteq \mathbb{R}^n$ mit $\lim_k x^k = \bar{x}$ und $x^k \in M(t^k)$ für fast alle $k \in \mathbb{N}$. Hieraus folgt $v(t^k) \leq f(t^k, x^k)$ für fast alle $k \in \mathbb{N}$, und gemeinsam mit der Oberhalbstetigkeit von f an $(\bar{t}, \bar{x}) \in \{\bar{t}\} \times M(\bar{t})$ erhalten wir

$$\limsup_k v(t^k) \ \leq \ \limsup_k f(t^k, x^k) \ \leq \ f(\bar{t}, \bar{x}) \ \leq \ v(\bar{t}) + \varepsilon.$$

Da $\varepsilon > 0$ beliebig war, folgt die Behauptung.

Fall 2: $v(\bar{t}) = -\infty$

Wir wählen eine Folge $(x^\ell) \subseteq M(\bar{t})$ mit $\lim_\ell f(\bar{t}, x^\ell) = -\infty$. Wegen der Innerhalbstetigkeit von M relativ zu $\mathrm{dom}(M, T)$ an $\bar{t}$ existiert zu jedem x^ℓ mit festem $\ell \in \mathbb{N}$ eine Folge $(x^{\ell,k}) \subseteq \mathbb{R}^n$ mit $\lim_k x^{\ell,k} = x^\ell$ und $x^{\ell,k} \in M(t^k)$ für fast alle $k \in \mathbb{N}$. Für festes ℓ gilt also $\lim_k (t^k, x^{\ell,k}) = (\bar{t}, x^\ell)$, so dass die Abschätzung $v(t^k) \leq f(t^k, x^{\ell,k})$ und die Oberhalbstetigkeit von f an $(\bar{t}, x^\ell) \in \{\bar{t}\} \times M(\bar{t})$ für jedes $\ell \in \mathbb{N}$ zu der Ungleichungskette

$$\limsup_k v(t^k) \ \leq \ \limsup_k f(t^k, x^{\ell,k}) \ \leq \ f(\bar{t}, x^\ell)$$

führen. Der Grenzübergang $\ell \to \infty$ liefert die Behauptung $\limsup_k v(t^k) = -\infty = v(\bar{t})$.
□

3.5.2 Unterhalbstetigkeit von Minimalwerten

Der Nachweis der Unterhalbstetigkeit von v vereinfacht sich im restringierten Fall gegenüber dem unrestringierten Fall dadurch, dass die lokal gleichmäßige Niveaubeschränktheit der Zielfunktion durch die lokale Beschränktheit der Zulässige-Mengen-Abbildung ersetzt werden kann. Übung 1.9.6b und Übung 3.2.3 zeigen, dass man auf eine lokale Beschränktheitsannahme in Satz 3.5.2 nicht verzichten kann.

> **3.5.2 Satz** *Für $\bar{t} \in \mathrm{dom}(M, T)$ sei die Funktion $f : \mathrm{gph}(M, T) \to \mathbb{R}$ an jedem Punkt in $\{\bar{t}\} \times M(\bar{t})$ unterhalbstetig, und die Zulässige-Mengen-Abbildung $M : T \rightrightarrows \mathbb{R}^n$ sei an $\bar{t}$ außerhalbstetig und lokal beschränkt. Dann ist die Funktion $v : \mathrm{dom}(M, T) \to \overline{\mathbb{R}}$ an $\bar{t}$ unterhalbstetig.*

Beweis Zu $\bar{t} \in \mathrm{dom}(M, T)$ sei eine beliebige Folge $(t^k) \subseteq \mathrm{dom}(M, T)$ mit $\lim_k t^k = \bar{t}$ gegeben. Zu zeigen ist die Ungleichung $\liminf_k v(t^k) \geq v(\bar{t})$.

Für $v(\bar{t}) = -\infty$ ist die Behauptung klar. Im Folgenden sei also $v(\bar{t}) > -\infty$.

Fall 1: *Die Anzahl der $k \in \mathbb{N}$ mit $v(t^k) = -\infty$ ist unendlich.*

Nach eventuellem Übergang zu einer passenden Teilfolge nehmen wir $v(t^k) = -\infty$ für alle $k \in \mathbb{N}$ an und wählen für jedes $k \in \mathbb{N}$ ein $x^k \in M(t^k)$ mit $f(t^k, x^k) \leq -k$. Die Außerhalbstetigkeit und lokale Beschränktheit von M an $\bar{t}$ implizieren laut Übung 3.3.32, dass die Folge (x^k) eine gegen ein $x^\star \in M(\bar{t})$ konvergente Teilfolge besitzt. Nach erneutem Übergang zu einer passenden Teilfolge liefert die Unterhalbstetigkeit von f an $(\bar{t}, x^\star) \in \{\bar{t}\} \times M(\bar{t})$

$$f(\bar{t}, x^\star) \leq \liminf_k f(t^k, x^k) \leq \liminf_k (-k) = -\infty.$$

Da f nur endliche Werte annimmt, ist dies aber nicht möglich; der erste Fall ist also ausgeschlossen.

Fall 2: *Die Anzahl der $k \in \mathbb{N}$ mit $v(t^k) = -\infty$ ist endlich.*

Nach eventuellem Übergang zu einer Teilfolge gehen wir davon aus, dass $v(t^k) > -\infty$ für alle $k \in \mathbb{N}$ gilt. Mit beliebigem $\varepsilon > 0$ wählen wir für jedes k ein $x^k \in M(t^k)$ mit $f(t^k, x^k) \leq v(t^k) + \varepsilon$. Wie oben folgt aus der Außerhalbstetigkeit und lokalen Beschränktheit von M an $\bar{t}$ nach weiterem Übergang zu einer passenden Teilfolge $\lim_k x^k = x^\star \in M(\bar{t})$. Die Unterhalbstetigkeit von f an $(\bar{t}, x^\star) \in \{\bar{t}\} \times M(\bar{t})$ liefert also

$$v(\bar{t}) \ \leq \ f(\bar{t}, x^\star) \ \leq \ \liminf_k f(t^k, x^k) \ \leq \ \liminf_k v(t^k) + \varepsilon.$$

Da $\varepsilon > 0$ beliebig war, folgt die Behauptung.   □

Die Annahme der lokalen Beschränktheit in Satz 3.5.2 muss nicht notwendigerweise für die kompletten Mengen $M(t)$ gelten, sondern wie im verschärften Satz von Weierstraß (Übung 3.2.11) kann man alternativ das Zusammenspiel der Zielfunktionen $f(t, \cdot)$ und der zulässigen Mengen $M(t)$ nutzen, um damit auch gewisse unbeschränkte zulässige Mengen zu behandeln.

Beispielsweise können wir für eine Zulässige-Mengen-Abbildung $M : T \rightrightarrows \mathbb{R}^n$ die Funktion $f : \mathrm{gph}(M, T) \to \mathbb{R}$ an $\bar{t} \in \mathrm{dom}(M, T)$ *lokal gleichmäßig niveaubeschränkt bezüglich* M nennen, falls für jedes $\bar{\alpha} \in \mathbb{R}$ eine Umgebung U von $\bar{t}$ (relativ zu $\mathrm{dom}(M, T)$) existiert, so dass die Menge

$$\bigcup_{t \in U} \mathrm{lev}^{\bar{\alpha}}_{\leq}(f(t, \cdot), M(t)) \ = \ \bigcup_{t \in U} \{x \in M(t) \mid f(t, x) \leq \bar{\alpha}\}$$

beschränkt ist.

3.5.3 Übung Für $\bar{t} \in \mathrm{dom}(M, T)$ sei die Funktion $f : \mathrm{gph}(M, T) \to \mathbb{R}$ an jedem Punkt in $\{\bar{t}\} \times M(\bar{t})$ stetig, die Zulässige-Mengen-Abbildung $M : T \rightrightarrows \mathbb{R}^n$ sei an $\bar{t}$ außerhalbstetig, und f sei an $\bar{t}$ lokal gleichmäßig niveaubeschränkt bezüglich M. Zeigen Sie, dass dann die Funktion $v : \mathrm{dom}(M, T) \to \overline{\mathbb{R}}$ an $\bar{t}$ unterhalbstetig ist.

Zur Übersichtlichkeit werden wir in den folgenden Resultaten *nicht* die lokale Beschränktheit von M durch die lokal gleichmäßige Niveaubeschränktheit von f bezüglich M ersetzen, obwohl es auch dort möglich wäre.

3.5.3 Stetigkeit von Minimalwerten

Satz 3.5.1 und Satz 3.5.2 implizieren die folgende hinreichende Bedingung für die punktweise Stetigkeit von v.

3.5.4 Korollar *Für $\bar{t} \in \mathrm{dom}(M, T)$ sei die Funktion $f : \mathrm{gph}(M, T) \to \mathbb{R}$ an jedem Punkt in $\{\bar{t}\} \times M(\bar{t})$ stetig, und die Zulässige-Mengen-Abbildung $M : T \rightrightarrows \mathbb{R}^n$ sei an $\bar{t}$ innerhalbstetig relativ zu $\mathrm{dom}(M, T)$, außerhalbstetig und lokal beschränkt. Dann ist die Minimalwertfunktion $v : \mathrm{dom}(M, T) \to \overline{\mathbb{R}}$ an $\bar{t}$ stetig.*

Die hinreichenden Bedingungen für Stetigkeitseigenschaften der Zulässige-Mengen-Abbildung M aus Abschn. 3.4 erlauben es, aus Korollar 3.5.4 explizitere hinreichende Bedingungen für die punktweise Stetigkeit von v zu gewinnen. So erhalten wir unter Einpunktigkeit der zulässigen Menge am Referenzparameter aus Satz 3.4.3 das folgende Ergebnis.

3.5.5 Korollar *Gegeben seien die Optimierungsprobleme*

$$P(t): \quad \min_x f(t, x) \quad \text{s.t.} \quad x \in M(t)$$

mit

$$M(t) = \{x \in \mathbb{R}^n \mid g_i(t, x) \le 0, \ i \in I, \ h_j(t, x) = 0, \ j \in J\}$$

und $t \in T$. Für $\bar{t} \in \mathrm{dom}(M, T)$ seien die Funktionen $f, g_i, i \in I$, und $h_j, j \in J$, an jedem Punkt in $\{\bar{t}\} \times M(\bar{t})$ stetig, M sei an $\bar{t}$ lokal (relativ zu T) konvex beschrieben, und die Menge $M(\bar{t})$ sei einpunktig. Dann ist die Minimalwertfunktion $v : \mathrm{dom}(M, T) \to \overline{\mathbb{R}}$ an $\bar{t}$ stetig.

Auf die Voraussetzung der lokal um $\bar{t}$ konvex beschriebenen zulässigen Mengen kann man in Korollar 3.5.5 (wie zuvor in Satz 3.4.3) verzichten, wenn die lokale Beschränktheit von M an $\bar{t}$ aus anderen Gründen klar ist.

Als zweite der expliziteren Versionen von Korollar 3.5.4 betrachten wir den in Anwendungen häufig relevanten Spezialfall, in dem nur die Zielfunktion f, nicht aber die zulässige Menge M von P parameterabhängig ist (wie etwa in Beispiel 1.9.4). Die Zulässige-Mengen-Abbildung nimmt dann für alle $t \in T$ den *konstanten* Wert $M(t) = M$ mit einer Menge $M \subseteq \mathbb{R}^n$ an.

3.5.6 Übung Gegeben sei das parametrische Optimierungsproblem

$$P(t): \quad \min_x f(t, x) \quad \text{s.t.} \quad x \in M$$

mit $t \in T$ und mit einer nichtleeren und kompakten Menge M. Zeigen Sie: Falls $f : T \times M \to \mathbb{R}$ für $\bar{t} \in T$ an jedem Punkt in $\{\bar{t}\} \times M$ stetig ist, dann ist die Funktion $v : T \to \mathbb{R}$ an $\bar{t}$ stetig. Vergleichen Sie diese Voraussetzungen für die Stetigkeit von v an $\bar{t}$ mit den Voraussetzungen des Satzes von Weierstraß (Übung 3.2.7) für die Lösbarkeit von $P(\bar{t})$.

Eine wichtige Anwendung von Übung 3.5.6 bildet die folgende Aussage über Hüllfunktionen.

3.5.7 Übung Zeigen Sie, dass für jede nichtleere und kompakte Parametermenge $T \subseteq \mathbb{R}^r$ und jede stetige Funktion $f : T \times \mathbb{R}^n \to \mathbb{R}$ die Hüllfunktionen $\overline{f}(x) = \max_{t \in T} f(t, x)$ und $\underline{f}(x) = \min_{t \in T} f(t, x)$ auf $\mathbb{R}^n$ reellwertig und stetig sind.

Unter Konvexitätsannahmen folgt aus Satz 3.4.1, Proposition 3.4.2 und Korollar 3.4.11 eine dritte explizite Version von Korollar 3.5.4.

3.5.8 Korollar *Gegeben seien die Optimierungsprobleme*

$$P(t): \quad \min_x f(t, x) \quad \text{s.t.} \quad x \in M(t)$$

mit

$$M(t) = \{x \in \mathbb{R}^n \mid g_i(t, x) \leq 0, \; i \in I, \; h_j(t, x) = 0, \; j \in J\}$$

und $t \in T$. Für $\bar{t} \in \text{dom}(M, T)$ seien die Funktionen f, g_i, $i \in I$, und h_j, $j \in J$, an jedem Punkt in $\{\bar{t}\} \times M(\bar{t})$ stetig, M sei an $\bar{t}$ lokal (relativ zu T) konvex beschrieben, und die Menge $M(\bar{t})$ sei beschränkt und besitze einen Slater-Punkt. Dann ist die Minimalwertfunktion $v : \text{dom}(M, T) \to \overline{\mathbb{R}}$ an $\bar{t}$ stetig.

Auf die Voraussetzung der lokal um $\bar{t}$ konvex beschriebenen zulässigen Mengen kann man in Korollar 3.5.5 wieder verzichten, wenn die lokale Beschränktheit von M an $\bar{t}$ aus anderen Gründen klar ist. Zur Anwendung von Korollar 3.4.11 muss aber wenigstens $M(\bar{t})$ konvex beschrieben sein und einen Slater-Punkt besitzen, und H muss lokal um $\bar{t}$ linear beschrieben sein.

Wie nach Korollar 3.4.11 erwähnt, sind die Bedingungen aus Korollar 3.5.8 nur an inneren Punkten $\bar{t}$ von $\text{dom}(M, T)$ anwendbar.

Für Probleme P ohne Konvexitätsstruktur lässt sich mit Hilfe von Korollar 3.4.14 eine vierte und letzte explizite Version von Korollar 3.5.4 angeben (aber ebenfalls nur an inneren Punkten $\bar{t}$ von $\text{dom}(M, T)$). Da auch die hinreichende Bedingung für lokale Beschränktheit aus Satz 3.4.1 Konvexität benötigt, verzichten wir in diesem Ergebnis auf sie.

3.5.9 Korollar *Gegeben seien die Optimierungsprobleme*

$$P(t): \quad \min_x f(t, x) \quad \text{s.t.} \quad x \in M(t)$$

mit

$$M(t) = \{x \in \mathbb{R}^n \mid g_i(t, x) \leq 0, \; i \in I, \; h_j(t, x) = 0, \; j \in J\}$$

und $t \in T$. Für $\bar{t} \in \text{dom}(M, T)$ seien die Funktionen f, g_i, $i \in I$, und h_j, $j \in J$, an jedem Punkt in $\{\bar{t}\} \times M(\bar{t})$ stetig, die Funktionen $g_i(\bar{t}, \cdot)$, $i \in I$, seien an jedem $\bar{x} \in M(\bar{t})$ stetig differenzierbar, die mengenwertige Abbildung H sei an $\bar{t}$ lokal (relativ zu $\text{dom}(M, T)$) linear beschrieben, die Zulässige-Mengen-Abbildung M sei an $\bar{t}$ lokal beschränkt, und an jedem Punkt in $M(\bar{t})$ gelte die MFB. Dann ist die Minimalwertfunktion $v : \text{dom}(M, T) \to \overline{\mathbb{R}}$ an $\bar{t}$ stetig.

Die Voraussetzung der MFB in Korollar 3.5.9 lässt sich noch erheblich abschwächen, wenn man für den Stetigkeitsbeweis von v den Zwischenschritt über Stetigkeitseigenschaften der mengenwertigen

Abbildung M auslässt (also Satz 3.5.1 und Satz 3.5.2). Für Aussagen über v sollten tatsächlich nicht *alle* Punkte in $M(\bar{t})$ wichtig sein, sondern nur die *minimalen* Punkte. Tatsächlich braucht man die MFB noch nicht einmal an *jedem* Punkt in $S(\bar{t})$ zu fordern, sondern die Aussage von Korollar 3.5.9 bleibt richtig, wenn man die Voraussetzung *an jedem Punkt in $M(\bar{t})$ gelte die MFB* durch *an einem Punkt in $S(\bar{t})$ gelte die MFB (bezüglich $M(\bar{t})$)* ersetzt. Für den Beweis dieses Ergebnisses sei auf [16] verwiesen.

Unter starken Konvexitätsannahmen an P lassen sich weitere Ergebnisse zu v zeigen. Falls etwa der Graph $\mathrm{gph}(M, T)$ der Zulässige-Mengen-Abbildung eine konvexe Teilmenge des Raums $\mathbb{R}^r \times \mathbb{R}^n$ ist und falls die Funktion f auf $\mathrm{gph}(M, T)$ ebenfalls konvex ist, so nennt man das zugehörige parametrische Optimierungsproblem P *vollständig konvex*. Man kann dann zeigen, dass die Minimalwertfunktion v von P konvex auf $\mathrm{dom}(M, T)$ ist [54], und damit zusätzlich die für konvexe Funktionen bekannten weitreichenden Stetigkeits- und Subdifferenzierbarkeitsresultate ausnutzen [58]. Dieser Ansatz zur Stabilitätsuntersuchung vollständig konvexer Probleme wird ausführlich in [58, 60] verfolgt, weswegen wir auf seine Darstellung hier verzichten.

3.6 Punktweise Stetigkeitseigenschaften restringierter Minimalpunkte

Als Nächstes wenden wir uns Stetigkeitseigenschaften der restringierten Minimal*punkt*abbildung S zu. Abschn. 3.6.1 gibt hinreichende Bedingungen für ihre punktweise Außerhalbstetigkeit und lokale Beschränktheit an, während Abschn. 3.6.2 ihre punktweise Innerhalbstetigkeit thematisiert.

3.6.1 Außerhalbstetigkeit und lokale Beschränktheit von Minimalpunkten

Der folgende Satz beantwortet die Frage ZF4 für den Fall restringierter Optimierungsprobleme, indem er hinreichende Bedingungen für die Außerhalbstetigkeit und lokale Beschränktheit der Minimalpunktabbildung S angibt.

3.6.1 Satz *Für $\bar{t} \in \mathrm{dom}(M, T)$ sei die Funktion $f : \mathrm{gph}(M, T) \rightarrow \mathbb{R}$ an jedem Punkt in $\{\bar{t}\} \times M(\bar{t})$ stetig, und die Zulässige-Mengen-Abbildung $M : T \rightrightarrows \mathbb{R}^n$ sei an $\bar{t}$ innerhalbstetig relativ zu $\mathrm{dom}(M, T)$, außerhalbstetig und lokal beschränkt. Dann ist die Minimalpunktabbildung $S : \mathrm{dom}(M, T) \rightrightarrows \mathbb{R}^n$ an $\bar{t}$ außerhalbstetig und lokal beschränkt.*

Beweis Zum Beweis der Außerhalbstetigkeit von S seien Folgen $(t^k) \subseteq \mathrm{dom}(M, T)$ mit $\lim_k t^k = \bar{t}$ sowie $(x^k) \subseteq \mathbb{R}^n$ mit $\lim_k x^k = \bar{x}$ und $x^k \in S(t^k)$, $k \in \mathbb{N}$, gegeben. Nach Übung 3.3.25 ist $\bar{x} \in S(\bar{t})$ zu zeigen, also $\bar{x} \in M(\bar{t})$ und $f(\bar{t}, \bar{x}) = v(\bar{t})$.

Die Inklusionen $S(t^k) \subseteq M(t^k)$, $k \in \mathbb{N}$, und die Außerhalbstetigkeit von M an $\bar{t}$ liefern sofort $\bar{x} \in M(\bar{t})$. Gemeinsam mit der Unterhalbstetigkeit von f an $(\bar{t}, \bar{x}) \in \{\bar{t}\} \times M(\bar{t})$ und den Identitäten $f(t^k, x^k) = v(t^k)$, $k \in \mathbb{N}$, ergibt dies

$$v(\bar{t}) \leq f(\bar{t}, \bar{x}) \leq \liminf_k f(t^k, x^k) = \liminf_k v(t^k).$$

Die Oberhalbstetigkeit von f an $(\bar{t}, \bar{x})$ sowie die Innerhalbstetigkeit von M an $\bar{t}$ relativ zu $\mathrm{dom}(M, T)$ implizieren nach Satz 3.5.1 außerdem die Oberhalbstetigkeit von $v : \mathrm{dom}(M, T) \to \overline{\mathbb{R}}$ an $\bar{t}$, so dass die obige Ungleichungskette sich mit

$$\liminf_k v(t^k) \leq \limsup_k v(t^k) \leq v(\bar{t})$$

fortsetzen lässt. Dann muss in der ganzen Kette aber Gleichheit gelten, also insbesondere $v(\bar{t}) = f(\bar{t}, \bar{x})$ und damit $\bar{x} \in S(\bar{t})$.

Die lokale Beschränktheit von S folgt sofort aus der lokalen Beschränktheit von M und den Inklusionen $S(t) \subseteq M(t)$, $t \in T$. $\square$

In Satz 3.6.1 mag es überraschend erscheinen, dass für die *Außerhalb*stetigkeit von S die *Innerhalb*stetigkeit von M gefordert wird. Dass man ohne sie im Allgemeinen nicht auskommt, belegen aber Beispiel 1.9.5 und Übung 3.3.28.

Wir stellen außerdem fest, dass die Voraussetzungen für die Außerhalbstetigkeit und lokale Beschränktheit von S aus Satz 3.6.1 genau mit denen für die Stetigkeit von v aus Korollar 3.5.4 übereinstimmen.

Die Kombination der Voraussetzungen von Satz 3.6.1 mit den hinreichenden Bedingungen für Stetigkeit und lokale Beschränktheit der Zulässige-Mengen-Abbildung M aus Abschn. 3.4 erlauben wieder explizitere Aussagen. Da jede dieser Aussagen die Frage ZF4 beantwortet, führen wir sie nochmals im Einzelnen auf.

Unter Einpunktigkeit der zulässigen Menge am Referenzparameter gilt das folgende Ergebnis.

3.6.2 Korollar *Gegeben seien die Optimierungsprobleme*

$$P(t): \quad \min_x f(t, x) \quad \text{s.t.} \quad x \in M(t)$$

mit

$$M(t) = \{x \in \mathbb{R}^n \mid g_i(t, x) \leq 0, \ i \in I, \ h_j(t, x) = 0, \ j \in J\}$$

und $t \in T$. Für $\bar{t} \in \mathrm{dom}(M, T)$ seien die Funktionen f, g_i, $i \in I$, und h_j, $j \in J$, an jedem Punkt in $\{\bar{t}\} \times M(\bar{t})$ stetig, M sei an $\bar{t}$ lokal (relativ zu T) konvex beschrieben, und die Menge $M(\bar{t})$ sei einpunktig. Dann ist die Minimalpunktabbildung $S : \mathrm{dom}(M, T) \rightrightarrows \mathbb{R}^n$ an $\bar{t}$ außerhalbstetig und lokal beschränkt.

Auf die Voraussetzung der lokal um $\bar{t}$ konvex beschriebenen zulässigen Mengen kann man in Korollar 3.6.2 wieder verzichten, wenn die lokale Beschränktheit von M an $\bar{t}$ aus anderen Gründen klar ist.

Die folgende Übung gibt Auskunft über das Verhalten der Minimalpunktabbildung bei konstanten zulässigen Mengen.

3.6.3 Übung Gegeben sei das parametrische Optimierungsproblem

$$P(t): \quad \min_x f(t,x) \quad \text{s.t.} \quad x \in M$$

mit $t \in T$ und mit einer nichtleeren und kompakten Menge M. Zeigen Sie: Falls $f : T \times M \to \mathbb{R}$ für $\bar{t} \in T$ an jedem Punkt in $\{\bar{t}\} \times M$ stetig ist, dann ist die Minimalpunktabbildung $S : T \rightrightarrows \mathbb{R}^n$ an $\bar{t}$ außerhalbstetig und lokal beschränkt.

Unter Konvexitätsannahmen erhalten wir das folgende Resultat, das nur an inneren Punkten $\bar{t}$ von $\mathrm{dom}(M, T)$ anwendbar ist.

3.6.4 Korollar *Gegeben seien die Optimierungsprobleme*

$$P(t): \quad \min_x f(t,x) \quad \text{s.t.} \quad x \in M(t)$$

mit
$$M(t) = \{x \in \mathbb{R}^n \mid g_i(t,x) \leq 0,\ i \in I,\ h_j(t,x) = 0,\ j \in J\}$$

und $t \in T$. Für $\bar{t} \in \mathrm{dom}(M, T)$ seien die Funktionen f, g_i, $i \in I$, und h_j, $j \in J$, an jedem Punkt in $\{\bar{t}\} \times M(\bar{t})$ stetig, M sei an $\bar{t}$ lokal (relativ zu T) konvex beschrieben, und die Menge $M(\bar{t})$ sei beschränkt und besitze einen Slater-Punkt. Dann ist die Minimalpunktabbildung $S : \mathrm{dom}(M, T) \rightrightarrows \mathbb{R}^n$ an $\bar{t}$ außerhalbstetig und lokal beschränkt.

Auf die Voraussetzung der lokal um $\bar{t}$ konvex beschriebenen zulässigen Mengen kann man wieder verzichten, wenn die lokale Beschränktheit von M an $\bar{t}$ aus anderen Gründen klar ist. Zur Anwendung unserer Resultate muss dann aber wenigstens $M(\bar{t})$ konvex beschrieben sein und einen Slater-Punkt besitzen, und H muss lokal um $\bar{t}$ linear beschrieben sein.

Ohne Konvexitätsstruktur steht das folgende Ergebnis zur Verfügung (ebenfalls nur an inneren Punkten $\bar{t}$ von $\mathrm{dom}(M, T)$).

3.6.5 Korollar   *Gegeben seien die Optimierungsprobleme*

$$P(t): \quad \min_x \ f(t, x) \quad \text{s.t.} \quad x \in M(t)$$

mit

$$M(t) = \{x \in \mathbb{R}^n \,|\, g_i(t, x) \le 0, \ i \in I, \ h_j(t, x) = 0, \ j \in J\}$$

und $t \in T$. Für $\bar{t} \in \operatorname{dom}(M, T)$ seien die Funktionen f, g_i, $i \in I$, und h_j, $j \in J$, an jedem Punkt in $\{\bar{t}\} \times M(\bar{t})$ stetig, die Funktionen $g_i(\bar{t}, \cdot)$, $i \in I$, seien an jedem $\bar{x} \in M(\bar{t})$ stetig differenzierbar, die mengenwertige Abbildung H sei an $\bar{t}$ lokal (relativ zu $\operatorname{dom}(M, T)$) linear beschrieben, die Zulässige-Mengen-Abbildung M sei an $\bar{t}$ lokal beschränkt, und an jedem Punkt in $M(\bar{t})$ gelte die MFB. Dann ist die Minimalpunktabbildung $S : \operatorname{dom}(M, T) \rightrightarrows \mathbb{R}^n$ an $\bar{t}$ außerhalbstetig und lokal beschränkt.

Wie in Abschn. 3.3.2 für unrestringierte Probleme schon einmal erwähnt wurde, fragt ZF4 nach der Konvergenz *globaler* Minimalpunkte gegen einen *globalen* Minimalpunkt. Die analoge Frage für *lokale* Minimalpunkt lässt sich mit den Voraussetzungen aus Satz 3.6.1 (oder mit den aufgelisteten für sie hinreichenden Bedingungen) *nicht* beantworten, wie das folgende Gegenbeispiel zeigt.

3.6.6 Beispiel

In Abwandlung von Beispiel 2.2.1 betrachten wir für $t \in \mathbb{R}$ die Optimierungsprobleme $P(t)$ mit der Zielfunktion $f(t, x) = tx^2 - x^4$ und der parameterunabhängigen Menge $M = [-1, 1]$. Wir stellen zunächst fest, dass in dieser Situation an jedem $\bar{t} \in \mathbb{R}$ sämtliche Voraussetzungen von Satz 3.6.1 (und seiner expliziten Version aus Übung 3.6.3) erfüllt sind. Die Minimalpunktabbildung S ist also insbesondere an $\bar{t} = 0$ außerhalbstetig und lokal beschränkt.

Zusätzlich zur Menge der globalen Minimalpunkte $S(t)$ von $P(t)$ definieren wir nun die Menge

$$S_{\text{lok}}(t) = \{x \in \mathbb{R}^n \,|\, x \text{ ist lokaler Minimalpunkt von } P(t)\}$$

der lokalen Minimalpunkte. Dann gilt $S(t) \subseteq S_{\text{lok}}(t) \subseteq M$ für jedes $t \in T$. Insbesondere ist die mengenwertige Abbildung S_{lok} in diesem Beispiel an $\bar{t} = 0$ lokal beschränkt. Wir können aber zeigen, dass sie an $\bar{t} = 0$ nicht außerhalbstetig ist.

Dazu richten wir unser Augenmerk auf den inneren Punkt $\bar{x} = 0$ der Menge M. Als Optimalitätsbedingungen kann man dort diejenigen aus dem unrestringierten Fall benutzen, und die hinreichende Optimalitätsbedingung zweiter Ordnung liefert für jedes $t > 0$ die lokale Minimalität von $\bar{x} = 0$ für $P(t)$. Daher gilt $0 \in S_{\text{lok}}(t)$ für alle

$t > 0$. Wäre S_{lok} an $\bar{t} = 0$ außerhalbstetig, so müsste auch $0 \in S_{\mathrm{lok}}(0)$ erfüllt sein, d. h., $\bar{x} = 0$ wäre auch lokaler Minimalpunkt von $P(0)$. Da die Zielfunktion von $P(0)$ aber $f(0, x) = -x^4$ lautet, ist $\bar{x}$ (sogar globaler) *Maximal*punkt von $P(0)$. Also ist S_{lok} an $\bar{t} = 0$ nicht außerhalbstetig. ◀

Dass eine Folge von (sogar nichtdegenerierten) lokalen Minimalpunkten wie in Beispiel 3.6.6 gegen einen lokalen Maximalpunkt (oder andere Punkte, die jedenfalls nicht lokal minimal sind) konvergieren kann, führt häufig zu Problemen bei der Formulierung von Konvergenzaussagen numerischer Optimierungsverfahren. Während man per Beantwortung der Frage ZF4 oft übersichtliche Bedingungen für die Konvergenz globaler Minimalpunkte der vom jeweiligen Verfahren genutzten Hilfsprobleme gegen einen globalen Minimalpunkt des Ausgangsproblems erhält, lässt sich in der Praxis selten erwarten, dass man tatsächlich globale Minimalpunkte dieser Hilfsprobleme berechnen kann. Etwa mangels Konvexität dieser Probleme ist eine realistischere Voraussetzung, dass man in der Lage ist, eine Folge *lokaler* Minimalpunkte der Hilfsprobleme zu generieren. Wie Beispiel 3.6.6 zeigt, konvergieren diese aber selbst unter den Voraussetzungen von Satz 3.6.1 nicht notwendigerweise gegen einen lokalen Minimalpunkt des Ausgangsproblems.

Als Ausweg für solche Konvergenzaussagen über lokale Minimalpunkte behilft man sich häufig mit Voraussetzungen, die eher an die Beantwortung der Frage ZF1 erinnern: Man setzt alle kritischen Punkte (im jeweils passenden Sinne) des Ausgangsproblems als nichtdegeneriert voraus und zeigt, dass die Folge der Minimalpunkte der Hilfsprobleme als Folge kritischer Punkte wenigstens gegen einen kritischen Punkt des Ausgangsproblems konvergiert (dies ist in Beispiel 3.6.6 der Fall). Dann nutzt man Stetigkeitsgründe, um zu zeigen, dass die Nichtdegeneriertheit des kritischen Punkts im Ausgangsproblem sich auf die kritischen Punkte der Hilfsprobleme überträgt, wenn deren Parameter hinreichend nahe am das Ausgangsproblem adressierenden Nominalparameter liegt, dass also insbesondere ein nichtdegenerierter lokaler Minimalpunkt des Ausgangsproblems nur durch nichtdegenerierte lokale Minimalpunkte der Hilfsprobleme approximiert werden kann. Beachten Sie, dass in Beispiel 3.6.6 diese Nichtdegeneriertheit des lokalen Maximalpunkts von $P(0)$ gerade *nicht* vorliegt, was die Möglichkeit eröffnet, ihn durch lokale Minimalpunkte der Probleme $P(t)$ mit $t > 0$ zu approximieren.

3.6.2   Innerhalbstetigkeit von Minimalpunkten

Wie bei unrestringierten Problemen kann man im Allgemeinen nicht erwarten, dass S auch innerhalbstetig ist (Beispiel 1.9.4 und Beispiel 1.9.5). Die Innerhalbstetigkeit von S folgt aber zum Beispiel unter der sehr starken Voraussetzung der lokalen Konstantwertigkeit sowie unter etwas anwendungsrelevanteren Voraussetzungen bei am Referenzparameter eindeutig lösbaren Problemen.

3.6.7 Satz *Für $\bar{t} \in \mathrm{dom}(M, T)$ sei die Funktion $f : \mathrm{gph}(M, T) \to \mathbb{R}$ an jedem Punkt in $\{\bar{t}\} \times M(\bar{t})$ stetig, die Zulässige-Mengen-Abbildung $M : T \rightrightarrows \mathbb{R}^n$ sei an $\bar{t}$ innerhalbstetig relativ zu $\mathrm{dom}(M, T)$, außerhalbstetig und lokal beschränkt, und das Problem $P(\bar{t})$ sei eindeutig lösbar. Dann ist die Minimalpunktabbildung $S : \mathrm{dom}(M, T) \rightrightarrows \mathbb{R}^n$ an $\bar{t}$ stetig und lokal beschränkt.*

Beweis Die Außerhalbstetigkeit und lokale Beschränktheit von S an $\bar{t}$ wurden bereits in Satz 3.6.1 gezeigt. Die Innerhalbstetigkeit folgt damit aus Proposition 3.3.40, da die eindeutige Lösbarkeit von $P(\bar{t})$ gerade der Einpunktigkeit von $S(\bar{t})$ entspricht.   □

3.6.8 Übung In Beispiel 1.9.5 ist S im Intervall $(0, \pi)$ einpunktig, aber nicht stetig. Welche Voraussetzung von Satz 3.6.7 ist hier verletzt?

Explizitere Versionen von Satz 3.6.7 lassen sich wieder mit Hilfe der hinreichenden Bedingungen für Stetigkeitseigenschaften von M aus Abschn. 3.4 angeben. Da sich die Voraussetzungen in Satz 3.6.7 nur durch die zusätzliche Forderung der eindeutigen Lösbarkeit des Referenzproblems $P(\bar{t})$ von denen in Satz 3.6.1 (und in Korollar 3.5.4) unterscheiden, seien die einfachen Modifikationen von Korollar 3.6.2, Übung 3.6.3, Korollar 3.6.4 und Korollar 3.6.5 dem Leser überlassen.

3.7   Richtungssensitivität von Minimalwerten

Nach Satz 2.3.16 ist die Kritische-Werte-Funktion $\bar{v}$ eines restringierten parametrischen Optimierungsproblems P an nichtdegenerierten kritischen Werten stetig differenzierbar (sogar zweimal), und ihr Gradient besitzt mit dem eindeutigen Multiplikatorenvektor $(\bar{\lambda}, \bar{\mu})$ des zugehörigen nichtdegenerierten kritischen Punkts $\bar{x}$ von $P(\bar{t})$ die Darstellung $\nabla \bar{v}(\bar{t}) = \nabla_t L(\bar{t}, \bar{x}, \bar{\lambda}, \bar{\mu})$. Für konvexe Optimierungsprobleme darf man dabei die Kritische-Werte-Funktion $\bar{v}$ durch die Minimalwertfunktion v ersetzen (Satz 2.3.16g).

Wie wir etwa in Beispiel 1.9.1 und Beispiel 1.9.4 sowie Übung 1.9.6c gesehen haben, sind Minimalwertfunktionen aber bereits in Fällen nichtdifferenzierbar, die in Anwendungen sehr leicht auftreten können. In Abschn. 2.4 haben wir bereits diskutiert, dass die Sensitivitätsresultate aus Abschn. 2.2.6 und Abschn. 2.3.7 dann nicht anwendbar sind.

Weil Sensitivitätsinformationen an Nichtdifferenzierbarkeitsstellen von v aber in vielen Anwendungen trotzdem von zentraler Bedeutung sind, werden wir im Folgenden untersuchen, was sich zur Differenzierbarkeit von v sagen lässt, wenn zum Beispiel die Menge der minimalen Punkte $S(\bar{t})$ oder die Menge der Lagrange-Multiplikatoren nicht eindeutig (und die zugehörigen Minimalpunkte daher degeneriert) sind. Wir beschäftigen uns also mit *allgemeineren Versionen des Umhüllungssatzes.*

Wir nutzen dazu Abschwächungen des Ableitungsbegriffs wie einseitige Richtungsableitungen oder (noch schwächer) obere und untere einseitige Richtungsableitungen, mit deren Hilfe auch an vielen Nichtdifferenzierbarkeitsstellen von v noch Sensitivitätsuntersuchungen möglich sind. In Abschn. 3.7.1 erinnern wir zunächst an die entsprechenden Ableitungsbegriffe [56], bevor Abschn. 3.7.2 nicht nur die einseitige Richtungsdifferenzierbarkeit von Minimalwertfunktionen parametrischer Optimierungsprobleme mit konstanten zulässigen Mengen herleitet, sondern auch eine explizite Formel für die einseitigen Richtungsableitungen angibt.

In Abschn. 3.7.3 nutzen wir diese Ergebnisse aus, um die einseitige Richtungsdifferenzierbarkeit der Minimalwertfunktion unrestringierter parametrischer Optimierungsprobleme zu untersuchen. Abschließend befasst sich Abschn. 3.7.4 mit den einseitigen Richtungsableitungen der Minimalwertfunktion parametrischer Optimierungsprobleme mit parameterabhängigen zulässigen Mengen.

3.7.1 Einseitige Richtungsdifferenzierbarkeit

Für eine an $\bar{x} \in \text{int } X$ differenzierbare Funktion $f : X \to \mathbb{R}$ gilt nach dem Satz von Taylor [21, 27] für jede Richtung $d \in \mathbb{R}^n$ und jeden Skalar t

$$f(\bar{x} + td) = f(\bar{x}) + t \langle \nabla f(\bar{x}), d \rangle + o(\|td\|) \tag{3.8}$$

(wobei $o(\|td\|)$ einen Fehlerterm der Form $\omega(td)\|td\|$ mit $\lim_{td \to 0} \omega(td) = \omega(0) = 0$ bezeichnet). Beschränkt man sich auf positive Skalare t, so lässt sich der Ausdruck $\bar{x} + td$ als „ein Schritt der Länge t von $\bar{x}$ aus in die Richtung d" interpretieren. Die Entwicklung (3.8) gibt an, wie die Funktionswerte sich von $\bar{x}$ aus entlang von Schritten in die Richtung d „nach erster Ordnung" verändern. Insbesondere lässt sich zu gegebenem $\bar{d} \in \mathbb{R}^n$ durch den Grenzübergang $t \searrow 0$ der Ableitungsterm mit einem Differenzenquotienten in Verbindung bringen, denn aus (3.8) folgt

$$\lim_{t \searrow 0} \frac{f(\bar{x} + t\bar{d}) - f(\bar{x})}{t} = \langle \nabla f(\bar{x}), \bar{d} \rangle.$$

In Anwendungen ist es häufig günstig, bei diesem Grenzübergang die Richtung $\bar{d}$ nicht konstant zu halten, sondern durch andere Richtungen d zu approximieren (etwa um Approximationen zu erzielen, die mit der Definition des äußeren Tangentialkegels an eine Menge konsistent sind; um dessen Abgeschlossenheit zu garantieren, wird ebenfalls solch eine Konstruktion benutzt [56]). Für eine an $\bar{x}$ differenzierbare Funktion f und $\bar{d} \in \mathbb{R}^n$ folgt aus (3.8) tatsächlich auch

$$\lim_{t \searrow 0, \, d \to \bar{d}} \frac{f(\bar{x} + td) - f(\bar{x})}{t} = \langle \nabla f(\bar{x}), \bar{d} \rangle.$$

Grundidee der folgenden Definition ist, dass dieser Grenzwert von Differenzenquotienten auch *ohne* Differenzierbarkeit von f an $\bar{x}$ existieren kann, was man als *einseitige Richtungsdifferenzierbarkeit* (im Sinne von Hadamard) bezeichnet. Selbst wenn der Grenzwert nicht existiert, lassen sich mit Hilfe der Konzepte von Limes inferior und Limes superior noch verallgemeinerte Richtungsableitungen definieren.

Da für unsere Argumente *negative* Werte von t nirgends eine Rolle spielen werden, können wir uns tatsächlich auf Grenzübergänge bezüglich $t \searrow 0$ beschränken, also bezüglich Nullfolgen *positiver* Zahlen (t^k). Dies liefert ein allgemeineres Konzept als die *zweiseitige* Richtungsdifferenzierbarkeit, bei der *beliebige* Nullfolgen (t^k) benutzt werden, also Grenzübergänge der Form $t \to 0$. Anschaulich klar ist auch, dass zweiseitige Richtungsdifferenzierbarkeit als Konzept zur Untersuchung nichtdifferenzierbarer Funktionen nicht sehr weit tragen kann, weil für $n = 1$ die zweiseitige Richtungsdifferenzierbarkeit bereits mit der Differenzierbarkeit übereinstimmt (z. B. ist $f(x) = |x|$ an $\bar{x} = 0$ zwar einseitig, aber nicht zweiseitig richtungsdifferenzierbar).

Einseitige Richtungsableitungen müssen nicht zwingend an einem inneren Punkt $\bar{x}$ des Definitionsbereichs X von f betrachtet werden. Die Behandlung von einseitigen Richtungsableitungen an inneren Punkten von X gestaltet sich aber einfacher (für die Untersuchung von einseitigen Richtungsableitungen einer Funktion am Rand ihres Definitionsbereichs vgl. etwa [60]).

Hält man bei obigem Grenzübergang die Richtung $\bar{d}$ doch fest und bildet den Limes nur bezüglich $t \searrow 0$, so spricht man bei Existenz des Grenzwerts von einseitiger Richtungsdifferenzierbarkeit im Sinne von Dini. Sie folgt offensichtlich aus der einseitigen Richtungsdifferenzierbarkeit im Sinne von Hadamard.

3.7.1 Definition (Obere und untere einseitige Richtungsableitung)
Für einen Punkt $\bar{x} \in X$ und eine Richtung $\bar{d} \in \mathbb{R}^n$ heißen

$$f'_+(\bar{x}, \bar{d}) := \limsup_{t \searrow 0,\, d \to \bar{d}} \frac{f(\bar{x} + td) - f(\bar{x})}{t}$$

und

$$f'_-(\bar{x}, \bar{d}) := \liminf_{t \searrow 0,\, d \to \bar{d}} \frac{f(\bar{x} + td) - f(\bar{x})}{t}$$

obere bzw. *untere einseitige Richtungsableitung* von $f : X \to \mathbb{R}$ an $\bar{x}$ (im Sinne von Hadamard). Die Funktion f heißt an $\bar{x}$ *in Richtung $\bar{d}$ einseitig richtungsdifferenzierbar*, falls $f'_+(\bar{x}, \bar{d}) = f'_-(\bar{x}, \bar{d})$ gilt. In diesem Fall schreiben wir

$$f'(\bar{x}, \bar{d}) := \lim_{t \searrow 0,\, d \to \bar{d}} \frac{f(\bar{x} + td) - f(\bar{x})}{t}.$$

Schließlich heißt f an $\bar{x}$ *einseitig richtungsdifferenzierbar*, falls f an $\bar{x}$ in jeder Richtung $\bar{d} \neq 0$ einseitig richtungsdifferenzierbar ist.

3.7.2 Übung   Zeigen Sie: Falls $\bar{x}$ lokaler Minimalpunkt einer Funktion $f : \mathbb{R}^n \to \mathbb{R}$ ist, so gilt $f'_-(\bar{x}; d) \geq 0$ für alle $d \in \mathbb{R}^n$.

3.7.3 Übung   Es sei $\| \cdot \|$ eine Norm auf $\mathbb{R}^n$. Zeigen Sie: Die Funktion $f(x) = \|x\|$ ist einseitig richtungsdifferenzierbar an $\bar{x} = 0$ mit $f'(0, d) = \|d\|$ für alle $d \in \mathbb{R}^n$. Warum sind im Fall $n = 1$ die einseitigen Richtungsableitungen $f'(0, 1)$ und $f'(0, -1)$ identisch?

3.7.4 Übung   Zeigen Sie, dass für festes $\bar{x} \in \mathbb{R}^n$ die Funktionen $f'_-(\bar{x}, \cdot)$ und $f'_+(\bar{x}, \cdot)$ positiv homogen sind, dass also für alle $d \in \mathbb{R}^n$ und $\lambda > 0$

$$f'_\pm(\bar{x}, \lambda d) = \lambda f'_\pm(\bar{x}, d)$$

gilt.

Wegen Übung 3.7.4 genügt es bei der Untersuchung von einseitigen Richtungsableitungen bei Bedarf, nur Richtungen der Länge $\|d\| = 1$ zu betrachten.

3.7.5 Übung   Zeigen Sie: Falls f an $\bar{x}$ differenzierbar ist, so ist f an $\bar{x}$ auch einseitig richtungsdifferenzierbar, und für jede Richtung $d \in \mathbb{R}^n$ gilt

$$f'(\bar{x}, d) = \langle \nabla f(\bar{x}), d \rangle.$$

Ein Blick auf die Graphen der Minimalwertfunktionen aus Beispiel 1.9.1, Beispiel 1.9.4 und Übung 1.9.6c erweckt den Eindruck, dass sie an ihren Nichtdifferenzierbarkeitsstellen wenigstens einseitig richtungsdifferenzierbar sein könnten. Davon werden wir uns im Folgenden überzeugen und dabei feststellen, dass einseitige Richtungsdifferenzierbarkeit der Minimalwertfunktion bereits unter recht schwachen Voraussetzungen vorliegt.

3.7.2   Konstante zulässige Mengen

Wir betrachten in diesem Abschnitt den Fall einer an $\bar{t} \in \mathrm{int}\, T$ lokal konstantwertigen Zulässige-Mengen-Abbildung mit nichtleerem und kompaktem Wert $M \subseteq \mathbb{R}^n$, und mit einer zugehörigen Umgebung U von $\bar{t}$ sei f auf $U \times M$ stetig.

Dann ist für jedes $t \in U$ die kompakte Minimalpunktmenge $S(t)$ nach dem Satz von Weierstraß ebenfalls nichtleer, es gilt also

$$v(t) = \min_{x \in M} f(t, x).$$

Nach Übung 3.5.6 ist v sogar stetig auf U. Wir wollen im Folgenden die einseitige Richtungsdifferenzierbarkeit von v an $\bar{t}$ untersuchen.

Versetzen wir uns noch einmal in die Situation von Abschn. 2.3.7 zurück: Falls P durch C^2-Funktionen beschrieben wird und falls $P(\bar t)$ einen eindeutigen Minimalpunkt $\bar x$ besitzt, so ist die Zusatzforderung sinnvoll, $\bar x$ sei ein nichtdegenerierter globaler Minimalpunkt von $P(\bar t)$. Dann liefert Satz 2.3.16 die stetige Differenzierbarkeit von v (bzw. von $\bar v$) an $\bar t$ mit $\nabla v(\bar t) = \nabla_t f(\bar t, \bar x)$ (wegen der t-Unabhängigkeit von M). Im Hinblick auf den folgenden Satz halten wir fest, dass v an $\bar t$ insbesondere einseitig richtungsdifferenzierbar mit

$$\forall s \in \mathbb{R}^r : \quad v'(\bar t, s) = \langle \nabla_t f(\bar t, \bar x), s \rangle$$

ist.

Man kann nun fragen, ob sich wenigstens die einseitige Richtungsdifferenzierbarkeit von v an $\bar t$ noch zeigen lässt, wenn man sowohl auf die Voraussetzung der Nichtdegeneriertheit als auch auf die der eindeutigen Lösbarkeit von $P(\bar t)$ verzichtet. Der folgende Satz gibt darauf nicht nur eine positive Antwort, sondern stellt sogar eine Formel für die einseitige Richtungsableitung $v'(\bar t, s)$ zur Verfügung (die erwartungsgemäß eine mögliche Mehrdeutigkeit der Minimalpunkte berücksichtigt).

Hier und im Folgenden treffen wir möglichst schwache Differenzierbarkeitsvoraussetzungen an die Funktion f, um die Chancen auf die Einsetzbarkeit der Resultate in Anwendungen zu erhöhen. Diese Differenzierbarkeitsvoraussetzungen sind aber beispielsweise für eine auf $T \times \mathbb{R}^n$ stetig differenzierbare Funktion f stets erfüllt.

3.7.6 Satz (Satz von Danskin [5])

An $\bar t \in \operatorname{int} T$ sei die Zulässige-Mengen-Abbildung lokal konstantwertig mit nichtleerem und kompaktem Wert $M \subseteq \mathbb{R}^n$, mit einer zugehörigen Umgebung U von $\bar t$ sei f auf $U \times M$ stetig, und $f(\cdot, x)$ sei für jedes $x \in M$ an $\bar t$ differenzierbar mit auf $\{\bar t\} \times M$ stetiger Ableitung $\nabla_t f$. Dann gilt:

a) *Die Minimalwertfunktion v ist an $\bar t$ einseitig richtungsdifferenzierbar mit*

$$\forall s \in \mathbb{R}^r : \quad v'(\bar t, s) = \min_{x \in S(\bar t)} \langle \nabla_t f(\bar t, x), s \rangle.$$

b) *Für gegebene Folgen $(\tau^k) \subseteq \{\tau \in \mathbb{R} \mid \tau > 0\}$ mit $\lim_k \tau^k = 0$ und $(s^k) \subseteq \mathbb{R}^r$ mit $\lim_k s^k = s$ liefert jeder Häufungspunkt $x^\star$ einer Folge (x^k) mit $x^k \in S(\bar t + \tau^k s^k)$, $k \in \mathbb{N}$, den Wert*

$$v'(\bar t, s) = \langle \nabla_t f(\bar t, x^\star), s \rangle$$

der einseitigen Richtungsableitung.

Beweis Es sei $s \in \mathbb{R}^r$. Wir stellen zunächst fest, dass der Minimalwert $\min_{x \in S(\bar t)} \langle \nabla_t f(\bar t, x), s \rangle$ in Aussage a nach dem Satz von Weierstraß tatsächlich angenommen wird (ansonsten müssten wir $\inf_{x \in S(\bar{t})} \langle \nabla_t f(\bar{t}, x), s \rangle$ schreiben), weil die Funktion $\langle \nabla_t f(\bar{t}, \cdot), s \rangle$ auf M stetig und die Menge $S(\bar{t}) \subseteq M$ nichtleer und kompakt ist.

Wir zeigen nun die beiden Aussagen

$$v'_+(\bar{t}, s) \leq \min_{x \in S(\bar{t})} \langle \nabla_t f(\bar{t}, x), s \rangle, \tag{3.9}$$

$$v'_-(\bar{t}, s) \geq \min_{x \in S(\bar{t})} \langle \nabla_t f(\bar{t}, x), s \rangle. \tag{3.10}$$

Wegen

$$v'_+(\bar{t}, s) \leq \min_{x \in S(\bar{t})} \langle \nabla_t f(\bar{t}, x), s \rangle \leq v'_-(\bar{t}, s) \leq v'_+(\bar{t}, s)$$

stimmen $v'_-(\bar{t}, s)$ und $v'_+(\bar{t}, s)$ dann erstens überein (v ist also einseitig richtungsdifferenzierbar in Richtung s), und zweitens ist der Wert der einseitigen Richtungsableitung der in Aussage a angegebene.

Zum Beweis von (3.9) benutzen wir, dass $S(t)$ wegen der Stetigkeit von $f(t, \cdot)$ auf der nichtleeren und kompakten Menge M laut Satz von Weierstraß für alle $t \in U$ nichtleer ist. Wir wählen einen beliebigen Punkt $x \in S(\bar{t})$ und setzen mit beliebigen Folgen $(\tau^k) \subseteq \{\tau \in \mathbb{R} \mid \tau > 0\}$ mit $\lim_k \tau^k = 0$ sowie $(s^k) \subseteq \mathbb{R}^r$ mit $\lim_k s^k = s$

$$t^k := \bar{t} + \tau^k s^k.$$

Dann liegt t^k für fast alle $k \in \mathbb{N}$ in U, und für jedes dieser k wählen wir ein $x^k \in S(t^k)$. Wegen

$$v(t^k) - v(\bar{t}) = f(t^k, x^k) - f(\bar{t}, x) = \underbrace{f(t^k, x^k) - f(t^k, x)}_{\leq\, 0 \ (\text{wegen } x^k \in S(t^k) \text{ und } x \in M)} + f(t^k, x) - f(\bar{t}, x)$$

$$\leq f(\bar{t} + \tau^k s^k, x) - f(\bar{t}, x)$$

und der Differenzierbarkeit von $f(\cdot, x)$ mit $x \in S(\bar{t}) \subseteq M$ an $\bar{t}$ gilt

$$v(t^k) - v(\bar{t}) \leq \tau^k \langle \nabla_t f(\bar{t}, x), s^k \rangle + o(\|\tau^k s^k\|)$$

und damit

$$\limsup_k \frac{v(t^k) - v(\bar{t})}{\tau^k} \leq \langle \nabla_t f(\bar{t}, x), s \rangle.$$

Wegen der Beliebigkeit der Folgen (τ^k) und (s^k) erhalten wir auch

$$v'_+(\bar{t}, s) \leq \langle \nabla_t f(\bar{t}, x), s \rangle,$$

und aus der Beliebigkeit des Minimalpunkts $x \in S(\bar{t})$ folgt (3.9).

Als Nächstes beweisen wir (3.10) und konstruieren dazu einen Punkt $x^\star \in S(\bar{t})$ mit $v'_-(\bar{t}, s) \geq \langle \nabla_t f(\bar{t}, x^\star), s \rangle$. Dazu seien $(\tau^k) \subseteq \{\tau \in \mathbb{R} \mid \tau > 0\}$ mit $\lim_k \tau^k = 0$ und

$(s^k) \subseteq \mathbb{R}^r$ mit $\lim_k s^k = s$ Folgen, die den Limes inferior $v'_-(\bar{t}, s)$ realisieren (dies ist möglich, weil ein kleinster Häufungswert existiert [26]), für die also

$$v'_-(\bar{t}, s) = \lim_k \frac{v(\bar{t} + \tau^k s^k) - v(\bar{t})}{\tau^k}$$

gilt. Wir setzen wie oben $t^k := \bar{t} + \tau^k s^k$ und wählen für jedes (hinreichend große) $k \in \mathbb{N}$ ein $x^k \in S(t^k)$. Wegen der Stetigkeit von f an jedem Punkt in $\{\bar{t}\} \times M$ und Übung 3.6.3 ist S an $\bar{t}$ außerhalbstetig und lokal beschränkt. Folglich können wir nach eventuellem Übergang zu einer Teilfolge die Konvergenz der Folge (x^k) gegen einen Grenzpunkt $x^\star \in S(\bar{t})$ annehmen.

Mit dem so konstruierten Punkt $x^\star$ gilt für jedes k

$$v(t^k) - v(\bar{t}) = f(t^k, x^k) - f(\bar{t}, x^\star) = f(t^k, x^k) - f(\bar{t}, x^k) + \underbrace{f(\bar{t}, x^k) - f(\bar{t}, x^\star)}_{\geq 0 \ (\text{wegen } x^k \in M \text{ und } x^\star \in S(\bar{t}))}$$

$$\geq f(\bar{t} + \tau^k s^k, x^k) - f(\bar{t}, x^k).$$

Die Differenzierbarkeit von $f(\cdot, x^k)$ mit $x^k \in S(t^k) \subseteq M$ an $\bar{t}$ liefert

$$v(t^k) - v(\bar{t}) \geq \tau^k \langle \nabla_t f(\bar{t} + \sigma^k s^k, x^k), s^k \rangle \quad \text{mit } \sigma^k \in (0, \tau^k),$$

wobei wir in der Taylor-Formel die Lagrange-Darstellung des Restglieds gewählt haben, um die k-Abhängigkeit im zweiten Argument von f zu berücksichtigen [21, 27].

Im Grenzübergang gilt aufgrund der Stetigkeit von $\nabla_t f$ an $(\bar{t}, x^\star)$

$$v'_-(\bar{t}, s) = \lim_k \frac{v(t^k) - v(\bar{t})}{\tau^k} \geq \lim_k \langle \nabla_t f(\bar{t} + \sigma^k s^k, x^k), s^k \rangle = \langle \nabla_t f(\bar{t}, x^\star), s \rangle.$$

Es folgt

$$v'_-(\bar{t}, s) \geq \langle \nabla_t f(\bar{t}, x^\star), s \rangle \geq \min_{x \in S(\bar{t})} \langle \nabla_t f(\bar{t}, x), s \rangle$$

und damit (3.10).

Die explizite Konstruktionsvorschrift für $x^\star$ beweist auch Aussage b, denn nach Aussage a ist jetzt bekannt, dass *jede* Wahl von Folgen $(\tau^k) \subseteq \{\tau \in \mathbb{R} \mid \tau > 0\}$ mit $\lim_k \tau^k = 0$ und $(s^k) \subseteq \mathbb{R}^r$ mit $\lim_k s^k = s$ den Limes inferior $v'_-(\bar{t}, s)$ durch

$$v'_-(\bar{t}, s) = v'(\bar{t}, s) = \lim_k \frac{v(\bar{t} + \tau^k s^k) - v(\bar{t})}{\tau^k}$$

realisiert. Daher gilt wie oben für jeden Häufungspunkt $x^\star$ von Punkten $x^k \in S(t^k)$, $k \in \mathbb{N}$, erstens $x^\star \in S(\bar{t})$ und zweitens

$$v'(\bar{t}, s) \geq \langle \nabla_t f(\bar{t}, x^\star), s \rangle \geq \min_{x \in S(\bar{t})} \langle \nabla_t f(\bar{t}, x), s \rangle = v'(\bar{t}, s),$$

also die Behauptung. $\square$

In Satz 3.7.6 mag es überraschend erscheinen, dass man die einseitige Richtungsableitung $v'(\bar{t}, s)$ in Aussage a zwar mit Hilfe *aller* Minimalpunkte als $\min_{x \in S(\bar{t})} \langle \nabla_t f(\bar{t}, x), s \rangle$ schreibt, aber in Aussage b als $\langle \nabla_t f(\bar{t}, x^\star), s \rangle$ mit nur *einem* Minimalpunkt. Dies bedeutet *nicht,* dass man mit Hilfe von Aussage b den Punkt $x^\star$ beliebig aus $S(\bar{t})$ wählen darf, um die korrekte einseitige Richtungsableitung in Richtung s zu erhalten. Vielmehr geht die Richtung s in die Konstruktion von $x^\star$ ein, so dass es sich bei ihm um ein *spezielles* Element von $S(\bar{t})$ handelt: Zu gegebener Richtung s ist $x^\star$ ein Minimalpunkt der Funktion $\langle \nabla_t f(\bar{t}, \cdot), s \rangle$ über der Menge $S(\bar{t})$.

Bei der praktischen Anwendung von Satz 3.7.6 ist zu beachten, dass man zur *Berechnung* der einseitigen Richtungsableitung von v nach Satz 3.7.6a ein *globales Optimierungsproblem* zu lösen hat, *dessen zulässige Menge man oft noch nicht einmal kennt* (man ist ja häufig bereits froh, wenn man algorithmisch *ein* Element der Minimalpunktmenge $S(\bar{t})$ bestimmen kann). Zumindest das zweite dieser beiden Probleme wird in Satz 3.7.6b entschärft: Man muss von gewissen approximierenden Problemen jeweils nur einen globalen Minimalpunkt bestimmen und mit den so gewonnenen Punkten einen Grenzübergang durchführen.

3.7.7 Übung Berechnen Sie für v aus Beispiel 1.9.4 mit Hilfe von Satz 3.7.6a die einseitigen Richtungsableitungen $v'(\pi, 1)$ und $v'(\pi, -1)$ (Abb. 1.10).

3.7.8 Übung Zusätzlich zu den Voraussetzungen von Satz 3.7.6 sei $\nabla_t f : T \times \mathbb{R}^n \to \mathbb{R}^r$ nicht nur auf $\{\bar{t}\} \times M$ stetig, sondern an jedem Punkt in $\{\bar{t}\} \times M$ stetig. Zeigen Sie, dass dann die Funktion $v'(\bar{t}, \cdot)$ auf $\mathbb{R}^r$ stetig und konkav ist.

3.7.9 Übung Zeigen Sie unter den Voraussetzungen von Übung 3.7.8, dass die Funktion $v'(\bar{t}, \cdot)$ superlinear ist, dass also für jede Wahl $s^1, s^2 \in \mathbb{R}^n$ die Ungleichung $v'(\bar{t}, s^1 + s^2) \geq v'(\bar{t}, s^1) + v'(\bar{t}, s^2)$ gilt.

3.7.10 Übung Für eine endliche Indexmenge K seien die Funktionen f_k, $k \in K$, stetig differenzierbar auf $\mathbb{R}^n$. Zeigen Sie, dass die Funktionen $\min_{k \in K} f_k(x)$ und $\max_{k \in K} f_k(x)$ dann auf ganz $\mathbb{R}^n$ einseitig richtungsdifferenzierbar sind, und berechnen Sie ihre einseitigen Richtungsableitungen.

3.7.3 Unrestringierte Probleme

Satz 3.7.6 lässt sich auf unrestringierte Probleme P übertragen, sofern dort lokal um $\bar{t}$ die minimalen Punkte $S(t)$ von $P(t)$ in einer konstanten kompakten Menge enthalten sind. Dies ist für lokal gleichmäßig niveaubeschränkte Zielfunktionen der Fall.

3.7.11 Korollar *Für ein unrestringiertes Problem P sei die Funktion $f : T \times \mathbb{R} \to \mathbb{R}$ an $\bar{t} \in$ int T lokal gleichmäßig niveaubeschränkt, mit einer Umgebung $U \subseteq T$ von $\bar{t}$ sei f auf $U \times \mathbb{R}^n$ stetig, und $f(\cdot, x)$ sei für jedes $x \in \mathbb{R}^n$ an $\bar{t}$ differenzierbar mit auf $\{\bar{t}\} \times \mathbb{R}^n$ stetiger Ableitung $\nabla_t f$. Dann ist die Funktion $v(t) = \min_{x \in \mathbb{R}^n} f(t, x)$ an $\bar{t}$ einseitig richtungsdifferenzierbar mit*

$$\forall s \in \mathbb{R}^r : \quad v'(\bar{t}, s) = \min_{x \in S(\bar{t})} \langle \nabla_t f(\bar{t}, x), s \rangle,$$

und für gegebene Folgen $(\tau^k) \subseteq \{\tau \in \mathbb{R} \,|\, \tau > 0\}$ mit $\lim_k \tau^k = 0$ und $(s^k) \subseteq \mathbb{R}^r$ mit $\lim_k s^k = s$ liefert jeder Häufungspunkt $x^\star$ von (x^k) mit $x^k \in S(\bar{t} + \tau^k s^k)$, $k \in \mathbb{N}$, den Wert der einseitigen Richtungsableitung als

$$v'(\bar{t}, s) = \langle \nabla_t f(\bar{t}, x^\star), s \rangle.$$

Beweis Nach Satz 3.3.18 ist die Minimalpunktabbildung $S : T \rightrightarrows \mathbb{R}^n$ lokal beschränkt an $\bar{t}$. Nach einer eventuellen Verkleinerung der Umgebung U von $\bar{t}$ ist also die Menge

$$M := \text{cl} \bigcup_{t \in U} S(t)$$

nichtleer und kompakt, und wegen $S(t) \subseteq M$ gilt $v(t) = \min_{x \in M} f(t, x)$ für alle $t \in U$. Damit sind die Voraussetzungen von Satz 3.7.6 erfüllt, und alle Behauptungen folgen. $\square$

3.7.12 Übung Berechnen Sie für die Funktion f aus Beispiel 1.9.1 die einseitigen Richtungsableitungen $v'(0, s)$ für alle $s \in \mathbb{R}$ per Korollar 3.7.11. Vergleichen Sie dies mit dem Vorgehen, das nötig wäre, um dasselbe Ergebnis mit Hilfe der explizit berechneten Funktion v aus Beispiel 1.9.3 zu erhalten.

Das folgende Korollar liefert eine weitreichende Verschärfung des Umhüllungssatzes für unrestringierte Probleme (Satz 2.2.15d) in dem Sinne, dass die einmalige Differenzierbarkeit von v unter erheblich schwächeren Voraussetzungen gezeigt werden kann. Im Wesentlichen lässt sich die dort durch die Nichtdegeneriertheit des Minimalpunkts garantierte Existenz einer lokal eindeutigen *stetig differenzierbaren* Minimalpunktfunktion dadurch ersetzen, dass man lediglich die Existenz einer lokal eindeutigen *stetigen* Minimalpunktfunktion fordert. Außerdem genügt als Glattheitsforderung an f dann eine einmalige anstelle der zweimaligen stetigen Differenzierbarkeit.

3.7.13 Korollar *Für ein unrestringiertes Problem P sei die Minimalpunktabbildung S auf einer Umgebung U von $\bar{t} \in \text{int } T$ einpunktig, die Funktion $\sigma : U \to \mathbb{R}^n$ mit $S(t) = \{\sigma(t)\}$ sei stetig, f sei auf $U \times \text{bild}(\sigma, U)$ stetig, und $f(\cdot, x)$ sei für jedes $x \in \text{bild}(\sigma, U)$ an jedem $t \in U$ differenzierbar mit auf $\{t\} \times \text{bild}(\sigma, U)$ stetiger Ableitung $\nabla_t f$. Dann ist v auf einer Umgebung von $\bar{t}$ stetig differenzierbar, und mit $\bar{x} := \sigma(\bar{t})$ gilt*

$$\nabla v(\bar{t}) = \nabla_t f(\bar{t}, \bar{x}).$$

Beweis Wir wählen eine kompakte Umgebung $V \subseteq U$ von $\bar{t}$. Wegen der Stetigkeit von σ ist die Menge $M := \text{bild}(\sigma, V)$ kompakt [27], und wegen $\sigma(t) \in M$ und damit $S(t) \subseteq M$ gilt $v(t) = \min_{x \in M} f(t, x)$ für alle $t \in V$. Unter Berücksichtigung der Inklusion $\text{bild}(\sigma, V) \subseteq \text{bild}(\sigma, U)$ sind die Voraussetzungen von Satz 3.7.6 für *jedes* $t \in V$ erfüllt, und wir erhalten

$$\forall t \in V, \ s \in \mathbb{R}^r : \quad v'(t, s) = \min_{x \in S(t)} \langle \nabla_t f(t, x), s \rangle = \langle \nabla_t f(t, \sigma(t)), s \rangle. \tag{3.11}$$

Als Nächstes zeigen wir, dass hieraus die partielle Differenzierbarkeit von v an jedem $t \in V$ mit $\partial_{t_j} v(t) = \partial_{t_j} f(t, \sigma(t))$, $j = 1, \ldots, r$, folgt. Dazu genügt es leider nicht, einfach die Koordinatenrichtung $s := e_j$ in (3.11) einzusetzen, weil der benötigte Grenzwert

$$\partial_{t_j} v(t) = \lim_{\tau \to 0} \frac{v(t + \tau e_j) - v(t)}{\tau}$$

ein *zweiseitiger* ist, während wir in (3.11) nur die *einseitige* Richtungsdifferenzierbarkeit von v an t in jede Richtung nachgewiesen haben (e_j bezeichnet den j-ten Einheitsvektor in $\mathbb{R}^r$).

Es sei also $(\tau^k) \subseteq \mathbb{R}^r \setminus \{0\}$ eine beliebige Folge mit $\lim_k \tau^k = 0$. Angenommen, es gilt nicht

$$\lim_k \frac{v(t + \tau^k e_j) - v(t)}{\tau^k} = \partial_{t_j} f(t, \sigma(t)). \tag{3.12}$$

Dann gibt es ein $\varepsilon > 0$, so dass unendlich viele k

$$\left| \frac{v(t + \tau^k e_j) - v(t)}{\tau^k} - \partial_{t_j} f(t, \sigma(t)) \right| \geq \varepsilon \tag{3.13}$$

erfüllen. Da für unendlich viele dieser k die Folgenglieder τ^k dasselbe Vorzeichen besitzen müssen, liegt mindestens einer der beiden folgenden Fälle vor.

Fall 1: *Für unendlich viele k gilt $\tau^k > 0$.*
  In diesem Fall dürfen wir nach eventuellem Übergang zu einer Teilfolge annehmen, dass die τ^k in (3.13) ausschließlich positiv sind (und als Teilfolge nach wie vor eine Nullfolge

bilden). Dadurch wird die zweiseitige zu einer einseitigen Richtungsableitung, und für jedes $j \in \{1, \ldots, r\}$ erhalten wir

$$\lim_k \frac{v(t + \tau^k e_j) - v(t)}{\tau^k} = v'(t, e_j) = \langle \nabla_t f(t, \sigma(t)), e_j \rangle = \partial_{t_j} f(t, \sigma(t)).$$

Dies steht aber im Widerspruch zu (3.13), so dass Fall 1 nicht eintreten kann.

Fall 2: *Für unendlich viele k gilt $\tau^k < 0$.*

Nun dürfen wir nach eventuellem Übergang zu einer Teilfolge annehmen, dass die τ^k in (3.13) ausschließlich negativ sind. Jedes $j \in \{1, \ldots, r\}$ erfüllt somit

$$\lim_k \frac{v(t + \tau^k e_j) - v(t)}{\tau^k} = -\lim_k \frac{v(t + (-\tau^k)(-e_j)) - v(t)}{(-\tau^k)} = -v'(t, -e_j)$$

$$= -\langle \nabla_t f(t, \sigma(t)), -e_j \rangle = \langle \nabla_t f(t, \sigma(t)), e_j \rangle = \partial_{t_j} f(t, \sigma(t)).$$

Dabei haben wir wesentlich von der hier vorliegenden *Linearität* der einseitigen Richtungsableitung im Richtungsvektor Gebrauch gemacht. Auch dieses Ergebnis steht aber im Widerspruch zu (3.13), so dass Fall 2 ebenfalls ausgeschlossen ist.

Folglich gilt (3.12) für jede Nullfolge (τ^k), was die partielle Differenzierbarkeit von v mit Gradient $\nabla_t f(t, \sigma(t))$ an jedem $t \in V$ zeigt (aufgrund der Linearität der Richtungsableitung $v'(t, \cdot) = \langle \nabla_t f(t, \sigma(t)), \cdot \rangle$ im Richtungsvektor ist die Funktion v auf V außerdem zumindest Gâteaux-differenzierbar). Da der Vektor $\nabla_t f(t, \sigma(t))$ der partiellen Ableitungen von v auf V nach Voraussetzung zusätzlich *stetige Einträge* besitzt, ist v an jedem inneren Punkt von V sogar (Fréchet-)differenzierbar [21] mit stetigem Gradient $\nabla_t f(t, \sigma(t))$. Daraus folgen die Behauptungen. □

Gâteaux-Differenzierbarkeit wird zwar mit Hilfe von Dini-Richtungsableitungen definiert, da die Hadamard- aber stärker als die Dini-Richtungsdifferenzierbarkeit ist, spielt das für unsere Argumente keine Rolle.

Das folgende Beispiel illustriert, dass sich in den Voraussetzungen von Korollar 3.7.13 die um $\bar{t}$ *lokale* Einpunktigkeit von S nicht zur Einpunktigkeit *am Punkt* $\bar{t}$ abschwächen lässt. Die Minimalwertfunktion v besitzt in diesem Beispiel an $\bar{t}$ einen Gradienten (und ist sogar Gâteaux-differenzierbar), ist aber auf keiner Umgebung von $\bar{t}$ differenzierbar.

3.7.14 Beispiel

Als Kombination von Beispiel 1.9.1 und Beispiel 2.2.1 betrachten wir die Minimierung der vom Parametervektor $t \in \mathbb{R}^2$ abhängigen Funktion

$$f(t, x) = \frac{x^4}{8} - \frac{3t_1}{4}x^2 - t_2 x$$

über $x \in \mathbb{R}$. Mit ähnlichen Argumenten wie in Beispiel 3.2.34 sieht man, dass f an $\bar{t} = 0 \in \text{int } \mathbb{R}^2$ lokal gleichmäßig niveaubeschränkt ist. Auch sind sämtliche der in Korollar 3.7.11 geforderten Glattheitseigenschaften von f vorhanden. Demnach ist die Minimalwertfunktion $v(t) = \min_{x \in \mathbb{R}} f(t, x)$ an $\bar{t} = 0$ einseitig richtungsdifferenzierbar mit

$$\forall s \in \mathbb{R}^2 : \quad v'(\bar{t}, s) = \min_{x \in S(\bar{t})} \langle \nabla_t f(\bar{t}, x), s \rangle.$$

Wegen $f(0, x) = x^4/8$ gilt $S(0) = \{0\}$, und wir erhalten für jedes $s \in \mathbb{R}^2$

$$v'(0, s) = \min_{x \in S(0)} \langle \nabla_t f(0, x), s \rangle = \min_{x \in S(0)} \left\langle \begin{pmatrix} -\frac{3}{4}x^2 \\ -x \end{pmatrix}, s \right\rangle = \left\langle \begin{pmatrix} 0 \\ 0 \end{pmatrix}, s \right\rangle = 0.$$

Damit ist v an $\bar{t} = 0$ Gâteaux-differenzierbar mit Gradient $\nabla v(0) = (0, 0)^\mathsf{T}$. Daraus folgt aber *nicht* auch die stetige Differenzierbarkeit von v auf einer Umgebung von $\bar{t} = 0$.

Wir zeigen zunächst, dass die hinreichende Bedingung für stetige Differenzierbarkeit aus Korollar 3.7.13 verletzt ist. Tatsächlich ist S zwar einpunktig an $\bar{t} = 0$, aber nicht *lokal* um $\bar{t} = 0$, denn für alle $t = (t_1, 0)$ mit $t_1 > 0$ (also insbesondere für gewisse t in jeder Umgebung von $\bar{t} = 0$) folgt aus der Niveaubeschränktheit von $f(t, \cdot)$ und den Optimalitätsbedingungen erster und zweiter Ordnung, dass $f(t, \cdot)$ zwei verschiedene globale Minimalpunkte besitzt, nämlich $x_{1/2}(t) = \pm\sqrt{3t_1}$. Die Minimalpunktabbildung S ist also um $\bar{t} = 0$ nicht einpunktig.

Diese Beobachtung schließt noch nicht aus, dass v trotzdem auf einer Umgebung von $\bar{t}$ stetig differenzierbar ist. Um zu sehen, dass aber v auf beliebigen Umgebungen von $\bar{t}$ noch nicht einmal differenzierbar ist, stellen wir fest, dass v nach Korollar 3.7.11 an jedem Punkt $t = (t_1, 0)$ mit $t_1 > 0$ einseitig richtungsdifferenzierbar mit

$$\forall s \in \mathbb{R}^r : \quad v'(t, s) = \min_{x \in S(t)} \langle \nabla_t f(t, x), s \rangle = \min_{x \in \{\pm\sqrt{3t_1}\}} \left\langle \begin{pmatrix} -\frac{3}{4}x^2 \\ -x \end{pmatrix}, s \right\rangle$$

$$= \min \left\{ \left\langle \begin{pmatrix} -\frac{9}{4}t_1 \\ -\sqrt{3t_1} \end{pmatrix}, s \right\rangle, \left\langle \begin{pmatrix} -\frac{9}{4}t_1 \\ \sqrt{3t_1} \end{pmatrix}, s \right\rangle \right\}$$

ist. Speziell für die Richtung $\bar{s} = (0, 1)^\mathsf{T}$ und ihre Gegenrichtung $-\bar{s}$ bedeutet dies $v'(t, \pm\bar{s}) = -\sqrt{3t_1} < 0$.

Für eine an t differenzierbare Funktion ist dies aber nicht möglich, weil dann die Richtungsableitung von v an t die Darstellung $v'(t, s) = \langle \nabla v(t), s \rangle$ besäße und damit *linear* in der Richtung wäre. Dies ergäbe den Widerspruch $-\sqrt{3t_1} = v'(t, -\bar{s}) = -v'(t, \bar{s}) = \sqrt{3t_1}$, also ist v an t nicht differenzierbar. Da die Punkte $(t_1, 0)$ mit $t_1 > 0$ beliebig nahe bei $\bar{t} = 0$ liegen können, ist v demnach auf keiner Umgebung von $\bar{t}$ differenzierbar. Abb. 3.8 illustriert, dass der Graph der Funktion v entlang der Menge $\{(t_1, 0) \mid t_1 \geq 0\}$ einen „bei $\bar{t} = 0$ auslaufenden Knick" besitzt.

◀

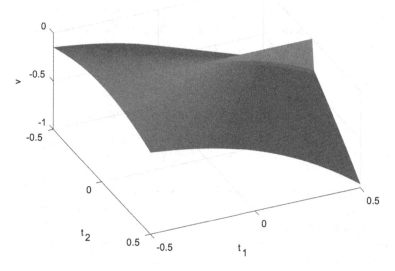

Abb. 3.8 Minimalwertfunktion in Beispiel 3.7.14 mit „auslaufendem Knick"

3.7.15 Übung   Wie lassen sich die in Beispiel 2.2.22 aufgestellten Voraussetzungen für Hotellings Lemma mit Hilfe von Korollar 3.7.13 abschwächen?

3.7.4   Parametrische zulässige Mengen

Als Nächstes untersuchen wir die einseitige Richtungsdifferenzierbarkeit der Minimalwertfunktion

$$v(t) \;=\; \inf_{x \in M(t)} \; f(t, x)$$

an $\bar{t} \in T$ für den Fall einer parameter*abhängigen* sowie durch Ungleichungsrestriktionen beschriebenen zulässigen Menge

$$M(t) \;=\; \{x \in \mathbb{R}^n \mid g_i(t, x) \leq 0, \; i \in I\}$$

mit $t \in T$. Am betrachteten Parameter $\bar{t}$ setzen wir voraus, dass alle Funktionen f, g_i, $i \in I$, auf $\{\bar{t}\} \times M(\bar{t})$ stetig differenzierbar sind. Wegen des hohen technischen Aufwands behandeln wir keine Gleichungsrestriktionen in der Beschreibung von $M(t)$ und verweisen für die entsprechenden Verallgemeinerungen der folgenden Resultate auf [16]. Im gesamten Abschnitt behandeln wir außerdem nur innere Punkte $\bar{t}$ von dom(M, T). Randeffekte werden unter Konvexitätsannahmen ausführlich in [60] untersucht.

Wie im Beweis zu Satz 3.7.6 leiten wir zunächst eine Oberschranke für die obere einseitige Richtungsableitung von v sowie eine Unterschranke für die untere einseitige Richtungsableitung her. Diese werden im Gegensatz zur Situation aus Satz 3.7.6 aber nicht ohne weitere Voraussetzungen übereinstimmen. Solche Voraussetzungen zur Garantie der einseitigen Richtungsdifferenzierbarkeit stellen wir in einem zweiten Schritt bereit. Die Beweistechniken in diesem Abschnitt orientieren sich an denen aus [61].

Eine Oberschranke für die obere einseitige Richtungsableitung
Satz 2.3.16e und Satz 3.7.6a legen es nahe, dass Differenzierbarkeitsaussagen zur Minimalwertfunktion v mit *Linearisierungen* der das Problem $P(t)$ definierenden Funktionen f und g_i, $i \in I$, zusammenhängen, da in den dort bewiesenen Formeln erste Ableitungen dieser Funktionen auftreten. Für einen inneren Punkt $\bar{t}$ von $\mathrm{dom}(M, T)$ und $x \in M(\bar{t})$ betrachten wir daher als eine erste „Linearisierung von P um $(\bar{t}, x)$" das parametrische Hilfsproblem

$$LP^+_{(\bar{t},x)}(s): \quad \min_{d \in \mathbb{R}^n} \langle \nabla_t f(\bar{t}, x), s \rangle + \langle \nabla_x f(\bar{t}, x), d \rangle$$
$$\text{s.t. } \langle \nabla_t g_i(\bar{t}, x), s \rangle + \langle \nabla_x g_i(\bar{t}, x), d \rangle \leq 0, \ i \in I_0(\bar{t}, x),$$

mit Parameter $s \in \mathbb{R}^r$ (und Entscheidungsvariable $d \in \mathbb{R}^n$). Seinen Minimalwert bezeichnen wir mit $v^+_{(\bar{t},x)}(s)$.

Da es sich bei $LP^+_{(\bar{t},x)}(s)$ um ein lineares Optimierungsproblem handelt, können wir zur Darstellung des Minimalwerts $v^+_{(\bar{t},x)}(s)$ die Dualitätstheorie der linearen Optimierung heranziehen. Für gegebenes $s \in \mathbb{R}^r$ lautet das Dualproblem von $LP^+_{(\bar{t},x)}(s)$

$$\max_{\lambda_{I_0}} \langle \nabla_t f(\bar{t}, x), s \rangle + \sum_{i \in I_0(\bar{t},x)} \lambda_i \langle \nabla_t g_i(\bar{t}, x), s \rangle$$
$$\text{s.t. } \nabla_x f(\bar{t}, x) + \sum_{i \in I_0(\bar{t},x)} \lambda_i \nabla_x g_i(\bar{t}, x) = 0,$$
$$\lambda_{I_0} \geq 0.$$

Per Definition der Lagrange-Funktion L von P und durch Reformulierung der Aktivitäten der Ungleichungsrestriktionen per Komplementaritätsbedingungen besitzt dieses Problem denselben Minimalwert wie

$$D^+_{(\bar{t},x)}(s): \quad \max_{\lambda} \ \langle \nabla_t L(\bar{t}, x, \lambda), s \rangle \quad \text{s.t.} \quad \nabla_x L(\bar{t}, x, \lambda) = 0,$$
$$\lambda \geq 0,$$
$$\lambda_i g_i(\bar{t}, x) = 0, \ i \in I.$$

Folglich ist der Vektor λ genau dann zulässig für $D^+_{(\bar{t},x)}(s)$, wenn er gemeinsam mit x die KKT-Bedingungen von $P(\bar{t})$ erfüllt. Wir bezeichnen die Menge der zulässigen Punkte von $D^+_{(\bar{t},x)}(s)$ daher als $KKT(\bar{t}, x)$ und erhalten schließlich die Darstellung

$$D^+_{(\bar{t},x)}(s): \quad \max_{\lambda} \; \langle \nabla_t L(\bar{t}, x, \lambda), s \rangle \quad \text{s.t.} \quad \lambda \in \text{KKT}(\bar{t}, x)$$

für das Dualproblem von $LP^+_{(\bar{t},x)}(s)$.

3.7.16 Lemma *Für $\bar{t} \in \text{int dom}(M, T)$ seien die Funktionen f und $g_i, i \in I$, auf $\{\bar{t}\} \times M(\bar{t})$ stetig differenzierbar, und für ein $x \in S(\bar{t})$ sei die MFB an x in $M(\bar{t})$ erfüllt. Dann ist $LP^+_{(\bar{t},x)}(s)$ für jedes $s \in \mathbb{R}^r$ lösbar, und es gilt*

$$v^+_{(\bar{t},x)}(s) = \max_{\lambda \in \text{KKT}(\bar{t},x)} \; \langle \nabla_t L(\bar{t}, x, \lambda), s \rangle.$$

Beweis Gegeben sei ein beliebiges $s \in \mathbb{R}^r$. Laut Dualitätstheorie der linearen Optimierung [45] impliziert die Lösbarkeit eines der beiden Probleme $LP^+_{(\bar{t},x)}(s)$ und $D^+_{(\bar{t},x)}(s)$ die Lösbarkeit des anderen sowie die Identität der Optimalwerte. Nach einem Satz von Gauvin [15] ist für einen Minimalpunkt x von $P(\bar{t})$ die Menge $\text{KKT}(\bar{t}, x)$ genau bei Gültigkeit der MFB an x in $M(\bar{t})$ ein Polytop. Die zulässige Menge von $D^+_{(\bar{t},x)}(s)$ ist unter der Voraussetzung des Lemmas also insbesondere nichtleer und kompakt. Da seine Zielfunktion linear in λ und damit stetig ist, liefert der Satz von Weierstraß die Lösbarkeit von $D^+_{(\bar{t},x)}(s)$ und damit die Behauptungen. $\qquad\square$

Lemma 3.7.16 belegt im Vergleich mit den Richtungsableitungsformeln für v aus Satz 2.3.16e und Satz 3.7.6a lediglich, dass die Betrachtung des Problems $LP^+_{(\bar{t},x)}$ nicht ganz abwegig ist (weil die Menge $\text{KKT}(\bar{t}, x)$ unter der in Satz 2.3.16 vorausgesetzten LUB einpunktig ist). Allerdings haben wir bislang weder einen Zusammenhang von $v^+_{(\bar{t},x)}(s)$ zur oberen einseitigen Richtungsableitung von v in Richtung s hergestellt, noch wissen wir, wie x dabei zu wählen wäre. Diese Informationen liefert das folgende Lemma.

3.7.17 Lemma *Für $\bar{t} \in \text{int dom}(M, T)$ seien die Funktionen f und $g_i, i \in I$, auf $\{\bar{t}\} \times M(\bar{t})$ stetig differenzierbar, $P(\bar{t})$ sei lösbar, und für jedes $x \in S(\bar{t})$ sei die MFB an x in $M(\bar{t})$ erfüllt. Dann gilt*

$$\forall s \in \mathbb{R}^r: \quad v'_+(\bar{t}, s) \le \inf_{x \in S(\bar{t})} \max_{\lambda \in \text{KKT}(\bar{t},x)} \; \langle \nabla_t L(\bar{t}, x, \lambda), s \rangle.$$

Beweis Wir wählen einen beliebigen Punkt $x \in S(\bar{t})$ und setzen mit beliebigen Folgen $(\tau^k) \subseteq \{\tau \in \mathbb{R} \,|\, \tau > 0\}$ mit $\lim_k \tau^k = 0$ sowie $(s^k) \subseteq \mathbb{R}^r$ mit $\lim_k s^k = s$

$$t^k := \bar{t} + \tau^k s^k.$$

Aus Korollar 3.4.14 folgt die Innerhalbstetigkeit von M an $\bar{t}$, also für hinreichend große $k \in \mathbb{N}$ die Existenz zulässiger Punkte $x^k \in M(t^k)$ mit $\lim_k x^k = x$. Im aktuellen Beweis benötigen wir allerdings Punkte x^k von der speziellen Bauart $x^k = x + \tau^k d$ mit einem Richtungsvektor d, um später die Zielfunktion $f(t^k, x^k) = f(\bar{t} + \tau^k s, x + \tau^k d)$ per Satz von Taylor um den Punkt $(\bar{t}, x)$ entwickeln zu können.

Für die Konstruktion dieser x^k wählen wir einen wegen der MFB an x existierenden Vektor $\bar{d} \in \mathbb{R}^n$ mit

$$\langle \nabla_x g_i(\bar{t}, x), \bar{d} \rangle < 0, \ i \in I_0(\bar{t}, x),$$

einen laut Lemma 3.7.16 existierenden zulässigen Punkt $d(s)$ von $LP^+_{(\bar{t},x)}(s)$ sowie ein $\varepsilon > 0$. Damit definieren wir $d_\varepsilon(s) := d(s) + \varepsilon \bar{d}$ und

$$x^k := x + \tau^k d_\varepsilon(s).$$

Aus $\lim_k \tau^k = 0$ folgt die gewünschte Konvergenz $\lim_k x^k = x$. Bezüglich der noch zu zeigenden Zulässigkeit $x^k \in M(t^k)$ erhalten wir für jedes $i \in I_0(\bar{t}, x)$ wegen der Differenzierbarkeit von g_i am Punkt $(\bar{t}, x) \in \{\bar{t}\} \times M(\bar{t})$ aus dem Satz von Taylor

$$\frac{g_i(t^k, x^k)}{\tau^k} = \frac{g_i(\bar{t} + \tau^k s^k, x + \tau^k d_\varepsilon(s)) - g_i(\bar{t}, x)}{\tau^k}$$

$$= \langle \nabla_t g_i(\bar{t}, x), s^k \rangle + \langle \nabla_x g_i(\bar{t}, x), d_\varepsilon(s) \rangle + o(1)$$

$$= \left(\langle \nabla_t g_i(\bar{t}, x), s^k \rangle + \langle \nabla_x g_i(\bar{t}, x), d(s) \rangle \right) + \varepsilon \langle \nabla_x g_i(\bar{t}, x), \bar{d} \rangle + o(1).$$

Aus der Zulässigkeit des Punkts $d(s)$ für $LP^+_{(\bar{t},x)}(s)$ folgt

$$\lim_k \left(\langle \nabla_t g_i(\bar{t}, x), s^k \rangle + \langle \nabla_x g_i(\bar{t}, x), d(s) \rangle \right) = \langle \nabla_t g_i(\bar{t}, x), s \rangle + \langle \nabla_x g_i(\bar{t}, x), d(s) \rangle \leq 0,$$

und wegen $\varepsilon \langle \nabla_x g_i(\bar{t}, x), \bar{d} \rangle < 0$ und $\tau^k > 0$ gilt daher $g_i(t^k, x^k) < 0$ für alle hinreichend großen $k \in \mathbb{N}$. Für jedes $i \notin I_0(\bar{t}, x)$ folgt dasselbe Resultat aus der Stetigkeit von g_i an $(\bar{t}, x)$. Da die Indexmenge I nur endlich viele Elemente enthält, haben wir insgesamt für fast alle k wie gewünscht $x^k \in M(t^k)$ gezeigt.

Aus der Zulässigkeit von x^k für $P(t^k)$ folgt $v(t^k) \leq f(t^k, x^k)$ und daher gemeinsam mit $x \in S(\bar{t})$ und dem Satz von Taylor

$$\frac{v(\bar{t} + \tau^k s^k) - v(\bar{t})}{\tau^k} \leq \frac{f(\bar{t} + \tau^k s^k, x + \tau^k d_\varepsilon(s)) - f(\bar{t}, x)}{\tau^k}$$

$$= \langle \nabla_t f(\bar{t}, x), s^k \rangle + \langle \nabla_x f(\bar{t}, x), d_\varepsilon(s) \rangle + o(1)$$

$$= \left(\langle \nabla_t f(\bar{t}, x), s^k \rangle + \langle \nabla_x f(\bar{t}, x), d(s) \rangle \right) + \varepsilon \langle \nabla_x f(\bar{t}, x), \bar{d} \rangle + o(1).$$

Daraus erhalten wir

$$\limsup_k \frac{v(\bar{t} + \tau^k s^k) - v(\bar{t})}{\tau^k} \leq \left(\langle \nabla_t f(\bar{t}, x), s \rangle + \langle \nabla_x f(\bar{t}, x), d(s) \rangle \right) + \varepsilon \langle \nabla_x f(\bar{t}, x), \bar{d} \rangle$$

und wegen der Beliebigkeit von $\varepsilon > 0$ auch

$$\limsup_k \frac{v(\bar{t} + \tau^k s^k) - v(\bar{t})}{\tau^k} \leq \langle \nabla_t f(\bar{t}, x), s \rangle + \langle \nabla_x f(\bar{t}, x), d(s) \rangle.$$

Die Beliebigkeit der Folgen (τ^k) und (s^k) liefert zudem

$$v'_+(\bar{t}, s) = \limsup_{\tau \searrow 0, \, \tilde{s} \to s} \frac{v(\bar{t} + \tau \tilde{s}) - v(\bar{t})}{\tau} \leq \langle \nabla_t f(\bar{t}, x), s \rangle + \langle \nabla_x f(\bar{t}, x), d(s) \rangle.$$

Eine *möglichst kleine* Oberschranke für $v'_+(\bar{t}, s)$ erzielen wir, indem wir $d(s)$ nicht nur als *beliebigen* zulässigen Punkt von $LP^+_{(\bar{t},x)}(s)$ wählen, sondern zusätzlich als *minimal* für die Funktion $\langle \nabla_t f(\bar{t}, x), s \rangle + \langle \nabla_x f(\bar{t}, x), d \rangle$. Dies bedeutet gerade, dass wir $d(s)$ als einen (laut Lemma 3.7.16 existierenden) *optimalen Punkt* von $LP^+_{(\bar{t},x)}(s)$ wählen. Dann gilt $\langle \nabla_t f(\bar{t}, x), s \rangle + \langle \nabla_x f(\bar{t}, x), d(s) \rangle = v^+_{(\bar{t},x)}(s)$, und Lemma 3.7.16 impliziert

$$v'_+(\bar{t}, s) \leq v^+_{(\bar{t},x)}(s) = \max_{\lambda \in \text{KKT}(\bar{t},x)} \langle \nabla_t L(\bar{t}, x, \lambda), s \rangle.$$

Aus der beliebigen Wahl von $x \in S(\bar{t})$ folgt schließlich die Behauptung.   □

Ohne weitere Voraussetzungen ist die Oberschranke für $v'_+(\bar{t}, x)$ aus Lemma 3.7.17 scharf, wie in [18] belegt wird. Ein Beispiel in [17] zeigt außerdem, dass in der Oberschranke das Infimum über die Menge $S(\bar{t})$ nicht ohne weitere Voraussetzungen durch ein Minimum ersetzt werden darf.

Eine Unterschranke für die untere einseitige Richtungsableitung
Im Beweis von Lemma 3.7.16 haben wir gesehen, dass das Dualproblem

$$D^+_{(\bar{t},x)}(s): \quad \max_\lambda \langle \nabla_t L(\bar{t}, x, \lambda), s \rangle \quad \text{s.t.} \quad \lambda \in \text{KKT}(\bar{t}, x)$$

von $LP^+_{(\bar{t},x)}(s)$ aufgrund seiner stetigen Zielfunktion und der unter der MFB an $x \in M(\bar{t})$ nichtleeren und kompakten zulässigen Menge $\text{KKT}(\bar{t}, x)$ lösbar ist. Dasselbe gilt auch für das Minimierungsproblem

$$D^-_{(\bar{t},x)}(s): \quad \min_\lambda \langle \nabla_t L(\bar{t}, x, \lambda), s \rangle \quad \text{s.t.} \quad \lambda \in \text{KKT}(\bar{t}, x),$$

und tatsächlich werden $D^-_{(\bar{t},x)}(s)$ und das zugehörige Primalproblem

$$LP^-_{(\bar{t},x)}(s): \quad \max_{d \in \mathbb{R}^n} \langle \nabla_t f(\bar{t}, x), s \rangle - \langle \nabla_x f(\bar{t}, x), d \rangle$$

$$\text{s.t.} - \langle \nabla_t g_i(\bar{t}, x), s \rangle + \langle \nabla_x g_i(\bar{t}, x), d \rangle \leq 0, \ i \in I_0(\bar{t}, x),$$

für die Herleitung einer Unterschranke für $v'_-(\bar{t}, s)$ eine wesentliche Rolle spielen. Wenn wir den vom Parameter $s \in \mathbb{R}^r$ abhängigen Minimalwert von $LP^-_{(\bar{t},x)}(s)$ mit $v^-_{(\bar{t},x)}(s)$ bezeichnen, so folgt völlig analog zu Lemma 3.7.16 das folgende Resultat.

3.7.18 Lemma *Für $\bar{t} \in \text{int dom}(M, T)$ seien die Funktionen f und $g_i, i \in I$, auf $\{\bar{t}\} \times M(\bar{t})$ stetig differenzierbar, und für ein $x \in S(\bar{t})$ sei die MFB an x in $M(\bar{t})$ erfüllt. Dann ist $LP^-_{(\bar{t},x)}(s)$ für jedes $s \in \mathbb{R}^r$ lösbar, und es gilt*

$$v^-_{(\bar{t},x)}(s) = \min_{\lambda \in \text{KKT}(\bar{t},x)} \langle \nabla_t L(\bar{t}, x, \lambda), s \rangle.$$

3.7.19 Lemma *Für $\bar{t} \in \text{int dom}(M, T)$ seien die Funktionen f und $g_i, i \in I$, auf $\{\bar{t}\} \times M(\bar{t})$ stetig differenzierbar, M sei an $\bar{t}$ lokal beschränkt, und für jedes $x \in S(\bar{t})$ sei die MFB an x in $M(\bar{t})$ erfüllt. Dann gilt*

$$\forall s \in \mathbb{R}^r: \quad v'_-(\bar{t}, s) \geq \inf_{x \in S(\bar{t})} \min_{\lambda \in \text{KKT}(\bar{t},x)} \langle \nabla_t L(\bar{t}, x, \lambda), s \rangle.$$

Beweis Es seien $(\tau^k) \subseteq \{\tau \in \mathbb{R} \mid \tau > 0\}$ mit $\lim_k \tau^k = 0$ und $(s^k) \subseteq \mathbb{R}^r$ mit $\lim_k s^k = s$ Folgen, die den Limes inferior $v'_-(\bar{t}, s)$ realisieren, für die also

$$v'_-(\bar{t}, s) = \lim_k \frac{v(\bar{t} + \tau^k s^k) - v(\bar{t})}{\tau^k}$$

gilt. Wir setzen wie oben $t^k := \bar{t} + \tau^k s^k$. Dann liegt t^k für fast alle $k \in \mathbb{N}$ in der zur lokalen Beschränktheit von M an $\bar{t}$ gehörigen Umgebung von $\bar{t}$. Insbesondere sind die Mengen $M(t^k)$ dann beschränkt. Nach Korollar 3.4.14 sind sie außerdem nichtleer und wegen der aus der stetigen Differenzierbarkeit der Funktionen $g_i, i \in I$, auf $\{\bar{t}\} \times M(\bar{t})$ folgenden Stetigkeit der g_i auf einer offenen Obermenge von $\{\bar{t}\} \times M(\bar{t})$ für hinreichend große k auch abgeschlossen. Nach dem Satz von Weierstraß ist $S(t^k)$ für diese k also nichtleer, und wir dürfen jeweils ein $x^k \in S(t^k)$ wählen.

Nach Korollar 3.6.5 ist die mengenwertige Abbildung S an $\bar{t}$ außerhalbstetig und lokal beschränkt, so dass wir nach eventuellem Übergang zu einer Teilfolge die Konvergenz der Folge (x^k) gegen einen Punkt x in $S(\bar{t})$ annehmen dürfen (insbesondere ist also auch $P(\bar{t})$ lösbar).

Wir stören die Folgenglieder von (x^k) nun so, dass die neue Folge $(\tilde{x}^k)$ für hinreichend große k in der Menge $M(\bar{t})$ enthalten ist. Analog zum Beweis von Lemma 3.7.17 wählen wir dazu einen wegen der MFB an x existierenden Vektor $\bar{d} \in \mathbb{R}^n$ mit

$$\langle \nabla_x g_i(\bar{t}, x), \bar{d} \rangle < 0, \ i \in I_0(\bar{t}, x),$$

einen laut Lemma 3.7.18 existierenden zulässigen Punkt $d(s)$ von $LP^-_{(\bar{t},x)}(s)$ sowie ein $\varepsilon > 0$. Damit definieren wir $d_\varepsilon(s) := d(s) + \varepsilon \bar{d}$ und die Störungen

$$\tilde{x}^k := x^k + \tau^k d_\varepsilon(s)$$

der Punkte x^k. Aus $\lim_k x^k = x$ und $\lim_k \tau^k = 0$ folgt dabei $\lim_k \tilde{x}^k = x$.

Für jedes $i \in I_0(\bar{t}, x)$ und jedes betrachtete $k \in \mathbb{N}$ folgt aus $x^k \in S(t^k) \subseteq M(t^k)$ die Ungleichung $g_i(t^k, x^k) \leq 0$. Gemeinsam mit einer zweifachen Anwendung des Satzes von Taylor ergibt dies

$$g_i(\bar{t}, \tilde{x}^k) \leq g_i(\bar{t}, \tilde{x}^k) - g_i(t^k, x^k) = -\Big(g_i(t^k, \tilde{x}^k) - g_i(\bar{t}, \tilde{x}^k)\Big) + \Big(g_i(t^k, \tilde{x}^k) - g_i(t^k, x^k)\Big)$$

$$= -\Big(\tau^k \langle \nabla_t g_i(\bar{t}, \tilde{x}^k), s^k \rangle + o(\tau^k)\Big) + \Big(\tau^k \langle \nabla_x g_i(t^k, x^k), d_\varepsilon(s) \rangle + o(\tau^k)\Big).$$

Daraus schließen wir

$$\frac{g_i(\bar{t}, \tilde{x}^k)}{\tau^k} \leq -\langle \nabla_t g_i(\bar{t}, \tilde{x}^k), s^k \rangle + \langle \nabla_x g_i(t^k, x^k), d_\varepsilon(s) \rangle + o(1)$$

$$= \Big(-\langle \nabla_t g_i(\bar{t}, \tilde{x}^k), s^k \rangle + \langle \nabla_x g_i(t^k, x^k), d(s) \rangle\Big) + \varepsilon \langle \nabla_x g_i(t^k, x^k), \bar{d} \rangle + o(1).$$

Die Zulässigkeit von $d(s)$ für $LP^-_{(\bar{t},x)}(s)$ impliziert

$$\lim_k \Big(-\langle \nabla_t g_i(\bar{t}, \tilde{x}^k), s^k \rangle + \langle \nabla_x g_i(t^k, x^k), d(s) \rangle\Big) = -\langle \nabla_t g_i(\bar{t}, x), s \rangle + \langle \nabla_x g_i(\bar{t}, x), d(s) \rangle \leq 0,$$

und der Ausdruck $\varepsilon \langle \nabla_x g_i(t^k, x^k), \bar{d} \rangle$ konvergiert gegen $\varepsilon \langle \nabla_x g_i(\bar{t}, x), \bar{d} \rangle < 0$. Wegen $\tau^k > 0$ erhalten wir daraus $g_i(\bar{t}, \tilde{x}^k) < 0$ für alle $i \in I_0(\bar{t}, x)$ und fast alle k. Für alle $i \notin I_0(\bar{t}, x)$ folgt dasselbe Resultat aus der Stetigkeit von $g_i(\bar{t}, \cdot)$ an x. Insgesamt erhalten wir also wie gewünscht $\tilde{x}^k \in M(\bar{t})$ für fast alle k.

Für diese k gilt wegen $v(\bar{t}) \leq f(\bar{t}, \tilde{x}^k)$ und $x^k \in S(t^k)$ durch erneute zweifache Anwendung des Satzes von Taylor

$$v(t^k) - v(\bar{t}) \geq f(t^k, x^k) - f(\bar{t}, \tilde{x}^k) = \Big(f(t^k, \tilde{x}^k) - f(\bar{t}, \tilde{x}^k)\Big) - \Big(f(t^k, \tilde{x}^k) - f(t^k, x^k)\Big)$$

$$= \Big(\tau^k \langle \nabla_t f(\bar{t}, \tilde{x}^k), s^k \rangle + o(\tau^k)\Big) - \Big(\tau^k \langle \nabla_x f(t^k, x^k), d_\varepsilon(s) \rangle + o(\tau^k)\Big).$$

Wir erhalten also

$$v'_-(\bar{t}, s) = \lim_k \frac{v(t^k) - v(\bar{t})}{\tau^k} \geq \langle \nabla_t f(\bar{t}, x), s \rangle - \langle \nabla_x f(\bar{t}, x), d_\varepsilon(s) \rangle$$
$$= \langle \nabla_t f(\bar{t}, x), s \rangle - \langle \nabla_x f(\bar{t}, x), d(s) \rangle - \varepsilon \langle \nabla_x f(\bar{t}, x), \bar{d} \rangle$$

und wegen der Beliebigkeit von $\varepsilon > 0$ auch

$$v'_-(\bar{t}, s) \geq \langle \nabla_t f(\bar{t}, x), s \rangle - \langle \nabla_x f(\bar{t}, x), d(s) \rangle.$$

Eine *größtmögliche* Unterschranke an $v'_-(\bar{t}, s)$ erzielen wir auf diesem Wege, wenn wir $d(s)$ nicht nur als beliebigen zulässigen Punkt von $LP^-_{(\bar{t},x)}(s)$ wählen, sondern zusätzlich so, dass er die Funktion $\langle \nabla_t f(\bar{t}, x), s \rangle - \langle \nabla_x f(\bar{t}, x), d \rangle$ maximiert. Damit ist $d(s)$ gerade als ein (nach Lemma 3.7.18 existierender) *Maximalpunkt* von $LP^-_{(\bar{t},x)}(s)$ zu wählen, was $\langle \nabla_t f(\bar{t}, x), s \rangle - \langle \nabla_x f(\bar{t}, x), d(s) \rangle = v^-_{(\bar{t},x)}(s)$ nach sich zieht. Mit Lemma 3.7.18 erhalten wir

$$v'_-(\bar{t}, s) \geq v^-_{(\bar{t},x)}(s) = \min_{\lambda \in \mathrm{KKT}(\bar{t},x)} \langle \nabla_t L(\bar{t}, x, \lambda), s \rangle.$$

Da über den Punkt $x \in S(\bar{t})$ keine weiteren Informationen vorliegen, folgt daraus

$$v'_-(\bar{t}, s) \geq \inf_{x \in S(\bar{t})} \min_{\lambda \in \mathrm{KKT}(\bar{t},x)} \langle \nabla_t L(\bar{t}, x, \lambda), s \rangle.$$

$\square$

Im Gegensatz zur Oberschranke für $v'_+(\bar{t}, s)$ aus Lemma 3.7.17 lässt sich in der Unterschranke für $v'_-(\bar{t}, s)$ aus Lemma 3.7.19 das Infimum über die Menge $S(\bar{t})$ durch ein Minimum ersetzen. Tatsächlich haben wir im Beweis zu Lemma 3.7.19 gesehen, dass $S(\bar{t})$ nichtleer ist und dass die mengenwertige Abbildung S an $\bar{t}$ außerhalbstetig und lokal beschränkt ist. Damit ist $S(\bar{t})$ kompakt, und die Annahme des Infimums der Funktion $\min_{\lambda \in \mathrm{KKT}(\bar{t},\cdot)} \langle \nabla_t L(\bar{t}, \cdot, \lambda), s \rangle = v^-_{(\bar{t},\cdot)}(s)$ über $S(\bar{t})$ als Minimum würde aus dem Satz von Weierstraß in der Version aus Übung 3.2.7 folgen, wenn $v^-_{(\bar{t},\cdot)}(s)$ unterhalbstetig an jedem $\bar{x} \in S(\bar{t})$ wäre.

Da die Funktion $v^-_{(\bar{t},\cdot)}(s) = \min_{\lambda \in \mathrm{KKT}(\bar{t},\cdot)} \langle \nabla_t L(\bar{t}, \cdot, \lambda), s \rangle$ eine Minimalwertfunktion (mit Entscheidungsvariable λ und Parameter x aus der Parametermenge $S(\bar{t})$) ist, erhalten wir ihre Unterhalbstetigkeit an $\bar{x} \in S(\bar{t})$ aus Satz 3.5.2, sofern die Funktion $\langle \nabla_t L(\bar{t}, \cdot, \cdot), s \rangle$ an jedem Punkt in $\{\bar{x}\} \times \mathrm{KKT}(\bar{t}, \bar{x})$ unterhalbstetig und die mengenwertige Abbildung $\mathrm{KKT}(\bar{t}, \cdot) : S(\bar{t}) \rightrightarrows \mathbb{R}^p$ an $\bar{x}$ außerhalbstetig und lokal beschränkt ist.

Die Stetigkeitsvoraussetzung an die Zielfunktion ist unter den Voraussetzungen von Lemma 3.7.19 erfüllt, und die Außerhalbstetigkeit von $\mathrm{KKT}(\bar{t}, \cdot)$ an $\bar{x}$ folgt wegen der funktionalen Beschreibung durch stetige Funktionen

$$\mathrm{KKT}(\bar{t}, x) = \{\lambda \in \mathbb{R}^p \mid \nabla_x L(\bar{t}, x, \lambda) = 0, \lambda \geq 0, \lambda_i g_i(\bar{t}, x) = 0, i \in I\}$$

aus Proposition 3.4.2. Es bleibt also nur zu zeigen, dass $\mathrm{KKT}(\bar{t}, \cdot)$ an jedem $\bar{x} \in S(\bar{t})$ lokal beschränkt ist.

Angenommen, dies ist nicht der Fall. Dann gibt es eine Folge $(x^k) \subseteq S(\bar{t})$ mit $\lim_k x^k = \bar{x}$ sowie Punkte $\lambda^k \in \mathrm{KKT}(\bar{t}, x^k)$ mit $\lim_k \|\lambda^k\| = +\infty$. Um dies zu einem Widerspruch zu führen, wählen wir einen Vektor $\bar{d} \in \mathbb{R}^n$ mit

$$\langle \nabla_x g_i(\bar{t}, \bar{x}), \bar{d} \rangle < 0, \ i \in I_0(\bar{t}, \bar{x}),$$

der unter der in Lemma 3.7.19 getroffenen Voraussetzung der MFB an $\bar{x}$ in $M(\bar{t})$ existiert. Wegen der Stetigkeit von $\nabla_x g_i(\bar{t}, \cdot)$ an $\bar{x}$ gilt für fast alle k auch

$$\langle \nabla_x g_i(\bar{t}, x^k), \bar{d} \rangle < 0, \ i \in I_0(\bar{t}, \bar{x}), \tag{3.14}$$

und aufgrund der aus der Stetigkeit von $g_i(\bar{t}, \cdot)$ an $\bar{x}$ folgenden Relation $I_0(\bar{t}, x^k) \subseteq I_0(\bar{t}, \bar{x})$ sowie $\lambda_i^k \geq 0$ erhalten wir

$$\lambda_i^k \langle \nabla_x g_i(\bar{t}, x^k), \bar{d} \rangle \leq 0, \ i \in I_0(\bar{t}, x^k),$$

für fast alle k. Diese Abschätzung gilt ebenfalls für alle $i \notin I_0(\bar{t}, x^k)$, weil dies $\lambda_i^k = 0$ impliziert.

Für jedes hinreichend große k erfüllen die Punkte $\lambda^k \in \mathrm{KKT}(\bar{t}, x^k)$ demnach für jedes $j \in I$

$$0 = \langle 0, \bar{d} \rangle = \langle \nabla_x L(\bar{t}, x^k, \lambda^k), \bar{d} \rangle = \langle \nabla_x f(\bar{t}, x^k), \bar{d} \rangle + \sum_{i \in I} \lambda_i^k \langle \nabla_x g_i(\bar{t}, x^k), \bar{d} \rangle$$

$$\leq \langle \nabla_x f(\bar{t}, x^k), \bar{d} \rangle + \lambda_j^k \langle \nabla_x g_j(\bar{t}, x^k), \bar{d} \rangle$$

und somit wegen (3.14)

$$0 \leq \lambda_j^k \leq -\frac{\langle \nabla_x f(\bar{t}, x^k), \bar{d} \rangle}{\langle \nabla_x g_j(\bar{t}, x^k), \bar{d} \rangle}$$

für alle $j \in I_0(\bar{t}, \bar{x})$ sowie $\lambda_j^k = 0$ für alle $j \notin I_0(\bar{t}, \bar{x})$. Da für jedes $j \in I_0(\bar{t}, \bar{x})$

$$\lim_k \left(-\frac{\langle \nabla_x f(\bar{t}, x^k), \bar{d} \rangle}{\langle \nabla_x g_j(\bar{t}, x^k), \bar{d} \rangle} \right) = -\frac{\langle \nabla_x f(\bar{t}, \bar{x}), \bar{d} \rangle}{\langle \nabla_x g_j(\bar{t}, \bar{x}), \bar{d} \rangle} \in \mathbb{R}$$

gilt, ist die Folge (λ^k) beschränkt, und im Widerspruch zur Annahme ist die mengenwertige Abbildung $\mathrm{KKT}(\bar{t}, \cdot)$ an $\bar{x}$ lokal beschränkt. Das Infimum wird also wie gewünscht angenommen.

Mit diesen Überlegungen sowie Lemma 3.7.17 und Lemma 3.7.19 haben wir den folgenden, auf [16, 41] zurückgehenden Satz bewiesen.

3.7.20 Satz *Für $\bar{t} \in$ int dom(M, T) seien die Funktionen f und g_i, $i \in I$, auf $\{\bar{t}\} \times M(\bar{t})$ stetig differenzierbar, M sei an $\bar{t}$ lokal beschränkt, und für jedes $x \in S(\bar{t})$ sei die MFB an x in $M(\bar{t})$ erfüllt. Dann gilt*

$$\forall s \in \mathbb{R}^r : \quad \min_{x \in S(\bar{t})} \ \min_{\lambda \in KKT(\bar{t}, x)} \langle \nabla_t L(\bar{t}, x, \lambda), s \rangle \ \leq \ v'_-(\bar{t}, s)$$

$$\leq \ v'_+(\bar{t}, s) \ \leq \ \inf_{x \in S(\bar{t})} \ \max_{\lambda \in KKT(\bar{t}, x)} \langle \nabla_t L(\bar{t}, x, \lambda), s \rangle.$$

Beispiele zeigen, dass diese Abschätzungen scharf sind, dass v also ohne weitere Voraussetzungen *nicht* notwendigerweise einseitig richtungsdifferenzierbar ist [17, 18]. In Anwendungen gelten allerdings häufig Zusatzvoraussetzungen, aus denen die einseitige Richtungsdifferenzierbarkeit folgt.

Hinreichende Bedingungen für einseitige Richtungsdifferenzierbarkeit
Eine erste Zusatzvoraussetzung, unter der mit Hilfe von Satz 3.7.20 die einseitige Richtungsdifferenzierbarkeit von v an $\bar{t}$ folgt, gibt die folgende Übung an.

3.7.21 Übung Zusätzlich zu den Voraussetzungen von Satz 3.7.20 sei für jedes $x \in S(\bar{t})$ die LUB an x in $M(\bar{t})$ erfüllt. Zeigen Sie, dass dann v an $\bar{t}$ einseitig richtungsdifferenzierbar ist und dass

$$\forall s \in \mathbb{R}^r : \quad v'(\bar{t}, s) \ = \ \min_{x \in S(\bar{t})} \langle \nabla_t L(\bar{t}, x, \lambda(\bar{t}, x)), s \rangle$$

gilt, wobei $\lambda(\bar{t}, x)$ das eindeutige Element von KKT$(\bar{t}, x)$ bezeichnet.

Das folgende Korollar liefert analog zu Korollar 3.7.13 im unrestringierten Fall eine Verallgemeinerung des Umhüllungssatzes für restringierte Probleme (Satz 2.3.16e), also sogar die Differenzierbarkeit von v. Der Beweis benutzt ähnliche Techniken wir derjenige von Korollar 3.7.13.

3.7.22 Korollar *Für ein ungleichungsrestringiertes Problem P seien f und g_i, $i \in I$, mit einer Umgebung U von $\bar{t} \in$ int T auf $U \times \mathbb{R}^n$ stetig differenzierbar, die Minimalpunktabbildung S sei auf U einpunktig, die Funktion $\sigma : U \to \mathbb{R}^n$ mit $S(t) = \{\sigma(t)\}$ sei stetig, die LUB gelte für alle $t \in U$ an $\sigma(t)$ in $M(t)$, und für die daher auf U ebenfalls einpunktige mengenwertige Abbildung KKT$(t, \sigma(t)) = \{\lambda(t)\}$ sei die Funktion $\lambda : U \to \mathbb{R}^p$ ebenfalls stetig. Dann ist v auf einer Umgebung von $\bar{t}$ stetig differenzierbar, und mit $\bar{x} := \sigma(\bar{t})$ sowie $\bar{\lambda} := \lambda(\bar{t})$ gilt*

$$\nabla v(\bar{t}) \ = \ \nabla_t L(\bar{t}, \bar{x}, \bar{\lambda}).$$

Beweis Da die in Satz 3.7.20 geforderte lokale Beschränktheit von M an $\bar t$ nicht notwendigerweise vorliegt, ersetzen wir die Mengen $M(t)$ zunächst durch kleinere und lokal beschränkte Mengen. Dazu wählen wir eine kompakte Umgebung $V \subseteq U$ von $\bar t$. Wegen der Stetigkeit von σ ist die Menge $\mathrm{bild}(\sigma, V)$ kompakt, so dass wir eine Kugel $X \subseteq \mathbb{R}^n$ wählen dürfen, die $\mathrm{bild}(\sigma, V)$ in ihrem Inneren enthält. Mit $\tilde M(t) := M(t) \cap X$ gilt dann $\sigma(t) \in \tilde M(t)$ und damit $S(t) \subseteq \tilde M(t)$ sowie $v(t) = \min_{x \in \tilde M(t)} f(t, x)$ für alle $t \in V$. Aufgrund der Konstruktion von X wird die zusätzliche Restriktion der Menge $\tilde M(t)$ an keinem $\sigma(t)$ mit $t \in V$ aktiv, so dass die LUB auch an $\sigma(t)$ in $\tilde M(t)$ gilt.

Man überzeugt sich leicht, dass für die so gewonnene Darstellung von v an *jedem* $t \in V$ die Voraussetzungen von Satz 3.7.20 erfüllt sind. Dadurch erhalten wir für jedes $t \in V$ und jedes $s \in \mathbb{R}^r$

$$
\langle \nabla_t L(t, \sigma(t), \lambda(t)), s \rangle = \min_{x \in S(t)} \min_{\lambda \in \mathrm{KKT}(t,x)} \langle \nabla_t L(t, x, \lambda), s \rangle
$$
$$
\leq v'_-(t, s) \leq v'_+(t, s) \leq \inf_{x \in S(t)} \max_{\lambda \in \mathrm{KKT}(t,x)} \langle \nabla_t L(t, x, \lambda), s \rangle
$$
$$
= \langle \nabla_t L(t, \sigma(t), \lambda(t)), s \rangle
$$

und damit

$$
v'(t, s) = \langle \nabla_t L(t, \sigma(t), \lambda(t)), s \rangle .
$$

Wie im Beweis zu Korollar 3.7.13 folgen hieraus die Gâteaux-Differenzierbarkeit von v auf V mit den Gradienten $\nabla_t L(t, \sigma(t), \lambda(t))$, $t \in V$. Die stetige Differenzierbarkeit von v an jedem inneren Punkt von V erhalten wir schließlich aus der Stetigkeit von $\nabla_t L(t, \sigma(t), \lambda(t))$ auf V. $\qquad\square$

3.7.23 Übung Wie lässt sich die Theorie der Schattenpreise (Beispiel 2.3.17) mit Hilfe von Korollar 3.7.22 verallgemeinern?

Eine andere Voraussetzung zur Gewährleistung der einseitigen Richtungsdifferenzierbarkeit von v an $\bar t$ ist die *Konvexität* der betrachteten Optimierungsprobleme. Beachten Sie, dass im konvexen Fall die Menge der KKT-Multiplikatoren nicht vom betrachteten Minimalpunkt abhängt, d.h., es gilt $\mathrm{KKT}(\bar t, x) \equiv \mathrm{KKT}(\bar t)$ für alle $x \in S(\bar t)$ (z.B. [3]).

3.7.24 Satz *Für $\bar t \in \mathrm{int}\, T$ sei M an $\bar t$ lokal konvex beschrieben, mit einer zugehörigen Umgebung U von $\bar t$ sei auch $f(t, \cdot)$ für jedes $t \in U$ konvex, die Funktionen f und g_i, $i \in I$, seien auf $U \times \mathbb{R}^n$ stetig differenzierbar, und die Menge $M(\bar t)$ sei beschränkt und besitze einen Slater-Punkt. Dann ist v an $\bar t$ einseitig richtungsdifferenzierbar, und es gilt*

$$
\forall s \in \mathbb{R}^r : \quad v'(\bar t, s) = \min_{x \in S(\bar t)} \max_{\lambda \in \mathrm{KKT}(\bar t)} \langle \nabla_t L(\bar t, x, \lambda), s \rangle .
$$

Beweis Es sei $s \in \mathbb{R}^r$ beliebig. Wir zeigen zunächst

$$v'(\bar{t}, s) = \inf_{x \in S(\bar{t})} \max_{\lambda \in KKT(\bar{t})} \langle \nabla_t L(\bar{t}, x, \lambda), s \rangle,$$

wofür unter den Voraussetzungen von Satz 3.7.20 nur

$$v'_-(\bar{t}, s) \geq \inf_{x \in S(\bar{t})} \max_{\lambda \in KKT(\bar{t})} \langle \nabla_t L(\bar{t}, x, \lambda), s \rangle$$

zu beweisen ist. Die Voraussetzungen von Satz 3.7.20 sind tatsächlich erfüllt, denn aus Satz 3.4.1 folgt die lokale Beschränktheit von M an $\bar{t}$, und aus der Existenz eines Slater-Punkts in $M(\bar{t})$ folgt die Gültigkeit der MFB an jedem Punkt in $M(\bar{t})$ [56].

Wie im Beweis zu Lemma 3.7.19 seien nun $(\tau^k) \subseteq \{\tau \in \mathbb{R} \mid \tau > 0\}$ mit $\lim_k \tau^k = 0$ und $(s^k) \subseteq \mathbb{R}^r$ mit $\lim_k s^k = s$ Folgen mit

$$v'_-(\bar{t}, s) = \lim_k \frac{v(\bar{t} + \tau^k s^k) - v(\bar{t})}{\tau^k}.$$

Wir setzen wieder $t^k := \bar{t} + \tau^k s^k$ und stellen wörtlich wie im Beweis zu Lemma 3.7.19 fest, dass wir für jedes hinreichend große k ein $x^k \in S(t^k)$ wählen dürfen. Nach Korollar 3.6.5 ist die mengenwertige Abbildung S an $\bar{t}$ auch wieder außerhalbstetig und lokal beschränkt, so dass wir nach eventuellem Übergang zu einer Teilfolge die Konvergenz der Folge (x^k) gegen einen Punkt $\bar{x}$ in $S(\bar{t})$ annehmen dürfen.

Im vorliegenden konvexen Fall minimiert $\bar{x}$ für jedes $\lambda \in KKT(\bar{t})$ die Lagrange-Funktion $L(\bar{t}, \cdot, \lambda)$ über ganz $\mathbb{R}^n$, denn für alle $x \in \mathbb{R}^n$ gilt nach der C^1-Charakterisierung von Konvexität [55] der Funktionen $f(t, \cdot)$, $g_i(t, \cdot)$, $i \in I$, sowie $\lambda \geq 0$ und $\nabla_x L(\bar{t}, \bar{x}, \lambda) = 0$ die Abschätzung

$$L(\bar{t}, x, \lambda) - L(\bar{t}, \bar{x}, \lambda) = f(\bar{t}, x) - f(\bar{t}, \bar{x}) + \sum_{i \in I} \lambda_i (g_i(\bar{t}, x) - g_i(\bar{t}, \bar{x}))$$

$$\geq \langle \nabla_x f(\bar{t}, \bar{x}), x - \bar{x} \rangle + \sum_{i \in I} \lambda_i \langle \nabla_x g_i(\bar{t}, \bar{x}), x - \bar{x} \rangle$$

$$= \langle \nabla_x L(\bar{t}, \bar{x}, \lambda), x - \bar{x} \rangle = 0.$$

Für jedes $\lambda \in KKT(\bar{t})$ und für fast alle $k \in \mathbb{N}$ erhalten wir demnach

$$L(t^k, x^k, \lambda) - L(\bar{t}, x^k, \lambda) \leq L(t^k, x^k, \lambda) - L(\bar{t}, \bar{x}, \lambda)$$

$$= \left(f(t^k, x^k) + \sum_{i \in I} \lambda_i g_i(t^k, x^k) \right) - \left(f(\bar{t}, \bar{x}) + \sum_{i \in I} \lambda_i g_i(\bar{t}, \bar{x}) \right)$$

$$\leq f(t^k, x^k) - f(\bar{t}, \bar{x}) = v(t^k) - v(\bar{t}),$$

wobei die zweite Ungleichung aus $\lambda_i \geq 0$, $g_i(t^k, x^k) \leq 0$ sowie $\lambda_i g_i(\bar{t}, \bar{x}) = 0$, $i \in I$, folgt. Daraus erhalten wir per Satz von Taylor (mit Lagrange-Restglied)

$$v(t^k) - v(\bar{t}) \geq L(t^k, x^k, \lambda) - L(\bar{t}, x^k, \lambda) = \tau^k \langle \nabla_t L(\bar{t} + \sigma^k s^k, x^k, \lambda), s^k \rangle \text{ mit } \sigma^k \in (0, \tau^k)$$

und im Grenzübergang

$$v'_-(\bar{t}, s) = \lim_k \frac{v(t^k) - v(\bar{t})}{\tau^k} \geq \langle \nabla_t L(\bar{t}, \bar{x}, \lambda), s \rangle.$$

Weil $\lambda \in KKT(\bar{t})$ beliebig war, folgt ferner

$$v'_-(\bar{t}, s) \geq \sup_{\lambda \in KKT(\bar{t})} \langle \nabla_t L(\bar{t}, \bar{x}, \lambda), s \rangle.$$

Da es sich bei dieser Unterschranke an $v'_-(\bar{t}, s)$ gerade um den Maximalwert $v^+_{(\bar{t}, \bar{x})}(s)$ des Problems $LP^+_{(\bar{t}, \bar{x})}(s)$ handelt und da die Voraussetzungen von Lemma 3.7.16 erfüllt sind, erhalten wir sogar

$$v'_-(\bar{t}, s) \geq \max_{\lambda \in KKT(\bar{t})} \langle \nabla_t L(\bar{t}, \bar{x}, \lambda), s \rangle.$$

Wegen $\bar{x} \in S(\bar{t})$ folgt daraus schließlich

$$v'_-(\bar{t}, s) \geq \inf_{x \in S(\bar{t})} \max_{\lambda \in KKT(\bar{t})} \langle \nabla_t L(\bar{t}, x, \lambda), s \rangle,$$

und wie gewünscht ist damit

$$v'(\bar{t}, s) = \inf_{x \in S(\bar{t})} \max_{\lambda \in KKT(\bar{t})} \langle \nabla_t L(\bar{t}, x, \lambda), s \rangle$$

gezeigt.

Abschließend müssen wir noch beweisen, dass das Infimum in dieser Formel als Minimum angenommen wird: Wegen der Außerhalbstetigkeit und lokalen Beschränktheit von S an $\bar{t}$ sowie $\bar{x} \in S(\bar{t})$ ist die Menge $S(\bar{t})$ nichtleer und kompakt. Die Maximalwertfunktion $v^+_{(\bar{t},\cdot)}(s) = \max_{\lambda \in KKT(\bar{t})} \langle \nabla_t L(\bar{t}, \cdot, \lambda), s \rangle$ (mit *fester* zulässiger Menge $KKT(\bar{t})$) ist nach Übung 3.5.6 an jedem $\bar{x} \in S(\bar{t})$ stetig, da $KKT(\bar{t})$ nichtleer und kompakt sowie $\langle \nabla_t L(\bar{t}, \cdot, \cdot), s \rangle$ für jedes $\bar{x} \in S(\bar{t})$ stetig auf $\{\bar{x}\} \times KKT(\bar{t})$ ist. Der Satz von Weierstraß liefert also die Behauptung. $\square$

3.7.25 Übung Betrachten Sie das parametrische Optimierungsproblem, das aus demjenigen in Beispiel 1.9.5 entsteht, wenn Sie die Zielfunktion durch $f(t, x) = -x_2$ ersetzen. Der Parameter t liege im Intervall $[-\pi, \pi]$. Berechnen Sie mit Hilfe von Satz 3.7.24 die einseitigen Richtungsableitungen $v'(0, 1)$ und $v'(0, -1)$.

Unter stärkeren Konvexitätsannahmen, etwa der schon erwähnten *vollständigen Konvexität* von P (d. h. der Konvexität der Funktionen $f, g_i, i \in I$, in (t, x)), lassen sich noch einfachere Formeln für einseitige Richtungsableitungen zeigen als diejenige aus Satz 3.7.24. Es ist dann auch möglich, Randeffekte bezüglich der Menge $\text{dom}(M, T)$ explizit zu behandeln. Für Einzelheiten sei auf [60] verwiesen.

Anwendungen

4

In den vorausgegangenen Kapiteln haben wir gesehen, dass die parametrische Optimierung Ergebnisse erlaubt, die auf der Beantwortung der Fragen ZF1, ZF2, ZF3 und ZF4 basieren, wie Hotellings Lemma (Beispiel 2.2.22 und Übung 3.7.15), die Berechnung von Schattenpreisen (Beispiel 2.3.17 und Übung 3.7.23) oder die Konvergenz numerischer Verfahren der parameterfreien nichtlinearen Optimierung. Darüber hinaus liefert sie aber auch Lösungsansätze für ganze Klassen von Optimierungsproblemen, die in den Wirtschafts- und Ingenieurwissenschaften eine wichtige Rolle spielen.

Wir diskutieren abschließend zwei solche Anwendungen, nämlich in Abschn. 4.1 die semi-infinite Optimierung und in Abschn. 4.2 Nash-Spiele. Als eine numerische Anwendung gehen wir in Abschn. 4.3 außerdem beispielhaft auf die Ideen von Homotopieverfahren ein. Für die Diskussion vieler weiterer Anwendungen wie Bilevelprobleme, Straftermverfahren, Innere-Punkte-Verfahren, Eigenwertfunktionen und Gleichgewichte in Verkehrsnetzwerken sei auf [6, 61] verwiesen.

4.1 Semi-infinite Optimierung

Ein semi-infinites Problem (SIP) ist ein endlichdimensionales Optimierungsproblem, in dem unendlich viele Ungleichungsrestriktionen auftreten dürfen. Dies geschieht zum Beispiel in natürlicher Weise bei der Modellierung robuster Optimierungsprobleme, in der Tschebyscheff-Approximation, bei Minimax-Problemen und in der Verschnittminimierung, die Abschn. 4.1.1 vorstellt. Mit Hilfe von Ergebnissen aus den vorangegangenen Kapiteln leiten wir in Abschn. 4.1.2 topologische Eigenschaften der zulässigen Menge, in Abschn. 4.1.3 verschiedene Optimalitätsbedingungen sowie in Abschn. 4.1.4 das Reduktionslemma für SIPs her, mit dem sich in Abschn. 4.1.5 ein Lösungsalgorithmus begründen lässt.

O. Stein, *Grundzüge der Parametrischen Optimierung*,
https://doi.org/10.1007/978-3-662-61990-2_4

4.1.1 Beispiele

Ein einfaches Beispiel für eine semi-infinit beschriebene Menge hat bereits Übung 1.5.1 angegeben. In Abschn. 1.5 haben wir außerdem gesehen, wie in der robusten Optimierung ein Problem der Form

$$SIP: \quad \min_{x \in \mathbb{R}^n} f(x) \quad \text{s.t.} \quad g(x, y) \leq 0 \ \forall y \in Y$$

entsteht. Wir setzen im Folgenden stets voraus, die Indexmenge Y sei eine nichtleere und kompakte Teilmenge des $\mathbb{R}^m$. Die Funktionen $f : \mathbb{R}^n \to \mathbb{R}$ und $g : \mathbb{R}^n \times Y \to \mathbb{R}$ seien außerdem mindestens stetig. Probleme der Form SIP heißen *semi-infinite* Optimierungsprobleme, da die Entscheidungsvariable x zwar endlichdimensional ist, sie aber eventuell unendlich vielen Ungleichungsrestriktionen unterworfen ist (die Betrachtung unendlich vieler *Gleichungs*restriktionen wäre im Endlichdimensionalen hingegen nicht sinnvoll).

In diesem Abschnitt zeigen wir, wie SIPs in Anwendungen in natürlicher Weise auftreten. Dazu geben wir zunächst die robuste Umformulierung eines parametrischen Problems unter etwas allgemeineren Bedingungen als in Abschn. 1.5 an.

4.1.1 Beispiel (Robuste Optimierung)

Gegeben sei ein Optimierungsproblem

$$P(t): \quad \min_{x \in \mathbb{R}^n} f(t, x) \quad \text{s.t.} \quad g_i(t, x) \leq 0, \ i \in I,$$

mit stetigen Funktionen f, g_i, $i \in I$, bei dem sowohl die Zielfunktion als auch die Ungleichungsrestriktion von einem Parameter t aus einer nichtleeren und kompakten *Unsicherheitsmenge* $T \subseteq \mathbb{R}^r$ abhängen. Der robuste Ansatz besteht darin, sowohl für die Zielfunktion als auch für die Restriktionen den durch die oberen Hüllfunktionen

$$\overline{f}(x) = \max_{t \in T} f(t, x) \quad \text{und} \quad \overline{g}_i(x) = \max_{t \in T} g_i(t, x), \ i \in I$$

modellierten Worst Case zu betrachten, nämlich das Problem

$$R: \quad \min_{x \in \mathbb{R}^n} \overline{f}(x) \quad \text{s.t.} \quad \overline{g}_i(x) \leq 0, \ i \in I.$$

Mit Hilfe der Epigraphumformulierung [55, 56] lässt sich die Zielfunktion zunächst „in die Restriktionen verschieben", so dass R zu

$$\min_{(x,z) \in \mathbb{R}^n \times \mathbb{R}} z \quad \text{s.t.} \quad \max_{t \in T} f(t, x) \leq z,$$

$$\max_{t \in T} g_i(t, x) \leq 0, \ i \in I,$$

äquivalent ist. Die Umformulierung der Maximumsungleichungen liefert dann das zu R äquivalente Problem

$$SI P_{RO}: \quad \min_{(x,z)\in\mathbb{R}^n\times\mathbb{R}} z \quad \text{s.t.} \quad f(t,x) \leq z,\ t \in T,$$

$$g_i(t,x) \leq 0,\ t \in T,\ i \in I,$$

mit endlich vielen semi-infiniten Restriktionen. ◄

Eine historisch frühe Anwendung der semi-infiniten Optimierung bestand in der Untersuchung von Tschebyscheff-Approximationsproblemen.

4.1.2 Beispiel (Tschebyscheff-Approximation)

In Anwendungen versucht man häufig, eine gegebene stetige Funktion F auf einer nichtleeren kompakten Menge $Y \subseteq \mathbb{R}^m$ durch eine einfachere Funktion $a(p,\cdot)$ zu approximieren, die aus einer Schar stetiger Funktionen $\{a(p,\cdot)|\ p \in P\}$ mit Parametermenge $P \subseteq \mathbb{R}^n$ gewählt werden darf (zum Beispiel Polynomfunktionen mit Koeffizientenvektor p). Das Approximationsproblem besteht darin, die Abweichung zwischen F und $a(p,\cdot)$ auf Y zu minimieren. Je nach Anwendung sind verschiedene Normen zur Messung dieser Abweichung sinnvoll.

Aus *numerischen* Gründen wählt man häufig die euklidische Norm, denn mit ihr lässt sich ein glattes Optimierungsproblem erzeugen. Allerdings reicht es in vielen Anwendungen nicht, nur eine gemittelte Abweichung zu minimieren, sondern man möchte tatsächlich die *maximale* Abweichung minimieren, d. h. die in der Tschebyscheff-Norm gemessene Abweichung (Abb. 4.1).

Dies führt auf das Problem der *Tschebyscheff-Approximation*

$$T A: \quad \min_{p\in P} \|F(\cdot) - a(p,\cdot)\|_{\infty,Y} = \min_{p\in P} \max_{y\in Y} |F(y) - a(p,y)|.$$

Abb. 4.1 Tschebyscheff-Approximation

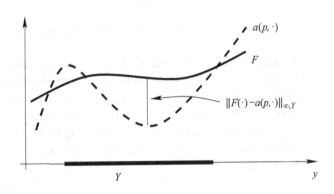

Die Epigraphumformulierung von TA liefert das äquivalente Problem

$$\min_{(p,q)\in P\times\mathbb{R}} q \quad \text{s.t.} \quad \|F(\cdot) - a(p,\cdot)\|_{\infty,Y} \leq q,$$

das man wie in Beispiel 4.1.1 in die Form

$$SIP_{TA}: \quad \min_{(p,q)\in P\times\mathbb{R}} q \quad \text{s.t.} \quad F(y) - a(p,y) \leq q, \ y \in Y,$$

$$-F(y) + a(p,y) \leq q, \ y \in Y,$$

eines Optimierungsproblems mit zwei semi-infiniten Restriktionen bringen kann. Der Vorteil dieser Formulierung liegt darin, dass für glatte Funktionen F und $a(p,\cdot)$ alle definierenden Funktionen von SIP_{TA} *glatt* sind, während das Ausgangsproblem TA *nichtglatt* ist. Der Preis für diese Verbesserung besteht im Auftreten von unendlich vielen Ungleichungsrestriktionen. Lösungsmethoden für diese wichtige spezielle Klasse semi-infiniter Optimierungsprobleme findet man zum Beispiel in [25]. ◄

Die bei den obigen Beispielen zur robusten Optimierung und Tschebyscheff-Approximation benutzte Epigraphumformulierung lässt sich analog auch für allgemeine Minimax-Probleme einsetzen, um eine Zielfunktion mit Maximumstruktur in eine semi-infinite Ungleichung umzuformulieren. Daneben treten SIPs etwa bei Defektminimierungsmethoden für Operatorgleichungen und bei zustandsbeschränkten Problemen der optimalen Steuerung auf, und sie enthalten außerdem die semi-*definite* Optimierung als Spezialfall [12, 53].

Im folgenden Beispiel tritt ein zusätzlicher Effekt auf, der durch gewöhnliche SIPs nicht abgedeckt ist.

4.1.3 Beispiel (Design Centering)

Bei Design-Centering-Problemen maximiert man ein Maß (etwa das Volumen) einer parametrisierten Menge $D(x)$, die in einer zweiten Menge G enthalten ist (Abb. 4.2), betrachtet also Optimierungsprobleme der Form

$$DC: \quad \max_{x\in\mathbb{R}^n} \text{Vol}(D(x)) \quad \text{s.t.} \quad D(x) \subseteq G.$$

Die Menge $D(x)$ wird dabei als *Design* bezeichnet und G als *Container*. In Anwendungen besitzt die Menge G häufig eine komplizierte und $D(x)$ eine vergleichsweise einfache Struktur. Dadurch kann man beispielsweise Unterschranken an das Volumen von G bestimmen, oder G beschreibt eine Materialquelle, aus der $D(x)$ „möglichst groß ausgeschnitten" werden soll. Design-Centering-Probleme stehen daher in engem Zusammenhang zu Problemen der *Verschnittminimierung*.

Wenn G als

$$G = \{y \in \mathbb{R}^m \mid g_i(y) \leq 0, \ i \in I\}$$

Abb. 4.2 Ellipse $D(x^\star)$ mit maximalem Flächeninhalt in G

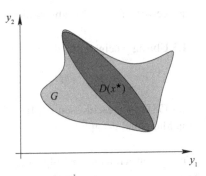

durch Ungleichungen beschrieben ist, dann lässt sich die Restriktion von DC mit Hilfe dieser Ungleichungen ausdrücken, und man erhält das Problem

$$GSIP_{DC} : \quad \max_{x \in \mathbb{R}^n} \; \mathrm{Vol}(D(x)) \quad \text{s.t.} \quad g_i(y) \leq 0, \; y \in D(x), \; i \in I.$$

◄

Im Unterschied zu einem *gewöhnlichen* SIP tritt in Beispiel 4.1.3 in natürlicher Weise der Effekt auf, dass die Indexmenge Y der Ungleichungsrestriktionen von der Entscheidungsvariable x abhängt. Statt einer festen Indexmenge Y liegt dann eine mengenwertige Abbildung $Y : \mathbb{R}^n \rightrightarrows \mathbb{R}^m$ vor, und man spricht von einem *verallgemeinerten* semi-infiniten Optimierungsproblem (*generalized semi-infinite programming problem; GSIP*).

Mit einer Funktion $g : \mathrm{gph}\, Y \to \mathbb{R}$ besitzen verallgemeinerte semi-infinite Ungleichungen die Form

$$g(x, y) \; \leq \; 0, \; y \in Y(x)$$

oder äquivalent

$$\overline{g}(x) \; = \; \sup_{y \in Y(x)} \; g(x, y) \; \leq 0,$$

wobei $\overline{g}$ eine Verallgemeinerung der gewöhnlichen oberen Hüllfunktion ist.

4.1.2 Topologische Eigenschaften der zulässigen Menge

Obwohl in Anwendungen häufig endlich viele semi-infinite Restriktionen auftreten, konzentrieren wir uns im Folgenden zur Übersichtlichkeit auf den Fall einer einzelnen semi-infiniten Restriktion.

4.1.4 Übung Zeigen Sie, dass die zulässige Menge

$$M \; = \; \{x \in \mathbb{R}^n \,|\, g(x, y) \leq 0, \; y \in Y\}$$

eines gewöhnlichen SIPs abgeschlossen ist, falls g stetig ist.

4.1.5 Übung   Zeigen Sie, dass die zulässige Menge

$$M = \{x \in \mathbb{R}^n | \ g(x, y) \leq 0, \ y \in Y(x)\}$$

eines GSIPs abgeschlossen ist, falls $Y : \mathbb{R}^n \rightrightarrows \mathbb{R}^m$ eine innerhalbstetige mengenwertige Abbildung und g : gph $Y \to \mathbb{R}$ eine stetige Funktion ist.

Wir konzentrieren uns im Folgenden auf die Behandlung gewöhnlicher SIPs, obwohl es die bislang vorgestellten Techniken erlauben würden, auch GSIPs zu betrachten. Für Einzelheiten dazu sei stattdessen auf [53, 57] verwiesen.

Der Schlüssel zur theoretischen und algorithmischen Behandlung von SIPs liegt in der Umformulierung semi-infiniter Restriktionen durch Hüllfunktionen und Ausnutzung derer aus der parametrischen Optimierung bekannten Eigenschaften.

Unter unseren Stetigkeits- und Kompaktheitsannahmen sind die Bedingungen

$$g(x, y) \leq 0, \ y \in Y$$

und

$$\bar{g}(x) = \max_{y \in Y} g(x, y) \leq 0$$

äquivalent, so dass die zulässige Menge die Darstellung

$$M = \{x \in \mathbb{R}^n | \ \bar{g}(x) \leq 0\}$$

besitzt. Die Hüllfunktion $\bar{g}$ ist Maximalwertfunktion des Hilfsproblems

$$Q(x): \quad \max \ g(x, y) \quad \text{s.t.} \quad y \in Y,$$

das auch als *Problem der unteren Stufe* von *SIP* bezeichnet wird (im Gegensatz zur Minimierung von f über M in der oberen Stufe). Die Entscheidungsvariable x der oberen Stufe spielt im Problem der unteren Stufe die Rolle eines Parameters, während die Indexvariable y der oberen Stufe zur Entscheidungsvariable der unteren Stufe wird.

Nach Übung 3.5.7 ist $\bar{g}$ unter den gegebenen Voraussetzungen stetig. Wegen Übung 3.2.8 impliziert dies, dass jedes $x \in M$, an dem $\bar{g}$ *nicht aktiv* ist (an dem also $\bar{g}(x) < 0$ gilt), zur Menge der inneren Punkte von M gehört. Solche Punkte sind für unsere folgenden Überlegungen zu lokalen Optimalitätsbedingungen uninteressant, denn lokal um einen inneren Punkt der zulässigen Menge ist *SIP* zu einem unrestringierten Problem äquivalent. Im Umkehrschluss werden die interessanten Fälle für Punkte aus dem (topologischen) Rand bd M von M auftreten, an denen $\bar{g}$ dann notwendigerweise *aktiv* ist, also $\bar{g}(x) = 0$ gilt.

Zu einem Punkt $x \in M$ mit $\bar{g}(x) = 0$ bezeichnen wir mit

Abb. 4.3 Zulässigkeit in einem SIP

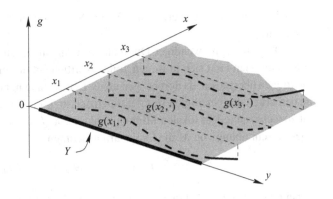

$$Y_0(x) \; := \; \{y \in Y \,|\, g(x, y) = 0\}$$

die Menge der globalen Maximalpunkte von $Q(x)$ mit Maximalwert null und sprechen (analog zum Fall endlich vieler Ungleichungsrestriktionen) dabei auch von der *Menge der aktiven Indizes* an $x \in M$. Während es in der finiten Optimierung nach Übung 3.2.8 aus Stetigkeitsgründen möglich ist, die zulässige Menge lokal um einen Punkt nur mit den im Punkt aktiven Restriktionen zu beschreiben, verliert dieses wichtige Ergebnis bei SIPs seine Gültigkeit. Das sieht man zum Beispiel leicht in der Situation aus Übung 1.5.1. Ferner braucht $Y_0(x)$ keine endliche Menge zu sein, ist als abgeschlossene Teilmenge der kompakten Menge Y aber zumindest kompakt.

4.1.6 Übung Bestimmen Sie für die in Abb. 4.3 skizzierte Situation die Zulässigkeit von x_1, x_2 und x_3 sowie gegebenenfalls die jeweiligen Mengen der aktiven Indizes.

4.1.3 Notwendige Optimalitätsbedingungen

Im Folgenden leiten wir notwendige Optimalitätskriterien für lokale Minimalpunkte von SIPs her, indem wir verschiedene Resultate dieses Lehrbuchs miteinander kombinieren, um die durch die nichtglatte Hüllfunktion $\overline{g}$ beschriebene zulässige Menge

$$M = \{x \in \mathbb{R}^n \,|\, \overline{g}(x) \leq 0\}$$

behandeln zu können. Die definierenden Funktionen $f : \mathbb{R}^n \to \mathbb{R}$ und $g : \mathbb{R}^n \times Y$ von *SIP* setzen wir dazu als mindestens stetig differenzierbar voraus und $Y \subseteq \mathbb{R}^m$ nach wie vor als nichtleer und kompakt. Im Problem

$$SIP : \quad \min \; f(x) \quad \text{s.t.} \quad \overline{g}(x) \leq 0$$

ist dann f stetig differenzierbar und $\overline{g}$ nach Satz 3.7.6 immerhin einseitig richtungsdifferenzierbar.

Die Herleitung notwendiger Optimalitätsbedingungen aus [56] für stetig differenzierbare Funktionen lässt sich in weiten Teilen wörtlich auf einseitig richtungsdifferenzierbare Funktionen übertragen, da dort bei genauerer Betrachtung nur die einseitige Richtungsdifferenzierbarkeit der beteiligten stetig differenzierbaren Funktionen benutzt wird. Tatsächlich gilt zunächst an jedem lokalen Minimalpunkt $\bar{x}$ von f auf M unabhängig von der funktionalen Beschreibung von M die Stationaritätsbedingung

$$\langle \nabla f(\bar{x}), d \rangle \geq 0 \quad \forall d \in C(\bar{x}, M),$$

wobei $C(\bar{x}, M)$ den äußeren Tangentialkegel an M in $\bar{x}$ bezeichnet.

Mit Hilfe der einseitigen Richtungsdifferenzierbarkeit von $\overline{g}$ dürfen wir außerdem für $\bar{x} \in M$ mit $\overline{g}(\bar{x}) = 0$ den *inneren Linearisierungskegel* an M in $\bar{x}$

$$L_<(\bar{x}, M) = \{d \in \mathbb{R}^n \,|\, \overline{g}'(\bar{x}, d) < 0\}$$

definieren (für den uninteressanten Fall $\overline{g}(\bar{x}) < 0$ gilt wegen der Inaktivität von $\overline{g}$ an $\bar{x}$ wie üblich $L_<(\bar{x}, M) = \mathbb{R}^n$). Da sich wie im stetig differenzierbaren Fall für jedes $\bar{x} \in M$ die Inklusion $L_<(\bar{x}, M) \subseteq C(\bar{x}, M)$ zeigen lässt, folgt an jedem lokalen Minimalpunkt $\bar{x}$ von f auf M mit $\overline{g}(\bar{x}) = 0$ die Unlösbarkeit des Systems

$$\langle \nabla f(\bar{x}), d \rangle < 0, \quad \overline{g}'(\bar{x}, d) < 0 \tag{4.1}$$

in $d \in \mathbb{R}^n$.

Aus dem Satz von Danskin (Satz 3.7.6) kennen wir ferner die explizite Darstellung

$$\overline{g}'(\bar{x}, d) = \max_{y \in S(\bar{x})} \langle \nabla_x g(\bar{x}, y), d \rangle = \max_{y \in Y_0(\bar{x})} \langle \nabla_x g(\bar{x}, y), d \rangle$$

der einseitigen Richtungsableitungen von $\overline{g}$ an $\bar{x}$ in Richtung d, wobei

$$S(\bar{x}) = \{y \in Y \,|\, g(\bar{x}, y) = \overline{g}(\bar{x})\} = \{y \in Y \,|\, g(\bar{x}, y) = 0\} = Y_0(\bar{x})$$

aus $\overline{g}(\bar{x}) = 0$ folgt.

Wegen der Kompaktheit von $Y_0(\bar{x})$ ist das System (4.1) also genau dann unlösbar, wenn das System eventuell unendlich vieler linearer Ungleichungen

$$\langle \nabla f(\bar{x}), d \rangle < 0, \quad \langle \nabla_x g(\bar{x}, y), d \rangle < 0, \quad y \in Y_0(\bar{x}), \tag{4.2}$$

unlösbar in $d \in \mathbb{R}^n$ ist. Damit haben wir die folgende primale Optimalitätsbedingung erster Ordnung bewiesen, bei der der Fall $\bar{x} \in M$ mit $\overline{g}(\bar{x}) < 0$ aus der Fermat'schen Regel folgt.

4.1.7 Lemma *Es sei $\bar{x} \in M$ ein lokaler Minimalpunkt von SIP. Dann ist das System von eventuell unendlich vielen Ungleichungen (4.2) unlösbar in $d \in \mathbb{R}^n$.*

Um aus Lemma 4.1.7 *duale* Optimalitätsbedingungen analog zu den Sätzen von Fritz John und Karush-Kuhn-Tucker zu gewinnen, benötigen wir einen Alternativsatz wie das Lemma von Gordan [56], allerdings für Systeme von eventuell unendlich vielen Ungleichungen.

Für eine Menge $A \subseteq \mathbb{R}^n$ bezeichne dazu

$$\text{conv}(A) := \left\{ \sum_{i=1}^{s} \lambda_i \, a^i \, \middle| \, a^i \in A, \, \lambda_i \geq 0, \, 1 \leq i \leq s, \, \sum_{i=1}^{s} \lambda_i = 1, \, s \in \mathbb{N} \right\}$$

die *konvexe Hülle* von A, also die Menge der mit endlich vielen Elementen aus A erzeugbaren Konvexkombinationen.

4.1.8 Satz (Lemma von Gordan für unendliche Systeme)
Es sei $A \subseteq \mathbb{R}^n$ nichtleer und kompakt. Dann gilt

$$0 \in \text{conv}(A)$$

genau dann, wenn das System

$$a^\mathsf{T} d < 0, \quad a \in A$$

unlösbar in $d \in \mathbb{R}^n$ ist.

Der Beweis dieses Satzes verläuft völlig analog zu dem in [56] gegebenen Beweis zum Lemma von Gordan für endliche Systeme. Für den dabei zu benutzenden Trennungssatz muss man zeigen, dass $\text{conv}(A)$ nichtleer, abgeschlossen und konvex ist. Während Konsistenz und Konvexität von $\text{conv}(A)$ leicht zu sehen sind, erfordert die Abgeschlossenheit von $\text{conv}(A)$ noch eine genauere Überlegung.

4.1.9 Übung Es sei $A \subseteq \mathbb{R}^n$ nichtleer und kompakt. Zeigen Sie, dass $\text{conv}(A)$ dann abgeschlossen ist.

Hinweis: Benutzen Sie den Satz von Carathéodory zur Darstellung der Elemente von $\text{conv}(A)$.

Die resultierende Optimalitätsbedingung wurde von Fritz John tatsächlich direkt für SIPs gezeigt (und zwar motiviert durch das bei der Bestimmung von Löwner-John-Ellipsoiden auftretende Design-Centering-Problem).

4.1.10 Satz (Satz von Fritz John [34])

Es sei $\bar{x} \in M$ ein lokaler Minimalpunkt von SIP. Dann gilt entweder $\nabla f(\bar{x}) = 0$, oder es existieren ein $s \le n + 1$, aktive Indizes $y^i \in Y_0(\bar{x})$, $i = 1, \ldots, s$, und Multiplikatoren $\kappa \ge 0, \lambda_i \ge 0, i = 1, \ldots, s$, mit $\kappa + \sum_{k=1}^{r} \lambda_k = 1$, so dass

$$\kappa \, \nabla f(\bar{x}) + \sum_{i=1}^{s} \lambda_i \, \nabla_x g(\bar{x}, y^i) = 0 \tag{4.3}$$

erfüllt ist.

Beweis Im Fall $\bar{g}(\bar{x}) < 0$ ist $\bar{x}$ innerer Punkt von M, also gilt laut Fermat'scher Regel $\nabla f(\bar{x}) = 0$ (und $Y_0(\bar{x}) = \emptyset$). Im Fall $\bar{g}(\bar{x}) = 0$ ist

$$B := \{\nabla_x g(\bar{x}, y) \mid y \in Y_0(\bar{x})\}$$

als stetiges Bild der nichtleeren, kompakten Menge $Y_0(\bar{x})$ ebenfalls nichtleer und kompakt, und dasselbe gilt für die Menge

$$A := \{\nabla f(\bar{x})\} \cup B.$$

Lemma 4.1.7 besagt gerade, dass das System $a^{\mathsf{T}} d < 0, a \in A$, unlösbar ist. Nach Satz 4.1.8 ist dies äquivalent zu $0 \in \operatorname{conv}(A)$. Explizites Ausschreiben dieser Bedingung ergibt die Behauptung. Die Beschränkung $s \le n + 1$ folgt aus dem Satz von Carathéodory [56]. $\square$

Wie bei glatten finiten Optimierungsproblemen stellt man fest, dass sich im Fall $\kappa = 0$ in (4.3) nochmals Satz 4.1.8 anwenden lässt, um diesen Fall mit der Unlösbarkeit des Systems

$$\langle \nabla_x g(\bar{x}, y), d \rangle < 0, \ y \in Y_0(\bar{x})$$

zu charakterisieren. Wegen der Kompaktheit von $Y_0(\bar{x})$ ist Letzteres äquivalent zur Unlösbarkeit von

$$\bar{g}'(\bar{x}, d) = \max_{y \in Y_0(\bar{x})} \langle \nabla_x g(\bar{x}, y), d \rangle < 0,$$

also zu $L_<(\bar{x}, M) = \emptyset$. In Verallgemeinerung des finiten Falls können wir damit eine natürliche Constraint Qualification für SIPs formulieren: An $\bar{x} \in M$ ist die MFB erfüllt, falls $L_<(\bar{x}, M) \ne \emptyset$ gilt (an $\bar{x} \in M$ mit $\bar{g}(\bar{x}) < 0$ ist wegen $L_<(\bar{x}, M) = \mathbb{R}^n$ also stets die MFB erfüllt).

Wir erhalten somit die folgende Verallgemeinerung des Satzes von Karush-Kuhn-Tucker für SIPs.

4.1.11 Satz *Es sei $\bar{x} \in M$ ein lokaler Minimalpunkt von SIP, an dem die MFB erfüllt ist. Dann gilt entweder $\nabla f(\bar{x}) = 0$, oder es existieren ein $s \leq n$, aktive Indizes $y^i \in Y_0(\bar{x})$, $i = 1, \ldots, s$, und Multiplikatoren $\lambda_i \geq 0$, $i = 1, \ldots, s$, so dass*

$$\nabla f(\bar{x}) + \sum_{i=1}^{s} \lambda_i \nabla_x g(\bar{x}, y^i) = 0 \tag{4.4}$$

erfüllt ist.

Beweis Die Behauptung folgt aus Satz 4.1.10 und der Division von (4.3) durch $\kappa > 0$. □

Satz 4.1.10 und Satz 4.1.11 machen nur eine Existenzaussage zu den aktiven Indizes $y^k \in Y_0(\bar{x})$ und scheinen in diesem Sinne nicht konstruktiv zu sein. Tatsächlich sind diese Sätze trotzdem algorithmisch verwendbar [25, 48].

4.1.4 Reduktionsansatz

Wie wir schon bemerkt haben, lässt sich im semi-infiniten Fall die zulässige Menge M lokal um einen Randpunkt $\bar{x} \in \text{bd } M$ nicht notwendigerweise mit den in $\bar{x}$ aktiven Restriktionen beschreiben, d. h., man findet zu $\bar{x}$ nicht (wie in Übung 3.2.8 für den finiten Fall) immer eine Umgebung U, so dass

$$M \cap U = \{x \in U \mid g(x, y) \leq 0, \ y \in Y_0(\bar{x})\} \tag{4.5}$$

gilt.

Dies motiviert den Versuch, die aktiven Indizes durch geeignete Voraussetzungen in gewissem Sinne hinreichend gut zu kontrollieren. Als grundlegende Information über die Menge der aktiven Indizes $Y_0(\bar{x})$ zu einem zulässigen Punkt $\bar{x} \in \text{bd } M$ von *SIP* wissen wir bereits, dass die aktiven Indizes genau die globalen Maximalpunkte des Problems der unteren Stufe

$$Q(\bar{x}): \quad \max g(\bar{x}, y) \quad \text{s.t.} \quad y \in Y$$

sind. Wie wir in Kap. 2 gesehen haben, lassen sich Maximalpunkte besonders gut kontrollieren, wenn sie *nichtdegeneriert* sind, wenn sich also ihre Abhängigkeit von Parametern mit dem Satz über implizite Funktionen beschreiben lässt. Diese Idee, die auf [63] und [22] zurückgeht und die wir im Folgenden kurz beleuchten wollen, hat weitreichende Auswirkungen auf die Herleitung von Optimalitätsbedingungen und numerische Lösungsverfahren für SIPs.

Um über Nichtdegeneriertheit der Maximalpunkte von $Q(\bar{x})$ überhaupt sprechen zu können, müssen wir Y zunächst funktional beschreiben, also etwa als

$$Y = \{y \in \mathbb{R}^m \mid v(y) \leq 0, \ w(y) = 0\}$$

mit Funktionen $v : \mathbb{R}^m \to \mathbb{R}^s$ und $w : \mathbb{R}^m \to \mathbb{R}^r$ sowie $r, s \in \mathbb{N}$ mit $r < m$. Ferner seien f, g, v und w mindestens zweimal stetig differenzierbar. Damit kann man insbesondere von nichtdegenerierten kritischen Punkten von $Q(\bar{x})$ sprechen.

4.1.12 Definition (Reduktionsansatz)
An $\bar{x} \in M$ gilt der Reduktionsansatz, falls alle $y \in Y_0(\bar{x})$ nichtdegenerierte Maximalpunkte von $Q(\bar{x})$ sind.

An den uninteressanten zulässigen Punkten $\bar{x} \in M$ mit $\overline{g}(\bar{x}) < 0$ ist der Reduktionsansatz trivialerweise erfüllt. Bei den folgenden Betrachtungen konzentrieren wir uns deshalb weiter auf einen Randpunkt $\bar{x} \in \text{bd } M$.

4.1.13 Lemma *An $\bar{x} \in \text{bd } M$ gelte der Reduktionsansatz. Dann besitzt $Y_0(\bar{x})$ endlich viele Elemente.*

Beweis Als nichtdegenerierter Maximalpunkt ist jedes Element der nichtleeren Menge $Y_0(\bar{x})$ ein *isolierter* Maximalpunkt von $Q(\bar{x})$. Angenommen, es gibt unendlich viele solche Elemente. Wegen der Kompaktheit von $Y_0(\bar{x})$ besäße $Y_0(\bar{x})$ dann einen Häufungspunkt. Dieser wäre aber kein isolierter Maximalpunkt von $Q(\bar{x})$, also entsteht ein Widerspruch. □

Nach Lemma 4.1.13 gibt es ein $p \in \mathbb{N}$ mit

$$Y_0(\bar{x}) = \{\bar{y}^i \mid i = 1, \ldots, p\}.$$

Satz 2.3.12 garantiert für jedes $i \in I := \{1, \ldots, p\}$ die Existenz einer Umgebung U_i von $\bar{x}$ und einer auf U_i definierten C^1-Funktion y^i mit $y^i(\bar{x}) = \bar{y}^i$, so dass für jedes $x \in U_i$ der Punkt $y^i(x)$ lokaler Maximalpunkt von $Q(\bar{x})$ ist, und zwar lokal um $\bar{y}^i$ der *eindeutige* lokale Maximalpunkt. Damit sind insbesondere die Funktionen

$$\overline{g}_i(x) := g(x, y^i(x)), \ i \in I,$$

für alle x aus der Umgebung $U_0 := \bigcap_{i \in I} U_i$ von $\bar{x}$ definiert. Anstelle der ungültigen lokalen Darstellung (4.5) von M erhalten wir damit den folgenden Satz, der trotz seiner großen

Bedeutung in der semi-infiniten Optimierung aus historischen Gründen *Lemma* genannt wird.

4.1.14 Satz (Reduktionslemma)

An $\bar{x} \in$ bd M gelte der Reduktionsansatz. Dann existiert eine Umgebung U von $\bar{x}$ mit

$$M \cap U = \{x \in U \,|\, \overline{g}_i(x) \le 0, \; i \in I\}.$$

Beweis Wir zeigen zunächst, dass die Inklusion $\subseteq$ mit $U := U_0$ gilt. Es sei dazu $x \in M \cap U_0$, also $g(x, y) \le 0$ für alle $y \in Y$. Da für jedes $i \in I$ insbesondere $y^i(x)$ definiert ist und in Y liegt, gilt auch

$$\overline{g}_i(x) = g(x, y^i(x)) \le 0,$$

was zu zeigen war.

Um die Existenz einer Umgebung $U \subseteq U_0$ von $\bar{x}$ zu zeigen, für die

$$M \cap U \supseteq \{x \in U \,|\, \overline{g}_i(x) \le 0, \; i \in I\}$$

gilt, nehmen wir an, eine solche Umgebung gibt es nicht. Dann existiert eine Folge (x^k) mit $\lim_k x^k = \bar{x}$, so dass für alle $k \in \mathbb{N}$ zwar

$$\overline{g}_i(x^k) \le 0, \; i \in I, \tag{4.6}$$

aber nicht $x^k \in M$ gilt. Wenn x^k aber nicht zulässig ist, dann existiert per Definition ein Index $y^k \in Y$ mit $g(x^k, y^k) > 0$. Unter allen solchen Indizes wählen wir einen mit *maximalem* Wert von $g(x^k, \cdot)$, wir wählen y^k also als Maximalpunkt von $Q(x^k)$.

Aus der Kompaktheit von Y folgt, dass die Folge (y^k) nach eventueller Wahl einer Teilfolge gegen einen Punkt $\bar{y} \in Y$ konvergiert. Die Stetigkeit von g und die Zulässigkeit von $\bar{x}$ liefern damit

$$0 \le \lim_k g(x^k, y^k) = g(\bar{x}, \bar{y}) \le 0,$$

also $\bar{y} \in Y_0(\bar{x})$. Folglich stimmt $\bar{y}$ mit einem der endlich vielen Indizes $\bar{y}^i$, $i \in I$, überein, etwa mit $\bar{y}^1$.

Das entscheidende Argument ist nun, dass der lokale Maximalpunkt von $Q(x)$ lokal um $\bar{y}^1$ für x aus einer Umgebung von $\bar{x}$ durch die Funktion $y^1(x)$ gegeben ist. Insbesondere gilt für fast alle $k \in \mathbb{N}$

$$y^k = y^1(x^k)$$

und damit der Widerspruch

$$0 < g(x^k, y^k) = g(x^k, y^1(x^k)) = \overline{g}_1(x^k) \overset{(4.6)}{\le} 0.$$

Im Gegensatz zur Annahme gilt die Inklusion $\supseteq$ also mit einer Umgebung $U_\star \subseteq U_0$ von $\bar{x}$. Da die Inklusion $\subseteq$ insbesondere auch für $U_\star$ erfüllt ist, stellt $U := U_\star$ die in der Behauptung des Satzes gesuchte Umgebung dar. $\square$

Es sei bemerkt, dass im Beweis des Reduktionslemmas nur die Endlichkeit von $Y_0(\bar{x})$ und die lokal eindeutige lokale Beschreibbarkeit der Elemente von $Y_0(\bar{x})$ durch Funktionen von x benutzt werden. Dies lässt sich auch durch erheblich schwächere Voraussetzungen als den Reduktionsansatz gewährleisten [23, 24], worauf wir hier aber nicht weiter eingehen.

4.1.15 Übung Betrachten Sie noch einmal die semi-infinite Beschreibung der Einheitskreisscheibe

$$M = \{x \in \mathbb{R}^2 \mid y^\mathsf{T} x \le 1 \ \forall y \in Y\} \quad \text{mit} \quad Y = \{y \in \mathbb{R}^2 \mid \|y\|_2 = 1\}$$

aus Lösung 5.1. Zeigen Sie, dass an jedem Randpunkt $\bar{x} \in \mathrm{bd}\, M$ der Reduktionsansatz mit $|Y_0(\bar{x})| = 1$ gilt, und geben Sie die zugehörige lokale Beschreibung von M aus dem Reduktionslemma explizit an.

Das Reduktionslemma besagt, dass man unter dem Reduktionsansatz alle *lokalen* Eigenschaften von M genauso gut in der „reduziert beschriebenen" Menge

$$M_{\mathrm{red}} := \{x \in U \mid \bar{g}_i(x) \le 0, \ i \in I\}$$

untersuchen kann. Insbesondere ist ein Punkt $\bar{x}$, an dem der Reduktionsansatz gilt, genau dann *lokaler* Minimalpunkt von *SIP*, wenn er lokaler Minimalpunkt des finiten Problems

$$SIP_{\mathrm{red}}: \quad \min_{x \in U} f(x) \quad \text{s.t.} \quad \bar{g}_i(x) \le 0, \ i \in I,$$

ist.

Der entscheidende Unterschied zur Beschreibung von M durch die einzelne Ungleichungsrestriktion $\bar{g}(x) = \max_{y \in Y} g(x, y) \le 0$ besteht darin, dass $\bar{g}$ im Allgemeinen nicht differenzierbar ist, während die endlich vielen Funktionen $\bar{g}_i$, $i \in I$, nach Satz 2.3.16d sogar *zweimal stetig differenzierbar* sind. Problematisch erscheint dabei zunächst, dass man die Funktionen $\bar{g}_i$ nicht immer wie in Übung 4.1.15 *explizit* angeben kann, da sie mit Hilfe der *implizit* definierten Funktionen y^i gebildet werden.

Glücklicherweise gibt Satz 2.3.16 jedoch Formeln für die ersten und zweiten Ableitungen der Funktionen $\bar{g}_i$ im Punkt $\bar{x}$ an.

4.1.16 Übung An $\bar{x} \in \mathrm{bd}\, M$ gelte der Reduktionsansatz. Zeigen Sie für jedes $i \in I$ die Formel

$$\nabla \bar{g}_i(\bar{x}) = \nabla_x g(\bar{x}, \bar{y}^i).$$

4.1.17 Übung An $\bar{x} \in \text{bd } M$ gelte der Reduktionsansatz. Zeigen Sie, dass die Gültigkeit der MFB an $\bar{x}$ dann äquivalent zur Existenz eines $d \in \mathbb{R}^n$ mit

$$\langle \nabla_x g(\bar{x}, \bar{y}^i), d \rangle < 0, \quad i \in I,$$

ist.

Mit diesen Vorüberlegungen ist es nicht schwer, Satz 4.1.11 unter dem Reduktionsansatz auf den üblichen Satz von Karush-Kuhn-Tucker zurückzuführen. Insbesondere benötigt man unter dieser stärkeren Voraussetzung nicht das Lemma von Gordan für unendliche Ungleichungssysteme aus Lemma 4.1.8.

4.1.18 Übung Wie würden Sie einen nichtdegenerierten kritischen Punkt $\bar{x}$ von *SIP* definieren (siehe Lösung 5.11)?

Obwohl die in Lösung 5.11 angegebenen Regularitätsbedingungen zur Definition eines nichtdegenerierten kritischen Punkts sehr einschränkend erscheinen mögen, kann man zeigen, dass wie im finiten Fall jeder lokale Minimalpunkt von *SIP* nichtdegeneriert ist, sofern sich die definierenden Funktionen von *SIP* in allgemeiner Lage befinden. Die entsprechende Generizitätsuntersuchung findet man zum Beispiel in [59]. Insbesondere ist es in diesem Sinne eine *schwache* Voraussetzung, den Reduktionsansatz in einem Minimalpunkt von *SIP* zu fordern.

4.1.5 Lösungsverfahren

Wie gesehen kann man es als sinnvoll betrachten, Lösungsverfahren für SIPs zu formulieren, die den Reduktionsansatz in jedem Minimalpunkt voraussetzen, obwohl dies in Anwendungen üblicherweise nicht a priori überprüfbar ist. Ein solches Verfahren kann konzeptionell wie folgt aussehen.

Eine Iterierte x^k sei schon so nahe an einem lokalen Minimalpunkt von *SIP* vorgegeben, dass aus Stetigkeitsgründen auch in x^k der Reduktionsansatz gilt. Berechne dann die Menge $Y_\star(x^k)$ der Maximalpunkte von $Q(x^k)$ und führe einige Schritte eines iterativen Lösungsverfahrens für das um x^k lokal reduzierte *finite* Problem SIP_{red} durch. Nenne den letzten Minimalpunkt x^{k+1} und wiederhole diese Vorschrift so lange, bis der erzeugte Punkt annähernd eine Bedingung erster Ordnung (z. B. diejenige aus Satz 4.1.10 oder Satz 4.1.11) erfüllt.

Der Vorteil dieses Ansatzes besteht darin, dass man durch die Anwendung etwa von SQP-Verfahren [56] auf die finiten Hilfsprobleme schnelle lokale Konvergenz erwarten kann. Andererseits kann erstens die Berechnung der Menge $Y_\star(x^k)$ sehr aufwendig sein (als globales Optimierungsproblem), und zweitens muss man über eine Startnäherung x^0 verfügen, die ebenfalls schon so nahe an einem Minimalpunkt liegt, dass der Reduktionsansatz gilt.

Um solche Startnäherungen zu erzeugen, werden üblicherweise Verfahren benutzt, die nicht den Reduktionsansatz zugrunde legen, sondern aus *SIP* dadurch ein finites Hilfsproblem erzeugen, dass sie die Indexmenge Y geschickt diskretisieren. Auf solche Diskretisierungs- und Austauschverfahren gehen wir im Rahmen dieses Lehrbuchs nicht näher ein, sondern verweisen auf [25, 48]. Eine Kombination von Diskretisierungsverfahren mit dem Reduktionsansatz findet sich in [51].

In [14] wird ferner ein Lösungsverfahren vorgestellt, das explizit Methoden der globalen Optimierung [55] ausnutzt, um das Problem der unteren Stufe von *SIP* zu behandeln. Im Gegensatz zu den klassischen Lösungsalgorithmen erzeugt dieses Verfahren *zulässige Punkte* für *SIP*. Eine andere Möglichkeit, Diskretisierungsverfahren mit der Erzeugung zulässiger Punkte zu verbinden, stellt [43] vor.

4.2 Nash-Spiele

Wie in Abschn. 1.7 gesehen, bezeichnet man gekoppelte parametrische Optimierungsprobleme, bei denen in die einzelnen Optimierungsprobleme die Entscheidungsvariablen der restlichen Optimierungsprobleme jeweils als Parameter eingehen, als *Nash-Spiele*. Eine naheliegende Interpretation ist, dass dabei mehrere Spieler gleichzeitig versuchen, einen optimalen Punkt ihres jeweiligen Optimierungsproblems zu finden, wobei sich ihre Entscheidungen gegenseitig beeinflussen, sie aber nicht kooperieren.

Grundlegende Definitionen und Beispiele zu Nash-Spielen sowie das Lösungskonzept des Nash-Gleichgewichts führt Abschn. 4.2.1 ein. Als erste und naheliegende Ansätze zur Bestimmung von Nash-Gleichgewichten betrachten Abschn. 4.2.2 und Abschn. 4.2.3 das simultane System aller KKT-Bedingungen der Spieler beziehungsweise eine Umformulierung per Variationsungleichung, bevor Abschn. 4.2.4 eine im Rahmen der parametrischen Optimierung interessante Technik beschreibt, durch die sich Nash-Gleichgewichte als Optimalpunkte eines einzelnen Hilfsoptimierungsproblems gewinnen lassen.

Um das resultierende nichtglatte Optimierungsproblem algorithmisch handhabbar zu machen, stellt Abschn. 4.2.5 zunächst einen Regularisierungsansatz vor. Abschn. 4.2.6 beweist dann die Stetigkeit der Zielfunktion, bevor Abschn. 4.2.7 ihre Differenzierbarkeitseigenschaften untersucht.

4.2.1 Definitionen und Beispiele

Der in der Literatur zur Spieltheorie üblichen Notation folgend bezeichnen wir die Anzahl der Spieler mit N, und jeder Spieler $\nu \in \{1, \ldots, N\}$ verfüge über eine Entscheidungsvariable $x^\nu \in \mathbb{R}^{n_\nu}$. Mit $n = n_1 + \ldots + n_N$ beschreibt $x = (x^1, \ldots, x^N) \in \mathbb{R}^n$ dann den Vektor der

Entscheidungsvariablen aller Spieler. Um die Rolle der Variable x^ν im Vektor x zu betonen, schreiben wir häufig $x = (x^\nu, x^{-\nu})$, womit aber keine Umsortierung des Vektors gemeint ist.

Jeder Spieler verfüge über eine Kostenfunktion $\theta_\nu(\cdot, x^{-\nu})$ und eine Strategiemenge

$$X_\nu(x^{-\nu}) = \{x^\nu \in \mathbb{R}^{n_\nu} \mid g^\nu(x^\nu, x^{-\nu}) \le 0\},$$

die jeweils von den Entscheidungen $x^{-\nu}$ der restlichen Spieler abhängen. Alle Funktionen $\theta_\nu : \mathbb{R}^n \to \mathbb{R}$ und $g^\nu : \mathbb{R}^n \to \mathbb{R}^{m_\nu}$ werden als mindestens stetig vorausgesetzt.

In einem *gewöhnlichen* Nash-Spiel hängt nur die Zielfunktion des Spielers ν vom Parametervektor $x^{-\nu}$ ab, während die Strategiemenge

$$X_\nu = \{x^\nu \in \mathbb{R}^{n_\nu} \mid g^\nu(x^\nu) \le 0\}$$

fest ist ($\nu \in \{1, \dots, N\}$). Da in der Literatur anfangs nur gewöhnliche Nash-Spiele systematisch untersucht wurden, ist ein Nash-Spiel in der oben eingeführten allgemeinen Form auch als *verallgemeinertes* Nash-Spiel bekannt. Selbst eine einfache Situation wie der gemeinsame Zugriff mehrerer Spieler auf beschränkte Ressourcen (z. B. Leitungsnetze, Verschmutzungsrechte oder Budgets) führt aber schon auf ein verallgemeinertes Nash-Spiel.

Der Spieler ν hat in einem (verallgemeinerten) Nash-Spiel das parametrische Optimierungsproblem

$$Q_\nu(x^{-\nu}) : \quad \min_{x^\nu} \theta_\nu(x^\nu, x^{-\nu}) \quad \text{s.t.} \quad g^\nu(x^\nu, x^{-\nu}) \le 0 \qquad (4.7)$$

zu lösen, dessen Minimalpunktmenge wir mit $S_\nu(x^{-\nu})$ bezeichnen. Ein Punkt $x^\star = (x^{1,\star}, \dots, x^{N,\star})$ heißt *(verallgemeinertes) Nash-Gleichgewicht*, wenn

$$x^{\nu,\star} \in S_\nu(x^{-\nu,\star}), \quad \nu = 1, \dots, N, \qquad (4.8)$$

gilt. In einem Nash-Gleichgewicht besitzt kein Spieler einen rationalen Anreiz, von seiner Entscheidung abzuweichen, da sie einen Optimalpunkt seines Optimierungsproblems bildet.

Einen Punkt $x^\star \in \mathbb{R}^n$ mit (4.8) zu finden, wird in gewöhnlichen Nash-Spielen als *Nash-Gleichgewichtsproblem (Nash equilibrium problem; NEP)* bezeichnet, und in verallgemeinerten Nash-Spielen als *verallgemeinertes Nash-Gleichgewichtsproblem (generalized Nash equilibrium problem; GNEP)*.

Offensichtlich ist (4.8) zu der Bedingung

$$x^\star \in \text{gph } S_\nu, \quad \nu = 1, \dots, N,$$

äquivalent, so dass die (verallgemeinerten) Nash-Gleichgewichte genau die Menge $\bigcap_{\nu=1}^N \text{gph } S_\nu$ bilden.

4.2.1 Beispiel

Es seien $N = 2$, $n_1 = n_2 = m_1 = m_2 = 1$, $\theta_1(x) = (x_1 + 1)^2 + x_2^2$, $g_1^1(x) = x_1^2 - x_2^2$, $\theta_2(x) = x_2$ und $g_1^2(x) = x_1^2 + x_2^2 - 4$. Dann gilt $x^1 = x_1$, $x^{-1} = x_2$, und Spieler 1 hat das Problem

$$Q_1(x_2): \quad \min_{x_1} (x_1 + 1)^2 + x_2^2 \quad \text{s.t.} \quad x_1^2 - x_2^2 \leq 0$$

zu lösen. Abb. 4.4 zeigt die Strategiemengen von Spieler 1 für verschiedene Entscheidungen des Spielers 2 sowie den Graphen der Minimalpunktabbildung S_1.
Das Optimierungsproblem von Spieler 2 lautet

$$Q_2(x_1): \quad \min_{x_2} x_2 \quad \text{s.t.} \quad x_1^2 + x_2^2 \leq 4.$$

Strategiemengen für Spieler 2 bei verschiedenen Entscheidungen von Spieler 1 sowie der Graph von S_2 sind in Abb. 4.5 dargestellt. An den Abbildungen liest man ab, dass die Menge gph $S_1 \cap$ gph S_2 genau ein Element enthält, das sich leicht zu $x^\star = (-1, -\sqrt{3})$ berechnet. Das verallgemeinerte Nash-Spiel besitzt also bei $x^\star$ ein eindeutiges Nash-Gleichgewicht. ◄

4.2.2 Übung Berechnen Sie in Beispiel 4.2.1 explizit die Strategiemengen $X_1(x_2)$ und $X_2(x_1)$ sowie die Minimalpunktmengen $S_1(x_2)$ und $S_2(x_1)$ in Abhängigkeit von $x_1, x_2 \in \mathbb{R}$.

Abb. 4.4 Strategiemengen und optimale Strategien von Spieler 1

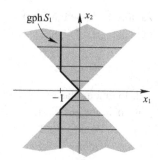

Abb. 4.5 Strategiemengen und optimale Strategien von Spieler 2

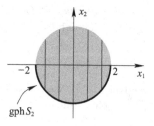

4.2.3 Übung In der Situation von Beispiel 4.2.1 trete die zusätzliche Restriktion $g_2^1(x) = -x_1 - 2x_2 \leq 0$ auf. Zeigen Sie, dass dann kein verallgemeinertes Nash-Gleichgewicht existiert.

4.2.4 Übung In der Situation von Beispiel 4.2.1 trete für beide Spieler die identische zusätzliche Restriktion $g_2^1(x) = g_2^2(x) = -x_1 - x_2 - 2 \leq 0$ auf. Zeigen Sie, dass dann unendlich viele verallgemeinerte Nash-Gleichgewichte existieren.

4.2.5 Übung In der Situation von Beispiel 4.2.1 sei das Optimierungsproblem von Spieler 1 ersetzt durch

$$Q_1(x_2): \quad \min_{x_1} x_1 \quad \text{s.t.} \quad x_1 - x_2 \geq 2.$$

Zeigen Sie, dass dann die Menge der verallgemeinerten Nash-Gleichgewichte aus den beiden Punkten $x^\star = (0, -2)$ und $y^\star = (2, 0)$ besteht, wobei beide Spielerprobleme in $x^\star$ bessere Optimalwerte besitzen als in $y^\star$.

Obwohl in Übung 4.2.5 beide Spieler $x^\star$ präferieren würden, ist $y^\star$ trotzdem ein Gleichgewicht. Dies zeigt, dass das Konzept eines Nash-Gleichgewichts unabhängig vom in Abschn. 1.8 erwähnten Konzept der Effizienz (oder der Pareto-Optimalität) ist. Tatsächlich müssten zwei sich im Gleichgewicht $y^\star$ befindliche Spieler *kooperieren,* um sich in das bessere Gleichgewicht $x^\star$ zu bewegen. Dies ist bei nichtkooperativen Spielen aber nicht vorgesehen.

Ähnlich gelagert ist das in der Spieltheorie zu Illustrationszwecken beliebte *Gefangenendilemma* [38].

4.2.2 Gemeinsames KKT-System

Um Nash-Gleichgewichte, also den Schnitt der Mengen gph S_ν, $\nu = 1, \ldots, N$, für allgemeine Probleme algorithmisch zu bestimmen, lassen sich verschiedene Ansätze verfolgen. Für in der Spielervariable stetig differenzierbare Funktionen θ_ν und g^ν besteht eine naheliegende Möglichkeit zum Beispiel darin, die N KKT-Systeme der Probleme $Q_\nu(x^{-\nu})$, $\nu = 1, \ldots, N$, simultan aufzustellen und zu versuchen, das entstehende System von Gleichungen und Komplementaritätsbedingungen algorithmisch zu lösen. In der Lagrange-Funktion

$$L_\nu(x^{-\nu}, y^\nu, \gamma^\nu) = \theta_\nu(y^\nu, x^{-\nu}) + (\gamma^\nu)^\mathsf{T} g^\nu(y^\nu, x^{-\nu})$$

des Problems $Q_\nu(x^{-\nu})$ nennen wir die Entscheidungsvariable zur besseren Abgrenzung vom Parametervektor nicht x^ν, sondern y^ν. Das KKT-System lautet dann

$$\nabla_{y^\nu} L_\nu(x^{-\nu}, y^\nu, \gamma^\nu) = 0,$$

$$\gamma_i^\nu g_i^\nu(y^\nu, x^{-\nu}) = 0, \quad \gamma_i^\nu \geq 0, \quad g_i^\nu(y^\nu, x^{-\nu}) \leq 0, \quad i = 1, \ldots, m_\nu.$$

Damit die KKT-Punkte von $Q_\nu(x^{-\nu})$ auch Minimalpunkte sind, fordert man die Konvexität jedes Problems $Q_\nu(x^{-\nu})$, $\nu = 1, \ldots, N$, in der Spielervariable x^ν.

4.2.6 Definition (Spielerkonvexität)

Ein verallgemeinertes Nash-Spiel und das zugehörige GNEP werden *spielerkonvex* genannt, wenn die Funktionen θ_ν und $g_i^\nu, i = 1, \ldots, m_\nu$, konvex bezüglich der Spielervariable x^ν sind.

4.2.7 Beispiel

Das GNEP in Beispiel 4.2.1 ist spielerkonvex. ◀

Damit andererseits Minimalpunkte der Probleme $Q_\nu(x^{-\nu})$, $\nu = 1, \ldots, N$, KKT-Punkte sind, ist außerdem eine Regularitätsvoraussetzung erforderlich, etwa die Gültigkeit der Slater-Bedingung (SB) in allen Mengen $X_\nu(x^{-\nu})$, $\nu = 1, \ldots, N$. Dabei müssen wir die Wahl der Parameter $x^{-\nu}$ noch spezifizieren, denn etwa die Strategiemengen $X_2(x_1)$ in Beispiel 4.2.1 können für manche Parameterwerte leer sein und dann natürlich keinen Slater-Punkt enthalten.

Tatsächlich kommen als Nash-Gleichgewichte nur Punkte $x = (x^1, \ldots, x^N)$ in Frage, bei denen jede Spielervariable zulässig ist, die also $x^\nu \in X_\nu(x^{-\nu})$, $\nu = 1, \ldots, N$, erfüllen. Mit der Produktmenge

$$\Omega(x) := X_1(x^{-1}) \times \ldots \times X_N(x^{-N})$$

ist dies gleichbedeutend zu der Forderung $x \in \Omega(x)$.

4.2.8 Übung Zeigen Sie für jedes $x \in \mathbb{R}^n$, dass in einem spielerkonvexen GNEP alle Strategiemengen $X_\nu(x^{-\nu})$, $\nu = 1, \ldots, N$, sowie ihre Produktmenge $\Omega(x)$ abgeschlossen und konvex sind.

Ähnlich wie bei der Lagrange-Funktion L_ν bezeichnen wir zu gegebenem x die Elemente von $\Omega(x)$ als $y = (y^1, \ldots, y^N)$. In dieser Notation lautet etwa die Beschreibung von $\Omega(x)$ durch Ungleichungen

$$\Omega(x) = \{y \in \mathbb{R}^n \mid g^1(y^1, x^{-1}) \leq 0, \ \ldots, \ g^N(y^N, x^{-N}) \leq 0\}.$$

4.2.9 Übung Zeigen Sie, dass zu gegebenem $x \in \mathbb{R}^n$ die Menge $\Omega(x)$ genau dann die SB erfüllt, wenn alle Strategiemengen $X_\nu(x^{-\nu})$, $\nu = 1, \ldots, N$, die SB erfüllen.

Da $x \in \Omega(x)$ genau dann gilt, wenn die Ungleichungen $g^\nu(x) \leq 0$ für alle $\nu = 1, \ldots, N$ erfüllt sind, liegt es nahe, zusätzlich die Menge

$$W = \{x \in \mathbb{R}^n | g^\nu(x) \leq 0, \ \nu = 1, \ldots, N\}$$

einzuführen. W braucht für spielerkonvexe GNEPs nicht notwendigerweise konvex zu sein (Übung 4.2.10).

4.2.10 Übung Skizzieren Sie die Menge W für Beispiel 4.2.1 sowie für die Situation in Übung 4.2.3.

4.2.11 Übung Zeigen Sie, dass die mengenwertige Abbildung Ω die Beziehung

$$W = \{x \in \mathbb{R}^n | x \in \Omega(x)\} \tag{4.9}$$

erfüllt.

Das Resultat aus Übung 4.2.11 bedeutet, dass W die *Fixpunktmenge* der mengenwertigen Abbildung Ω ist.

Eine natürliche Bedingung, unter der man Nash-Gleichgewichte von spielerkonvexen Nash-Spielen mit Hilfe der simultan gültigen KKT-Systeme charakterisieren kann, ist also die SB in $\Omega(x)$ für jedes $x \in W$.

4.2.12 Übung Zeigen Sie, dass es in Beispiel 4.2.1 ein $x \in W$ gibt, an dem $\Omega(x)$ die SB verletzt.

4.2.3 Eine Formulierung als Variationsungleichung

Unter Spielerkonvexität lässt sich die Optimalität eines Punkts x^ν für $Q_\nu(x^{-\nu})$ statt durch das KKT-System alternativ durch die Variationsformulierung konvexer Probleme [55, 56] charakterisieren. Tatsächlich benötigen wir dabei keine funktionale Beschreibung der Strategiemenge $X_\nu(x^{-\nu})$ durch g^ν und daher auch keine Constraint Qualification wie in Abschn. 4.2.2, sondern wir setzen die Menge $X_\nu(x^{-\nu})$ lediglich als nichtleer und konvex voraus.

Unter diesen Voraussetzungen ist x^ν genau dann Minimalpunkt von $Q_\nu(x^{-\nu})$, wenn $x^\nu \in X(x^{-\nu})$ und die Ungleichungen

$$\nabla_{x^\nu}\theta_\nu(x^\nu, x^{-\nu})^\mathsf{T}(z^\nu - x^\nu) \geq 0 \quad \forall z^\nu \in X_\nu(x^{-\nu})$$

gelten. Diese Bedingung wird auch *Quasi-Variationsungleichung* genannt. Falls die Strategiemenge X_ν nicht von $x^{-\nu}$ abhängt, so spricht man von einer (gewöhnlichen) *Variationsungleichung*.

Demnach ist $x^\star \in \mathbb{R}^n$ genau dann ein verallgemeinertes Nash-Gleichgewicht, wenn für jedes $\nu \in \{1, \ldots, N\}$ die Zulässigkeit $x^{\nu,\star} \in X(x^{-\nu,\star})$ und die Quasi-Variationsungleichung

$$\nabla_{x^\nu}\theta_\nu(x^{\nu,\star}, x^{-\nu,\star})^\mathsf{T}(z^\nu - x^{\nu,\star}) \geq 0 \quad \forall z^\nu \in X_\nu(x^{-\nu,\star}) \tag{4.10}$$

erfüllt sind. Mit dem Vektor

$$F(x) := \begin{pmatrix} \nabla_{x^1}\theta_1(x^1, x^{-1}) \\ \vdots \\ \nabla_{x^N}\theta_N(x^N, x^{-N}) \end{pmatrix}$$

folgen daraus die aggregierten Bedingungen $x^\star \in \Omega(x^\star)$ und

$$F(x^\star)^\mathsf{T}(z - x^\star) \geq 0 \quad \forall z \in \Omega(x^\star). \tag{4.11}$$

Tatsächlich impliziert die aggregierte Quasi-Variationsungleichung (4.11) auch die Bedingungen (4.10) für jedes einzelne ν, wie man durch Auswertung von (4.11) an den Punkten $z = (z^\nu, x^{-\nu,\star})$ mit $z^\nu \in X_\nu(x^{-\nu,\star})$ verifiziert. Die Punkte $x^\star \in \Omega(x^\star)$ mit (4.11) sind also genau die verallgemeinerten Nash-Gleichgewichte. Zu Lösungsmethoden für (Quasi-) Variationsungleichungen verweisen wir auf [11].

In einem *gewöhnlichen* spielerkonvexen Nash-Spiel ist Ω keine mengenwertige Abbildung, sondern eine konstante Menge $\Omega = X_1 \times \ldots \times X_N$, so dass es sich bei (4.11) um eine gewöhnliche Variationsungleichung handelt. *Falls der Vektor F dann selbst der Gradient einer konvexen Funktion $f : \mathbb{R}^n \to \mathbb{R}$ ist, so charakterisiert die Variationsungleichung gerade die Minimalpunkte von f auf Ω. In diesem Fall wirkt f also wie eine Potentialfunktion, und das Spiel heißt dann *Potentialspiel*. Solche Potentialspiele lassen sich algorithmisch durch Verfahren der konvexen Optimierung lösen [55], denn die Nash-Gleichgewichte $x^\star$ stimmen mit den Minimalpunkten der konvexen Funktion f auf der konvexen Menge Ω überein.

Bei stetig differenzierbaren Funktionen F ist es für die Existenz eines Potentials f mit $F = \nabla f$ notwendig, dass die Jacobi-Matrix DF auf Ω symmetrisch ist, da sie gleichzeitig die Hesse-Matrix der dann zweimal stetig differenzierbaren Funktion f bildet. Dank der Konvexität von Ω lässt sich tatsächlich zeigen [27], dass die Symmetrie von DF auf Ω auch hinreichend für die Existenz einer Potentialfunktion f ist. Falls DF auf Ω außerdem positiv semidefinit ist, dann handelt es sich bei f um eine konvexe Potentialfunktion.

Bereits die Symmetrie von DF ist allerdings eine starke Voraussetzung, die in vielen gewöhnlichen Nash-Spielen verletzt ist, so dass sich Nash-Gleichgewichte typischerweise nicht durch die Minimierung einer Potentialfunktion bestimmen lassen. Im nächsten

Abschnitt werden wir aber sehen, wie sich trotzdem jedem verallgemeinerten Nash-Spiel ein äquivalentes (einzelnes) Optimierungsproblem zuordnen lässt.

4.2.4 Ein äquivalentes Optimierungsproblem

Ein in [8] vorgestellter algorithmischer Ansatz zur Berechnung verallgemeinerter Nash-Gleichgewichte beschreibt minimale Punkte der Probleme $Q_\nu(x^{-\nu})$, $\nu = 1, \ldots, N$, nicht mit Hilfe von KKT-Systemen oder Variationsungleichungen, sondern direkt über ihre Definition. Diese besagt in der parameterfreien Optimierung von f über einer Menge M bekanntlich, dass $x^\star$ genau dann Minimalpunkt ist, wenn die beiden Bedingungen $x^\star \in M$ und $f(x^\star) = \inf_{x \in M} f(x)$ gelten.

Mit der Minimalwertfunktion

$$\varphi_\nu(x^{-\nu}) \;=\; \inf_{y^\nu \in X_\nu(x^{-\nu})} \theta_\nu(y^\nu, x^{-\nu})$$

von $Q_\nu(x^{-\nu})$ ist x^ν also genau für $x^\nu \in X_\nu(x^{-\nu})$ und $\theta_\nu(x) = \varphi_\nu(x^{-\nu})$ Minimalpunkt von $Q_\nu(x^{-\nu})$. Die Bedingung (4.8) für ein Nash-Gleichgewicht $x^\star$ ist demnach genau dann erfüllt, wenn $x^\star \in \Omega(x^\star)$ gilt und wenn der Vektor $(\theta_1(x) - \varphi_1(x^{-1}), \ldots, \theta_N(x) - \varphi_N(x^{-N}))$ an $x^\star$ verschwindet. Wegen (4.9) und mit Hilfe der ℓ_1-Norm lässt sich dies weiter dazu äquivalent umformulieren, dass $x^\star \in W$ gilt und die *Gap-Funktion*

$$V(x) := \sum_{\nu=1}^{N} |\theta_\nu(x) - \varphi_\nu(x^{-\nu})|$$

an $x^\star$ verschwindet. Für jedes x aus dem Definitionsbereich der mengenwertigen Abbildung $\Omega : \mathbb{R}^n \rightrightarrows \mathbb{R}^n$,

$$\operatorname{dom} \Omega \;=\; \{x \in \mathbb{R}^n \,|\, \Omega(x) \neq \emptyset\},$$

gilt $\theta_\nu(x) \geq \varphi_\nu(x^{-\nu})$, so dass wir V auf $\operatorname{dom} \Omega$ auch als

$$V(x) \;=\; \sum_{\nu=1}^{N} \theta_\nu(x) - \varphi_\nu(x^{-\nu})$$

schreiben können und V nirgends auf $\operatorname{dom} \Omega$ negative Werte annehmen kann (vorerst allerdings den erweitert reellen Wert $+\infty$).

Wegen (4.9) gilt insbesondere $W \subseteq \operatorname{dom} \Omega$, so dass wir insgesamt folgendes Resultat erhalten.

4.2.13 Lemma *Zu jedem GNEP ist die Gap-Funktion V auf W nichtnegativ, und die Nash-Gleichgewichte sind genau die Nullstellen von V in W.*

4.2.14 Übung Zeigen Sie, dass sowohl in Beispiel 4.2.1 als auch in Übung 4.2.3 für alle $x \in W$

$$V(x) = (x_1 + 1)^2 - (\max\{0, 1 - |x_2|\})^2 + x_2 + \sqrt{4 - x_1^2}$$

gilt.

Wegen Lemma 4.2.13 bietet es sich an, Nash-Gleichgewichte durch Lösung des parameterfreien Optimierungsproblems

$$P: \quad \min V(x) \quad \text{s.t.} \quad x \in W$$

zu bestimmen. Der nächste Satz folgt sofort aus Lemma 4.2.13.

4.2.15 Satz *In jedem GNEP ist $x^\star$ genau dann ein Nash-Gleichgewicht, wenn $x^\star$ Minimalpunkt von P mit Minimalwert null ist.*

4.2.16 Korollar *Ein GNEP ist genau dann lösbar, wenn P einen Minimalpunkt mit Minimalwert null besitzt.*

Die folgenden Beispiele illustrieren Satz 4.2.15 und Korollar 4.2.16.

4.2.17 Beispiel

Abb. 4.6 zeigt für Beispiel 4.2.1 den Verlauf der in Übung 4.2.14 berechneten Gap-Funktion V auf der zugehörigen Menge W. Die Funktion V besitzt genau einen Minimalpunkt auf W mit Minimalwert null, nämlich das in Beispiel 4.2.1 bestimmte Nash-Gleichgewicht $x^\star = (-1, -\sqrt{3})$. ◄

Abb. 4.6 Gap-Funktion V auf
W in Beispiel 4.2.1

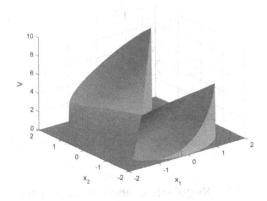

4.2.18 Beispiel

Abb. 4.7 zeigt für die Situation in Übung 4.2.3 den Verlauf von V auf der zugehörigen
Menge W. Die Funktion V besitzt zwar einen globalen Minimalpunkt auf W, aber nicht
mit Wert null. ◄

Wir merken an, dass die Gap-Funktion V in der Literatur zu Nash-Spielen häufig mit Hilfe
der *Nikaido-Isoda-Funktion* [46] (auch *Ky-Fan-Funktion* genannt)

$$\psi(x, y) \; = \; \sum_{\nu=1}^{N} \theta_\nu(x^\nu, x^{-\nu}) - \theta_\nu(y^\nu, x^{-\nu})$$

definiert wird. Dabei fungiert x als Parameter, und ψ wird über $y \in \Omega(x)$ maximiert. Durch
Ausnutzung der Separierbarkeit der Zielfunktion dieses Maximierungsproblems und der
Kreuzproduktstruktur seiner zulässigen Menge folgt

Abb. 4.7 Gap-Funktion V auf
W in Übung 4.2.3

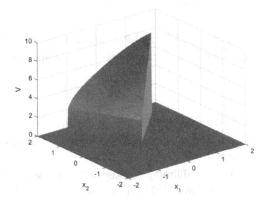

$$\sup_{y \in \Omega(x)} \psi(x,y) = \sup_{y \in \Omega(x)} \left(\sum_{\nu=1}^{N} \theta_\nu(x^\nu, x^{-\nu}) - \theta_\nu(y^\nu, x^{-\nu}) \right)$$

$$= \sum_{\nu=1}^{N} \theta_\nu(x^\nu, x^{-\nu}) - \inf_{y^\nu \in X_\nu(x^{-\nu})} \theta_\nu(y^\nu, x^{-\nu}) = \sum_{\nu=1}^{N} \theta_\nu(x) - \varphi_\nu(x) = V(x).$$

4.2.19 Beispiel

Bestimmen Sie die Nikaido-Isoda-Funktion für Beispiel 4.2.1. ◀

4.2.5   Regularisierung der Gap-Funktion

Um das Optimierungsproblem P algorithmisch handhabbar zu machen, trifft man Voraussetzungen, die die Berechenbarkeit und Reellwertigkeit der Zielfunktion V garantieren. Zur Berechenbarkeit ist wieder die Spielerkonvexität des GNEPs günstig, weil $\varphi_\nu(x^{-\nu})$ dann für jedes ν und $x^{-\nu}$ Minimalwert eines konvexen Optimierungsproblems ist.

4.2.20 Übung Zeigen Sie für ein spielerkonvexes GNEP und jedes $x \in \mathbb{R}^n$, dass die Nikaido-Isoda-Funktion konkav in y ist.

Um die Existenz eines Maximalpunkts von $\psi(x, \cdot)$ auch auf unbeschränkten Mengen $\Omega(x)$ zu garantieren, ersetzen wir ψ im Folgenden durch die *regularisierte Nikaido-Isoda-Funktion*

$$\psi_\alpha(x,y) = \left(\sum_{\nu=1}^{N} \theta_\nu(x^\nu, x^{-\nu}) - \theta_\nu(y^\nu, x^{-\nu}) \right) - \frac{\alpha}{2} \|x - y\|_2^2$$

mit $\alpha > 0$ (und $\psi_0 = \psi$).

4.2.21 Übung Zeigen Sie für ein spielerkonvexes GNEP, dass ψ_α für $\alpha > 0$ und $x \in \mathbb{R}^n$ gleichmäßig konkav in y ist.

Aufgrund von Übung 4.2.21 existiert für spielerkonvexe GNEPs schon ein Maximalpunkt von $\psi_\alpha(x, \cdot)$ auf $\Omega(x)$, sobald $\Omega(x)$ nichtleer ist [55]. Insbesondere ist

$$V(x) = \max_{y \in \Omega(x)} \psi_\alpha(x, y)$$

reellwertig auf dom Ω. Wegen der strikten Konkavität von ψ_α in y sind die zugehörigen Maximalpunkte $y(x) \in \Omega(x)$ sogar eindeutig, wovon wir später noch Gebrauch machen werden.

Durch Einführung des Regularisierungsparameters α ändert sich natürlich das Optimierungsproblem P. Wie der folgende Satz zeigt, ist die Wahl von $\alpha > 0$ überraschenderweise aber irrelevant, so dass wir im Folgenden die Abhängigkeit der Größen P, V, y usw. von α nicht explizit kenntlich machen. Wenn die eindeutige Maximierbarkeit von $\psi_\alpha(x, \cdot)$ über $\Omega(x)$ aus anderen Gründen klar ist, lassen wir auch die Wahl $\alpha = 0$ zu, also die originale Nikaido-Isoda-Funktion. Der Beweis des folgenden Satzes ist im Wesentlichen [8] entnommen.

4.2.22 Satz *Es seien ein spielerkonvexes GNEP und ein beliebiger Parameter $\alpha \geq 0$ gegeben. Dann ist $x^\star$ genau dann ein verallgemeinertes Nash-Gleichgewicht, wenn $x^\star$ Minimalpunkt des regularisierten Problems P mit Minimalwert null ist.*

Beweis Wir zeigen zunächst, dass V auf W keine negativen Werte annehmen kann. Tatsächlich gilt für jedes $x \in W$ nach (4.9) auch $x \in \Omega(x)$ und damit

$$V(x) = \max_{y \in \Omega(x)} \psi_\alpha(x, y) \geq \psi_\alpha(x, x) = 0. \tag{4.12}$$

Es sei $x^\star$ ein verallgemeinertes Nash-Gleichgewicht. Dann gilt zunächst $x^\star \in \Omega(x^\star)$ und damit nach (4.9) auch $x^\star \in W$. Außerdem löst für jedes $\nu \in \{1, \ldots, N\}$ der Punkt $x^{\nu,\star}$ das Optimierungsproblem $Q_\nu(x^{-\nu,\star})$, so dass für alle $y^\nu \in X_\nu(x^{-\nu,\star})$ die Ungleichung $\theta_\nu(x^{\nu,\star}, x^{-\nu,\star}) \leq \theta_\nu(y^\nu, x^{-\nu,\star})$ erfüllt ist. Folglich erhalten wir für jedes $y \in \Omega(x^\star)$

$$\psi_\alpha(x^\star, y) = \left(\sum_{\nu=1}^N \theta_\nu(x^{\nu,\star}, x^{-\nu,\star}) - \theta_\nu(y^\nu, x^{-\nu,\star}) \right) - \frac{\alpha}{2} \|x^\star - y\|_2^2 \leq 0$$

und damit $V(x^\star) \leq 0$. Wegen (4.12) folgt daraus $V(x^\star) = 0$, und $x^\star$ ist globaler Minimalpunkt von P mit Minimalwert null.

Andererseits sei $x^\star$ globaler Minimalpunkt von P mit

$$0 = V(x^\star) = \max_{y \in \Omega(x^\star)} \psi_\alpha(x^\star, y).$$

Dann gilt für alle $y \in \Omega(x^\star)$

$$0 \geq \psi_\alpha(x^\star, y). \tag{4.13}$$

Diese Ungleichung nutzen wir für eine spezielle Wahl von y aus. Dazu seien $\nu \in \{1, \ldots, N\}$ und $x^\nu \in X_\nu(x^{-\nu,\star})$ sowie $\lambda \in (0, 1)$ beliebig. Wir setzen

$$y^\nu = (1 - \lambda)x^{\nu,\star} + \lambda x^\nu$$

und $y^\mu = x^{\mu,\star}$ für alle $\mu \neq \nu$. Als Minimalpunkt von P liegt $x^\star$ in W, also gilt $x^\star \in \Omega(x^\star)$ und damit $x^{\nu,\star} \in X_\nu(x^{-\nu,\star})$. Der Punkt y^ν ist also eine Konvexkombination zweier Elemente der konvexen Menge $X_\nu(x^{-\nu,\star})$ und damit selbst ihr Element. Aus (4.13) und der Konvexität von θ_ν in der Spielervariable folgt

$$0 \geq \psi_\alpha(x^\star, y) = \theta_\nu(x^{\nu,\star}, x^{-\nu,\star}) - \theta_\nu(y^\nu, x^{-\nu,\star}) - \frac{\alpha}{2}\|x^{\nu,\star} - y^\nu\|_2^2$$

$$= \theta_\nu(x^{\nu,\star}, x^{-\nu,\star}) - \theta_\nu((1-\lambda)x^{\nu,\star} + \lambda x^\nu, x^{-\nu,\star}) - \frac{\alpha}{2}\|x^{\nu,\star} - (1-\lambda)x^{\nu,\star} - \lambda x^\nu\|_2^2$$

$$\geq \lambda\theta_\nu(x^{\nu,\star}, x^{-\nu,\star}) - \lambda\theta_\nu(x^\nu, x^{-\nu,\star}) - \lambda^2\frac{\alpha}{2}\|x^{\nu,\star} - x^\nu\|_2^2$$

und nach Division durch λ sowie dem Grenzübergang $\lambda \to 0$

$$\theta_\nu(x^\nu, x^{-\nu,\star}) \geq \theta_\nu(x^{\nu,\star}, x^{-\nu,\star}).$$

Damit ist $x^{\nu,\star}$ Minimalpunkt von $Q_\nu(x^{-\nu,\star})$. Da ν beliebig war, ist $x^\star$ verallgemeinertes Nash-Gleichgewicht. $\qquad\square$

4.2.6 Stetigkeit der regularisierten Gap-Funktion

Nachdem die Berechenbarkeit der regularisierten Gap-Funktion V gesichert ist, wenden wir uns der theoretischen und algorithmischen Behandelbarkeit des regularisierten Problems P zu, die offenbar von Eigenschaften der Gap-Funktion V und der zulässigen Menge W abhängt. Da über Abgeschlossenheit hinaus nicht viel über W gesagt werden kann, konzentrieren wir uns im Folgenden auf strukturelle Eigenschaften der regularisierten Gap-Funktion. Dazu schreiben wir V für $x \in W$ als

$$V(x) = \max_{y\in\Omega(x)} \psi_\alpha(x, y)$$

$$= \max_{y\in\Omega(x)} \left(\sum_{\nu=1}^N \theta_\nu(x^\nu, x^{-\nu}) - \theta_\nu(y^\nu, x^{-\nu})\right) - \frac{\alpha}{2}\|x - y\|_2^2$$

$$= \max_{y\in\Omega(x)} \sum_{\nu=1}^N \left(\theta_\nu(x^\nu, x^{-\nu}) - \theta_\nu(y^\nu, x^{-\nu}) - \frac{\alpha}{2}\|x^\nu - y^\nu\|_2^2\right)$$

$$= \sum_{\nu=1}^N \theta_\nu(x^\nu, x^{-\nu}) - \min_{y^\nu\in X_\nu(x^{-\nu})} \left(\theta_\nu(y^\nu, x^{-\nu}) + \frac{\alpha}{2}\|x^\nu - y^\nu\|_2^2\right)$$

$$= \sum_{\nu=1}^N \theta_\nu(x) - \varphi_\nu(x) \tag{4.14}$$

mit den Minimalwertfunktionen

$$\varphi_\nu(x) = \min_{y^\nu\in X_\nu(x^{-\nu})} \theta_\nu(y^\nu, x^{-\nu}) + \frac{\alpha}{2}\|x^\nu - y^\nu\|_2^2$$

der konvexen und (zumindest für $\alpha > 0$) eindeutig lösbaren regularisierten Probleme

$$Q_\nu(x): \quad \min_{y^\nu} \theta_\nu(y^\nu, x^{-\nu}) + \frac{\alpha}{2}\|x^\nu - y^\nu\|_2^2 \quad \text{s.t.} \quad g^\nu(y^\nu, x^{-\nu}) \le 0$$

für $\nu = 1, \ldots, N$. Würden wir die α-Abhängigkeit explizit notieren, dann hieße dieses Optimierungsproblem Q_ν^α, und Q_ν^0 würde dem Problem in (4.7) entsprechen.

Offensichtlich hängen die strukturellen Eigenschaften der regularisierten Gap-Funktion wesentlich von denen der Minimalwertfunktionen φ_ν ab. Wir zeigen zunächst hinreichende Kriterien für die Stetigkeit von V auf W. Übung 3.5.6 impliziert das folgende Resultat.

4.2.23 Satz *In jedem gewöhnlichen (und nicht notwendigerweise spielerkonvexen) NEP mit nichtleeren und kompakten Strategiemengen $X_\nu \subseteq \mathbb{R}^{n_\nu}$, $\nu = 1, \ldots, N$, und für jedes $\alpha \ge 0$ ist die regularisierte Gap-Funktion V stetig auf ganz $\mathbb{R}^n$.*

4.2.24 Satz *In einem spielerkonvexen GNEP gelte für $\bar{x} \in W$ die SB in jeder Menge $X_\nu(\bar{x}^{-\nu})$, $\nu = 1, \ldots, N$. Dann ist die regularisierte Gap-Funktion V für jedes $\alpha \ge 0$ unterhalbstetig an $\bar{x}$. Falls für jedes $\nu \in \{1, \ldots, N\}$ außerdem X_ν lokal beschränkt an $\bar{x}^{-\nu}$ ist, dann ist V für jedes $\alpha \ge 0$ auch oberhalbstetig an $\bar{x}$.*

Beweis Es sei $\alpha \ge 0$. Wegen (4.14) und der Stetigkeit der Funktionen θ_ν sind für jedes ν die entsprechenden Halbstetigkeitseigenschaften von φ_ν an $\bar{x}$ zu zeigen. Es sei also $\nu \in \{1, \ldots, N\}$ beliebig. Nach Korollar 3.4.11 und wegen der Stetigkeit von g^ν ist die mengenwertige Abbildung X_ν innerhalbstetig an $\bar{x}^{-\nu}$. Satz 3.5.1 liefert damit die Oberhalbstetigkeit von φ_ν an $\bar{x}$. Damit ist bereits die Unterhalbstetigkeit von V gesichert. Die Unterhalbstetigkeit von φ_ν und damit die Oberhalbstetigkeit von V an $\bar{x}$ folgen aus Satz 3.5.2. $\square$

4.2.25 Übung Zeigen Sie mit Hilfe von Satz 4.2.24, dass in Beispiel 4.2.1 die regularisierte Gap-Funktion V auf ganz $W \setminus \{0\}$ stetig ist. Zeigen Sie mit Hilfe von Übung 4.2.14, dass V zumindest für $\alpha = 0$ auch an $\bar{x} = 0$ stetig ist, obwohl die Voraussetzung von Satz 4.2.24 dort verletzt ist.

Eine hinreichende Bedingung für die Stetigkeit von V auf W, die weitreichende Verletzungen der Voraussetzung von Satz 4.2.24 zulässt, wird in [8] gegeben.

4.2.7 Differenzierbarkeitseigenschaften der regularisierten Gap-Funktion

Wir beenden diesen Abschnitt mit Aussagen zur Differenzierbarkeit von V. Dazu seien die Funktionen θ_ν und g^ν, $\nu = 1, \ldots, N$, im Folgenden als stetig differenzierbar vorausgesetzt. Um die eindeutige Lösbarkeit der Probleme $Q_\nu(x)$ zu garantieren, werden wir außerdem $\alpha > 0$ fordern. Falls die eindeutige Lösbarkeit aus anderweitigen Gründen klar ist, kann wieder $\alpha = 0$ benutzt werden.

Es seien

$$L_\nu(x, y^\nu, \gamma) = \theta_\nu(y^\nu, x^{-\nu}) + \frac{\alpha}{2}\|x^\nu - y^\nu\|^2 + \gamma^\mathsf{T} g^\nu(y^\nu, x^{-\nu})$$

die Lagrange-Funktion des regularisierten Problems $Q_\nu(x)$ und

$$\mathrm{KKT}_\nu(x) = \{\gamma \in \mathbb{R}^{m_\nu} \mid \nabla_{y^\nu} L_\nu(x, y^\nu(x), \gamma) = 0, \ \gamma \geq 0, \ \gamma^\mathsf{T} g^\nu(y^\nu(x), x^{-\nu}) = 0\}$$

die Menge der KKT-Multiplikatoren zum eindeutigen Minimalpunkt $y^\nu(x)$ von $Q_\nu(x)$, $\nu = 1, \ldots, N$. Das nächste Resultat folgt aus Satz 3.7.24.

4.2.26 Satz *Mit $\bar{x} \in W \cap (\mathrm{int}\,\mathrm{dom}\,\Omega)$ sei $X_\nu(\bar{x}^{-\nu})$ für alle $\nu \in \{1, \ldots, N\}$ beschränkt und erfülle die SB. Dann ist die regularisierte Gap-Funktion V für jedes $\alpha > 0$ einseitig richtungsdifferenzierbar an $\bar{x}$ mit*

$$V'(\bar{x}, d) = \sum_{\nu=1}^N \langle \nabla \theta_\nu(\bar{x}), d \rangle - \max_{\gamma^\nu \in \mathrm{KKT}_\nu(\bar{x})} \langle \nabla_x L_\nu(\bar{x}, \bar{y}^\nu, \gamma^\nu), d \rangle$$

für alle $d \in \mathbb{R}^n$, wobei $\bar{y}^\nu := y^\nu(\bar{x})$ gesetzt ist.

Aus Korollar 3.7.22 erhalten wir das folgende Resultat.

4.2.27 Korollar *Mit $\bar{x} \in W \cap (\mathrm{int}\,\mathrm{dom}\,\Omega)$ gelte für alle $\nu \in \{1, \ldots, N\}$ die LUB an $\bar{y}^\nu := y^\nu(\bar{x})$ in $X_\nu(\bar{x}^{-\nu})$, die Funktion y^ν sei stetig auf einer Umgebung U_ν von $\bar{x}$, U_ν sei so klein, dass die LUB auch für jedes $x \in U_\nu$ an $y^\nu(x)$ in $X_\nu(x^{-\nu})$ gilt, und der eindeutige Multiplikator γ^ν sei ebenfalls stetig auf U_ν. Dann ist die regularisierte Gap-Funktion V für jedes $\alpha > 0$ an $\bar{x}$ stetig differenzierbar, und mit $\bar{\gamma}^\nu := \gamma^\nu(\bar{x})$ lautet der Gradient*

$$\nabla V(\bar{x}) = \sum_{\nu=1}^N \nabla \theta_\nu(\bar{x}) - \nabla_x L_\nu(\bar{x}, \bar{y}^\nu, \bar{\gamma}^\nu).$$

4.2.28 Übung Zeigen Sie mit Hilfe von Korollar 4.2.27 in Beispiel 4.2.1 die Differenzierbarkeit der regularisierten Gap-Funktion V an den Punkten von W, an denen es möglich ist, und berechnen Sie ihren Gradienten einmal mit Hilfe des Korollars und einmal durch Differenzieren der in Übung 4.2.14 berechneten Funktion V.

Ein numerisches Verfahren zur Bestimmung verallgemeinerter Nash-Gleichgewichte durch Minimierung der Funktion V auf W wird in [8] vorgestellt. Einen Überblick über weitere Algorithmen zur Bestimmung (verallgemeinerter) Nash-Gleichgewichte geben [10] und [38].

4.2.29 Übung Gegeben sei ein GNEP mit einer nicht eindeutigen Menge E von Gleichgewichten (wie etwa in Übung 4.2.4). Anhand einer übergeordneten Zielfunktion f können wir dann durch die Lösung des Problems

$$P_{\text{sel}}: \quad \min \ f(x) \quad \text{s.t.} \quad x \in E$$

ein „möglichst gutes" Gleichgewicht selektieren. Auf welche Problemklassen führen die Umformulierungen von P_{sel} durch die Techniken aus Abschn. 4.2.2, Abschn. 4.2.3 und Abschn. 4.2.4? Wie vereinfachen sich diese Problemklassen, wenn E nicht die Menge der Gleichgewichte eines GNEPs, sondern die eines gewöhnlichen NEPs bezeichnet?

4.3 Homotopieverfahren

Homotopieverfahren versuchen, ein „schwieriges" nichtlineares Optimierungsproblem P_1 dadurch zu lösen, dass sie es durch einen Homotopieparameter mit einem „einfachen" Problem P_0 verbinden, dessen globaler Optimalpunkt bekannt ist. Man verändert dann den Homotopieparameter so, dass sich das einfache sukzessive in das schwierige Problem „verwandelt", und versucht dabei, die Lage des anfangs bekannten Minimalpunkts bis zum schwierigen Problem zu verfolgen.

Dazu führt man einen üblicherweise eindimensionalen Parameter $t \in [0, 1]$ so ein, dass eine einparametrische Familie $P(t), t \in [0, 1]$, von Optimierungsproblemen mit $P(0) = P_0$ und $P(1) = P_1$ entsteht. Während Stabilitäts- und Sensitivitätsanalysen auf *lokalen* Störungen des Parameters basieren, benötigt man für Homotopieverfahren ein *globales* Verständnis der Lösungsstruktur: Unter natürlichen Voraussetzungen variieren die Lösungspunkte der Probleme $P(t)$ auf Pfaden, so dass man unter Ausnutzung von *Pfadverfolgungsmethoden* versuchen kann, einen Optimalpunkt des Problems $P(0)$ für wachsende Parameter t bis zu einem Optimalpunkt von $P(1)$ zu verfolgen.

Selbst wenn man mit einem globalen Minimalpunkt von $P(0)$ startet, kann man höchstens erwarten, einen *lokalen* Minimalpunkt von $P(1)$ zu finden, denn sonst würden Homotopiemethoden das Problem der globalen Optimierung lösen, also selbst für nichtkonvexe Optimierungsprobleme einen globalen Minimalpunkt bestimmen. Dies leisten Algorithmen,

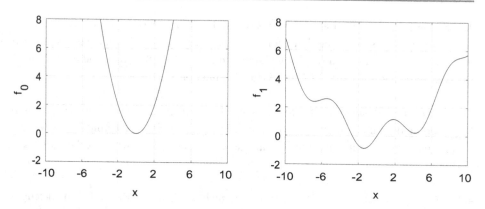

Abb. 4.8 Funktionen f_0 und f_1 in Beispiel 4.3.1

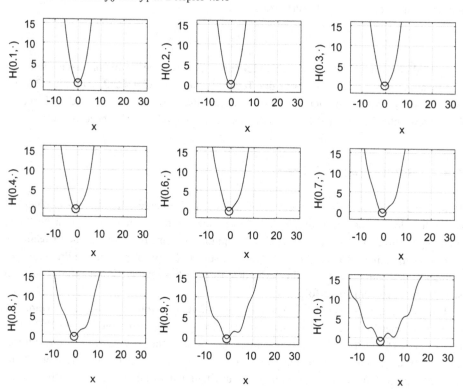

Abb. 4.9 Homotopie findet globalen Minimalpunkt von f_1

die notgedrungen mit lokalen Informationen arbeiten müssen, jedoch üblicherweise nicht. Ein noch grundlegenderes Problem bei diesem Ansatz liegt jedoch darin, dass der verfolgte

Pfad sich nicht zwingend bis $t = 1$ erstrecken muss, sondern dass er an einer Singularität enden kann. Diese Effekte illustriert das folgende Beispiel.

4.3.1 Beispiel

Zu lösen sei das Problem

$$P_1 : \quad \min_{x \in \mathbb{R}} f_1(x)$$

mit

$$f_1(x) = \frac{x^2}{16} + \sin(x)$$

(Abb. 4.8 rechts).

Die kritischen Punkte von f_1 sind die Lösungen von

$$0 = \nabla f_1(x) = \frac{x}{8} + \cos(x),$$

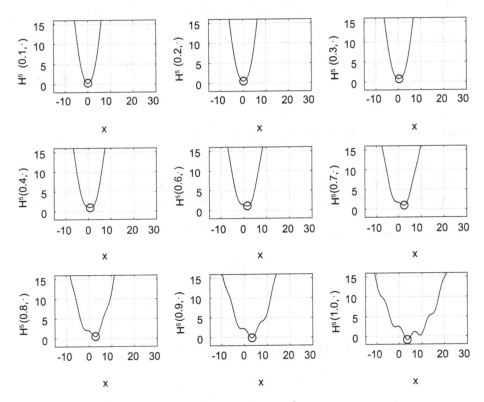

Abb. 4.10 Homotopie findet globalen Minimalpunkt von f_1^5

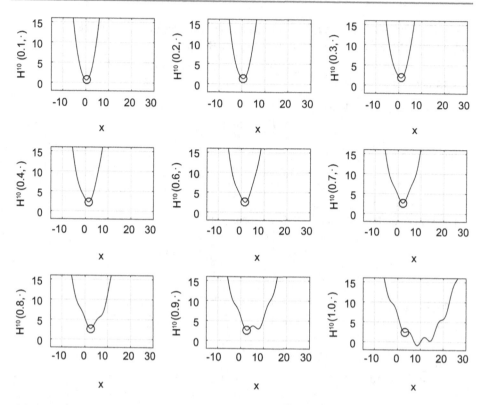

Abb. 4.11 Homotopie findet lokalen Minimalpunkt von f_1^{10}

sie sind also nicht in geschlossener Form berechenbar, und man muss auf ein numerisches Verfahren zurückgreifen (immerhin kann man schließen, dass alle kritischen Punkte im Intervall $[-8, 8]$ liegen müssen).

Als einfach lösbares Problem sei

$$P_0: \quad \min_{x \in \mathbb{R}} f_0(x)$$

mit

$$f_0(x) = \frac{x^2}{2}$$

gegeben (Abb. 4.8 links). Die Funktion

$$H(t, x) = (1 - t) \cdot f_0(x) + t \cdot f_1(x)$$

ist dann eine *Homotopie* zwischen f_0 und f_1, denn sie überführt f_0 stetig nach f_1. Abb. 4.9 zeigt den Verlauf der Funktion H für verschiedene feste Werte von t. Dieses Beispiel illustriert, dass man durch Verfolgen des Minimalpunkts manchmal einen glo-

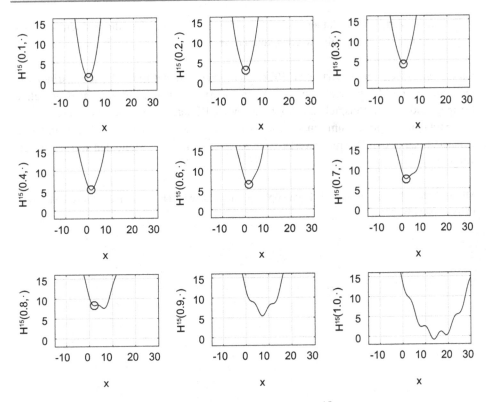

Abb. 4.12 Homotopie findet keinen lokalen Minimalpunkt von f_1^{15}

balen Minimalpunkt der Funktion f_1 erreicht. Wie man diese Verfolgung numerisch realisieren kann, wird in [1] diskutiert.

Andere Effekte treten auf, wenn man die Funktion $f_1(x)$ durch die verschobene Funktion $f_1^s(x) = f_1(x - s)$ ersetzt, für die Homotopie aber f_0 beibehält. Man benutzt als Homotopie also die Funktion

$$H^s(t, x) = (1 - t) \cdot f_0(x) + t \cdot f_1(x - s).$$

Abb. 4.10 zeigt einige der Punkte, die das Homotopieverfahren für $s = 5$ verfolgt, und Abb. 4.11 die entsprechenden Punkte für $s = 10$. Während das Ergebnis für f_1^5 also noch ein globaler Minimalpunkt ist, läuft das Homotopieverfahren in einen *lokalen* Minimalpunkt von f_1^{10}.

Ein noch erheblich schlechteres Verhalten des Verfahrens illustriert Abb. 4.12, in der die Funktion H^{15} und der verfolgte Punkt für verschiedene t-Werte dargestellt sind. Das hier betrachtete „naive" Homotopieverfahren liefert keine Lösung. Der Grund dafür liegt darin, dass der verfolgte Minimalpunkt „unterwegs verschwindet": Ungefähr beim

Parameterwert $t = 0.8$ ändert sich die Homotopie H^{15} so, dass die lokalen Minimalpunkte nicht weiter verfolgt werden können. ◄

Unter generischen Voraussetzungen [36] können bei einparametrischen finiten restringierten Optimierungsproblemen höchstens vier Arten von Singularitäten auftreten, an denen glatte Lösungspfade wie in Beispiel 4.3.1 vorzeitig enden. Bis auf wenige Ausnahmen lassen sich dort Strategien angeben, um einen anderen Lösungspfad zu finden, auf dem man weiter versuchen kann, den Parameterwert $t = 1$ zu erreichen. Diese Strategien werden in [20] vorgestellt.

Mit ähnlichen Techniken wie bei Homotopieverfahren lassen sich auch Innere-Punkte-Methoden untersuchen [32, 64].

Lösungen ausgewählter Übungen

5

Dieses Kapitel stellt Lösungen einiger der im Text eingestreuten Übungsaufgaben zur Verfügung, die zum Verständnis anderer dargestellter Resultate wesentlich sind.

5.1 Lösung zu Übung 1.5.1

Die Einheitskreisscheibe K lässt sich als Schnittmenge aller Halbebenen auffassen, die K enthalten. Dabei kann man sich auf die speziellen Halbebenen beschränken, deren Rand den euklidischen Abstand eins vom Nullpunkt besitzt (Abb. 5.1).

Dabei besitzt eine Halbebene

$$H = \{x \in \mathbb{R}^2 \mid a^\mathsf{T} x + b \leq 0\}$$

(mit $a \neq 0$) den Rand

$$\text{bd}\, H = \{x \in \mathbb{R}^2 \mid a^\mathsf{T} x + b = 0\},$$

und dessen euklidischer Abstand vom Nullpunkt beträgt $|b|/\|a\|_2$. Mit der speziellen Wahl $|b| = \|a\|_2$ muss man noch klären, mit welchem Vorzeichen man b versieht. Offenbar kann H nur K enthalten, wenn H auch den Nullpunkt enthält, und dies gilt nur für $b = -\|a\|_2$. Damit besitzen die gesuchten Halbebenen die Form

$$H = \{x \in \mathbb{R}^2 \mid a^\mathsf{T} x - \|a\|_2 \leq 0\}$$

mit $a \neq 0$ bzw. äquivalent

$$H = \left\{x \in \mathbb{R}^2 \;\middle|\; \frac{a^\mathsf{T} x}{\|a\|_2} \leq 1\right\}$$

oder

$$H = \{x \in \mathbb{R}^2 \mid c^\mathsf{T} x \leq 1\}$$

© Der/die Herausgeber bzw. der/die Autor(en), exklusiv lizenziert durch Springer-Verlag GmbH, DE, ein Teil von Springer Nature 2021
O. Stein, *Grundzüge der Parametrischen Optimierung*,
https://doi.org/10.1007/978-3-662-61990-2_5

Abb. 5.1 Kreisscheibe als
Schnitt unendlich vieler
Halbebenen

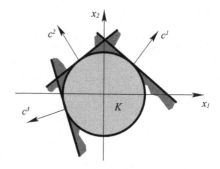

mit $\|c\|_2 = 1$. Schließlich erhalten wir die semi-infinite Beschreibung

$$K = \{x \in \mathbb{R}^2 \mid c^\mathsf{T} x \le 1 \ \forall c \in C\} \quad \text{mit} \quad C = \{c \in \mathbb{R}^2 \mid \|c\|_2 = 1\}.$$

Angemerkt sei, dass sich C sogar „noch ökonomischer" wählen lässt, nämlich als $\{c \in \mathbb{Q}^2 \mid \|c\|_2 = 1\}$. Die Begründung würde aber den Rahmen dieser Aufgabe sprengen.

5.2   Lösung zu Übung 1.9.6

Teil a:
Für die zulässigen Punkte gilt mit beliebigem $t \in \mathbb{R}$

$$t \le x^3 - 3x =: q(x).$$

Eine Kurvendiskussion von q liefert die Nullstellen 0 und $\pm\sqrt{3}$ sowie die Extrema $x_{1/2} = \pm 1$ mit den Werten $q(-1) = 2$ und $q(1) = -2$. Damit kann man für jedes feste $\bar{t}$ die zulässige Menge aus Abb. 5.2 ablesen, indem man die schraffierte Menge mit der Geraden $t = \bar{t}$ schneidet.

Da als Zielfunktion die Identität auf $\mathbb{R}$ gewählt wurde, besitzen die Graphen von S und v dieselbe Gestalt, nämlich diejenige aus Abb. 5.3.

Abb. 5.2 Entfaltete zulässige
Menge in Übung 1.9.6a

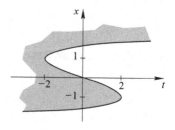

Abb. 5.3 Minimale Punkte
und Werte für Übung 1.9.6a

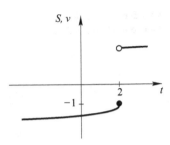

Teil b:
Es gilt $(tx - 1)x = 0$ genau dann, wenn $x = 0$ oder $tx = 1$ erfüllt ist, d.h., die entfaltete
zulässige Menge sieht aus wie in Abb. 5.4. Wie in Teil a besitzen die Graphen von S und v
dieselbe Gestalt, nämlich diejenige aus Abb. 5.5.

Teil c:
Die Restriktionen $t^2 + x^2 \leq 1$ und $x \geq -t$ definieren als entfaltete zulässige Menge die
in Abb. 5.6 skizzierte Halbkreisscheibe. Wieder besitzen die Graphen von S und v dieselbe
Gestalt, nämlich diejenige aus Abb. 5.7.

Abb. 5.4 Entfaltete zulässige
Menge in Übung 1.9.6b

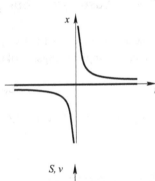

Abb. 5.5 Minimale Punkte
und Werte für Übung 1.9.6b

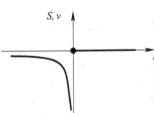

Abb. 5.6 Entfaltete zulässige
Menge in Übung 1.9.6c

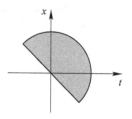

Abb. 5.7 Minimale Punkte
und Werte für Übung 1.9.6c

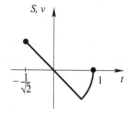

5.3   Lösung zu Übung 2.3.3

Wegen $f(t, x) = x + 1$ gilt $\nabla_x f(t, x) = 1$. Bedingung (2.6) ist also höchstens dann erfüllbar, wenn die Ungleichungsrestriktion $g(t, x) = x^2 - t$ aktiv wird. Damit gilt

$$\Sigma_{\text{vkP}} \subseteq \{(t, x) \in \mathbb{R}^2 \mid x^2 - t = 0\}.$$

Mit $\nabla_x g(t, x) = 2x$ wird (2.6) zu

$$\kappa + 2\lambda x = 0, \quad |\kappa| + |\lambda| > 0.$$

Dieses System ist mit

- $(\kappa, \lambda) \neq 0$ für jedes $x \in \mathbb{R}$,
- $\kappa = 1$ genau für $x \neq 0$,
- $(\kappa, \lambda) \geq 0$ genau für $x \leq 0$,
- $\kappa = 1$ und $\lambda \geq 0$ genau für $x < 0$

lösbar. Damit erhalten wir die Skizzen in Abb. 5.8.

Abb. 5.8 Σ_{vkP}, Σ_{kP}, Σ_{FJP}
und Σ_{KKTP} für Beispiel 2.3.2

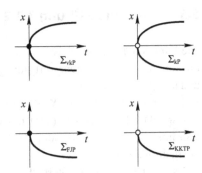

5.4   Lösung zu Übung 2.3.5

Hier gilt $f(t, x) = x^2$, also $\nabla_x f(t, x) = 2x$. Folglich ist Bedingung (2.6) zum Beispiel dann erfüllbar, wenn *keine* Restriktion aktiv ist, nämlich für jedes Paar (t, x) mit $x = 0$. Zusätzlich muss $x = 0$ allerdings noch *zulässig* für $P(t)$ sein, d. h., es gilt $g(t, x) = x - t < 0$ und damit $t > 0$. Die Menge $\{(t, 0) \in \mathbb{R}^2 \mid t > 0\}$ gehört also zu Σ_{vkP}. Man macht sich leicht klar, dass die Punkte dieser Menge auch in Σ_{kP}, Σ_{FJP} sowie Σ_{KKTP} liegen.

Es ist noch der Fall der aktiven Restriktion $g(t, x) = x - t$ zu untersuchen, welcher auf die Gerade $\{(t, x) \in \mathbb{R}^2 \mid x = t\}$ führt. Wegen $\nabla_x g(t, x) = 1$ lautet Bedingung (2.6) hier

$$2x\,\kappa + \lambda = 0, \quad |\kappa| + |\lambda| > 0.$$

Dieses System ist mit

- $(\kappa, \lambda) \neq 0$ oder $\kappa = 1$ für jedes $x \in \mathbb{R}$,
- $(\kappa, \lambda) \geq 0$ oder $\kappa = 1$, $\lambda \geq 0$ genau für $x \leq 0$

lösbar. Wir erhalten die Skizzen in Abb. 5.9.

Abb. 5.9 Σ_{vkP}, Σ_{kP}, Σ_{FJP}
und Σ_{KKTP} für Beispiel 2.3.4

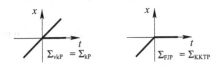

5.5   Lösung zu Übung 3.2.2

Die Funktion $f : X \to \overline{\mathbb{R}}$ ist an $\bar{x} \in X$ genau dann stetig, wenn für jede Folge $(x^k) \subseteq X$ mit $\lim_k x^k = \bar{x}$ der Grenzwert $\lim_k f(x^k)$ (eventuell im uneigentlichen Sinne) existiert und mit $f(\bar{x})$ übereinstimmt.

Es sei f stetig an $\bar{x} \in X$. Dann lauten der größte und der kleinste auftretende Häufungspunkt aller Folgen $(f(x^k))$ mit $(x^k) \subseteq X$ und $\lim_k x^k = \bar{x}$ jeweils $f(\bar{x})$, es gilt also $\lim \inf_k f(x^k) = \lim \sup_k f(x^k) = f(\bar{x})$. Damit ist f sowohl unterhalb- als auch oberhalbstetig an $\bar{x}$.

Es sei andererseits f unterhalb- und oberhalbstetig an $\bar{x} \in X$. Dann gilt für jede Folge $(x^k) \subseteq X$ mit $\lim_k x^k = \bar{x}$

$$\limsup_k f(x^k) \leq f(\bar{x}) \leq \liminf_k f(x^k) \leq \limsup_k f(x^k).$$

Folglich muss in dieser Ungleichungskette überall Gleichheit gelten, was die Existenz des Limes sowie seine Übereinstimmung mit $f(\bar{x})$ beweist, also

$$\lim_k f(x^k) = f(\bar{x}).$$

Damit ist f stetig an $\bar{x}$.

5.6   Lösung zu Übung 3.2.7

Es sei

$$\alpha := \inf_{x \in X} f(x).$$

Dann gibt es eine Folge $(x^k) \subseteq X$ mit $\lim_k f(x^k) = \alpha$. Da X als kompakte Menge beschränkt ist, ist auch die Folge (x^k) beschränkt, also nach eventuellem Übergang zu einer Teilfolge konvergent. Es sei

$$x^\star := \lim_k x^k.$$

Weil X als kompakte Menge abgeschlossen ist, gilt $x^\star \in X$ und somit

$$\alpha = \lim_k f(x^k) = \liminf_k f(x^k) \overset{f \text{ ust.}}{\geq} f(x^\star) \overset{x^\star \in X}{\geq} \alpha.$$

In dieser Ungleichungskette muss also überall Gleichheit gelten, woraus

$$\inf_{x \in X} f(x) = \alpha = f(x^\star)$$

mit $x^\star \in X$ folgt. Dies ist die Behauptung.

Analog kann man zeigen, dass eine *oberhalb*stetige Funktion auf einer nichtleeren kompakten Menge einen globalen *Maximal*punkt besitzt. Mit Übung 3.2.2 erhält man insgesamt den Satz von Weierstraß für stetige Funktionen auf nichtleeren kompakten Mengen.

5.7   Lösung zu Übung 3.2.8

Die Inklusion $\subseteq$ ist für jede Umgebung U von $\bar{x}$ wegen $I_0(\bar{x}) \subseteq I$ klar.

Angenommen, es gibt *keine* Umgebung U von $\bar{x}$ mit

$$M \cap U \supseteq \{x \in X \mid g_i(x) \leq 0, \ i \in I_0(\bar{x})\} \cap U.$$

Dann existiert für jede Umgebung U von $\bar{x}$ ein Punkt $x \in U$ mit $x \in X$ und $g_i(x) \leq 0$, $i \in I_0(\bar{x})$, aber $x \notin M$. Damit können wir folgendermaßen eine gegen $\bar{x}$ konvergente Folge konstruieren: Insbesondere gibt es für die speziellen Umgebungen

$$U_k = \left\{ x \in \mathbb{R}^n \mid \|x - \bar{x}\|_2 < \tfrac{1}{k} \right\}$$

mit $k \in \mathbb{N}$ jeweils einen Punkt $x^k \notin M$ mit $x^k \in X$ und $g_i(x^k) \leq 0, i \in I_0(\bar{x})$. Damit gilt $(x^k) \subseteq X$ sowie wegen der speziellen Wahl der Umgebungen $\lim_k x^k = \bar{x}$.

Da x^k für kein k in M liegt, die Bedingung $x^k \in X$ sowie die Ungleichungen $g_i(x^k) \leq 0$ mit $i \in I_0(\bar{x})$ aber erfüllt sind, muss es zu jedem k einen Index $i_k \in I \setminus I_0(\bar{x})$ mit $g_{i_k}(x^k) > 0$ geben. Für die weiteren Überlegungen nehmen wir ohne Beschränkung der Allgemeinheit an, dass i_k nicht von k abhängt: $i_k \equiv i_0$.

Tatsächlich kann (i_k) nur zwischen den endlich vielen Indizes in $I \setminus I_0(\bar{x})$ hin und her springen. Würde jeder dieser Indizes nur endlich oft von den i_k „besucht", dann müsste die Folge (i_k) und damit auch (x^k) nach endlich vielen Gliedern abbrechen. Dies ist nicht der Fall, also tritt mindestens ein Index i_0 unendlich oft auf, und durch Übergang zur entsprechenden Teilfolge von (x^k) erhält man den konstanten Index $i_k \equiv i_0$.

Damit gilt also $0 < g_{i_0}(x^k)$ für alle $k \in \mathbb{N}$, und die Oberhalbstetigkeit von g_{i_0} auf X liefert

$$0 \ \leq \ \limsup_k g_{i_0}(x^k) \ \leq \ g_{i_0}(\bar{x}).$$

Andererseits gilt auch $\bar{x} \in M$, also insbesondere $g_{i_0}(\bar{x}) \leq 0$. Insgesamt folgt damit $g_{i_0}(\bar{x}) = 0$, d. h. $i_0 \in I_0(\bar{x})$, was im Widerspruch zu $i_0 \in I \setminus I_0(\bar{x})$ steht.

5.8   Lösung zu Übung 3.2.11

Zum gegebenen $\alpha \in \mathbb{R}$ mit nichtleerer und beschränkter Menge $\mathrm{lev}_{\leq}^{\alpha}(f, X)$ wählen wir einen Punkt $\tilde{x} \in \mathrm{lev}_{\leq}^{\alpha}(f, X)$, d. h. ein $\tilde{x} \in X$ mit $f(\tilde{x}) \leq \alpha$. Für jeden Minimalpunkt $\bar{x}$

von f auf X gilt dann $\bar{x} \in X$ und $f(\bar{x}) \leq f(\tilde{x}) \leq \alpha$, also auch $\bar{x} \in \text{lev}_{\leq}^{\alpha}(f, X)$. Die Minimierung von f auf X lässt sich daher durch die Minimierung von f auf der (kleineren) Menge $\text{lev}_{\leq}^{\alpha}(f, X)$ ersetzen. Nach Lemma 3.2.10 und wegen der Abgeschlossenheit von X ist $\text{lev}_{\leq}^{\alpha}(f, X)$ abgeschlossen und wegen unserer Wahl von α ferner beschränkt, also kompakt. Der Satz von Weierstraß (Übung 3.2.7) liefert daher die Behauptung.

5.9   Lösung zu Übung 3.3.13

Die Abgeschlossenheit der Menge gph S und damit die Abgeschlossenheit der Minimalpunktabbildung S werden in Abb. 3.1 veranschaulicht. Formal sieht man die Abgeschlossenheit des Graphen mit Hilfe der Darstellung gph $S = \{(t, x) \in \mathbb{R}^2 \mid (tx - 1)t = 0\}$ und der Stetigkeit der Funktion $(tx - 1)t$.

S ist andererseits nicht lokal beschränkt, da $S(0) = \mathbb{R}$ sogar selbst eine unbeschränkte Menge ist.

5.10   Lösung zu Übung 3.3.15

Zunächst sei f stetig auf X. Um die Abgeschlossenheit von F, also die Abgeschlossenheit der Menge gph(F, X) relativ zu $X \times \mathbb{R}^m$, zu sehen, betrachten wir die Darstellung des Graphen

$$\text{gph}(F, X) = \{(x, y) \in X \times \mathbb{R}^m \mid y \in \{f(x)\}\}$$
$$= \{(x, y) \in X \times \mathbb{R}^m \mid y = f(x)\} = \{(x, f(x)) \mid x \in X\}.$$

Wir wählen eine Folge $((x^k, y^k)) \subseteq \text{gph}(F, X)$ mit $\lim_k (x^k, y^k) = (x^\star, y^\star)$ und $x^\star \in X$. Zu zeigen ist $(x^\star, y^\star) \in \text{gph}(F, X)$, d.h. $y^\star = f(x^\star)$. Da die Bedingung $(x^k, y^k) \in \text{gph}(F, X)$ für jedes $k \in \mathbb{N}$ gerade $y^k = f(x^k)$ bedeutet, liefert die Stetigkeit von f an $x^\star$ die gewünschte Identität $y^\star = \lim_k y^k = \lim_k f(x^k) = f(x^\star)$.

Zum Nachweis der lokalen Beschränktheit von F sei $\bar{x} \in X$ gegeben. Angenommen, F ist an $\bar{x}$ nicht lokal beschränkt. Dann ist für jede Umgebung U von $\bar{x}$ relativ zu X die Menge $\bigcup_{x \in U} \{f(x)\}$ unbeschränkt. Insbesondere gilt dies für die Umgebungen $U_k := \{x \in X \mid \|x - \bar{x}\|_2 < 1/k\}$ mit $k \in \mathbb{N}$. Demnach existiert für jedes $k \in \mathbb{N}$ ein Punkt $x^k \in U_k$ mit $\|f(x^k)\|_2 \geq k$. Aus der Wahl der Umgebungen U_k folgt $(x^k) \subseteq X$ und $\lim_k x^k = \bar{x}$, so dass die Stetigkeit von f an $\bar{x}$ die Identität $\lim_k f(x^k) = f(\bar{x})$ impliziert. Aus der Stetigkeit der Norm $\| \cdot \|_2$ folgt dann $\lim_k \|f(x^k)\|_2 = \|f(\bar{x})\|_2$, was aber im Widerspruch zu $\|f(x^k)\|_2 \geq k$, $k \in \mathbb{N}$, steht. Damit ist die lokale Beschränktheit gezeigt.

Andererseits sei F abgeschlossen und lokal beschränkt auf X. Wir wählen einen Punkt $\bar{x} \in X$ und eine Folge $(x^k) \subseteq X$ mit $\lim_k x^k = \bar{x}$. Zu zeigen ist $\lim_k f(x^k) = f(\bar{x})$.

Wegen der lokalen Beschränktheit von F an $\bar{x}$ existiert eine Umgebung U von $\bar{x}$ (relativ zu X), so dass die Menge $Y := \bigcup_{x \in U} \{f(x)\}$ beschränkt ist. Für fast alle k gilt dann $x^k \in U$ und damit $f(x^k) \in Y$. Aufgrund der Beschränktheit von Y ist die Folge $(f(x^k))$ beschränkt, besitzt also Häufungspunkte. Es sei $y^\star$ solch ein Häufungspunkt und (x^{k_ℓ}) eine Teilfolge mit $\lim_\ell f(x^{k_\ell}) = y^\star$. Aus $\lim_\ell (x^{k_\ell}, f(x^{k_\ell})) = (\bar{x}, y^\star)$, $((x^{k_\ell}, f(x^{k_\ell})) \subseteq \mathrm{gph}(F, X)$ und der Abgeschlossenheit von $\mathrm{gph}(F, X)$ relativ zu $X \times \mathbb{R}^m$ folgt $(\bar{x}, y^\star) \in \mathrm{gph}(F, X)$, also $y^\star = f(\bar{x})$. Da Letzteres für *jeden* Häufungspunkt der Folge $(f(x^k))$ gilt, erhalten wir schließlich $\lim_k f(x^k) = f(\bar{x})$.

5.11 Lösung zu Übung 4.1.18

Da es sich bei der Nichtdegeneriertheit eines kritischen Punkts um eine lokale Eigenschaft handelt, ist es eine natürliche Forderung, dass an $\bar{x}$ der Reduktionsansatz gelte und dass $\bar{x}$ außerdem nichtdegenerierter kritischer Punkt des reduzierten Problems SIP_{red} sei. Das ist sinnvoll, denn SIP_{red} ist ein finites, durch C^2-Funktionen definiertes Problem.

Indem man die Ableitungsformeln für die Funktionen $\bar{g}_i$, $i \in I$, ausnutzt, kann man außerdem alle Bedingungen für Nichtdegeneriertheit ohne die implizit definierten Hilfs-funktionen $\bar{g}_i$, sondern nur mit den explizit bekannten definierenden Funktionen von SIP aufschreiben. Nach Übung 4.1.16 gilt unter dem Reduktionsansatz beispielsweise die LUB an $\bar{x}$ genau dann, wenn die Vektoren $\nabla_x g(\bar{x}, y^i)$, $i \in I$, linear unabhängig sind.

Literatur

1. Allgower, E.L., Georg, K.: Numerical continuation methods. Springer, Berlin (1990)
2. Bank, B., Guddat, J., Klatte, D., Kummer, B., Tammer, K.: Non-linear parametric optimization. Akademie, Berlin (1982)
3. Bazaraa, M.S., Sherali, H.D., Shetty, C.M.: Non-linear programming. Theory and algorithms. Wiley, New York (1993)
4. Bonnans, J.F., Shapiro, A.: Perturbation analysis of optimization problems. Springer, New York (2000)
5. Danskin, J.M.: The theory of Max-Min and its applications to weapons allocation problems. Springer, New York (1967)
6. Dempe, S.: Foundations of Bilevel programming. Kluwer, Dordrecht (2002)
7. Dontchev, A., Rockafellar, R.T.: Implicit functions and solution mappings. Springer, New York (2014)
8. Dreves, A., Kanzow, C., Stein, O.: Nonsmooth optimization reformulations of player convex generalized Nash equilibrium problems. J. Global Optim. **53**, 587–614 (2012)
9. Ehrgott, M.: Multicriteria optimization. Springer, Berlin (2005)
10. Facchinei, F., Kanzow, C.: Generalized Nash equilibrium problems. Ann. Oper. Res. **175**, 177–211 (2010)
11. Facchinei, F., Pang, J.-S.: *Finite-Dimensional Variational Inequalities and Complementarity Problems, Volume I and II* Springer, New York (2003)
12. Faigle, U., Kern, W., Still, G.: Algorithmic principles of mathematical programming. Kluwer, Dordrecht (2002)
13. Fischer, G.: Lineare algebra. SpringerSpektrum, Berlin (2014)
14. Floudas, C.A., Stein, O.: The adaptive convexification algorithm: A feasible point method for semi-infinite programming. SIAM J. Optim. **18**, 1187–1208 (2007)
15. Gauvin, J.: A necessary and sufficient regularity condition to have bounded multipliers in nonconvex optimization. Math. Program. **12**, 136–138 (1977)
16. Gauvin, J., Dubeau, F.: Differential properties of the marginal function in mathematical programming. Math. Program. Study **19**, 101–119 (1982)
17. Gauvin, J., Dubeau, F.: Some examples and counterexamples for the stability analysis of nonlinear programming problems. Math. Program. Study **21**, 69–78 (1983)
18. Gauvin, J., Tolle, J.W.: Differential stability in nonlinear programming. SIAM J. Contr. Optim. **15**, 294–311 (1977)

O. Stein, *Grundzüge der Parametrischen Optimierung*,
https://doi.org/10.1007/978-3-662-61990-2

19. Gould, F.J., Tolle, J.W.: A necessary and sufficient qualification for constrained optimization. SIAM J. Appl. Math. **20**, 164–172 (1971)
20. Guddat, J., Guerra Vasquez, F., Jongen, H.T.: Parametric optimization: Singularities, pathfollowing and jumps. Wiley, Chichester, and Teubner, Stuttgart (1990)
21. Güler, O.: Foundations of optimization. Springer, Berlin (2010)
22. Hettich, R., Jongen, H.T.: Semi-infinite programming: conditions of optimality and applications. In: Stoer, J. (Hrsg.) Optimization Techniques, Part 2. Lecture Notes in Control and Information Sciences, Bd. 7, S. 1–11. Springer, Berlin (1978)
23. Hettich, R., Kortanek, K.O.: Semi-infinite programming: theory, methods, and applications. SIAM Rev. **35**, 380–429 (1993)
24. Hettich, R., Still, G.: Second order optimality conditions for generalized semi-infinite programming problems. Optimization **34**, 195–211 (1995)
25. Hettich, R., Zencke, P.: Numerische Methoden der Approximation und semi-infiniten Optimierung. Teubner, Stuttgart (1982)
26. Heuser, H.: Lehrbuch der Analysis, Teil 1. SpringerVieweg, Wiesbaden (2009)
27. Heuser, H.: Lehrbuch der Analysis, Teil 2. Springer Vieweg, Wiesbaden (2008)
28. Hirsch, M.W.: Differential topology. Springer, New York (1976)
29. Hogan, W.W.: Point-to-set maps in mathematical programming. SIAM Rev. **15**, 591–603 (1973)
30. Hotelling, H.: Edgeworth's taxation paradox and the nature of demand and supply function. J. Polit. Econ. **40**, 577–616 (1932)
31. Jänich, K.: Lineare Algebra. Springer, Berlin (2008)
32. Jarre, F., Stoer, S.: Optimierung. Springer, Berlin (2004)
33. Jehle, G.A., Reny, P.J.: Advanced microeconomic theory. Financial Times/Prentice Hall, Harlow (2011)
34. John, F.: Extremum problems with inequalities as subsidiary conditions, in: Studies and Essays, R. Courant Anniversary Volume, Interscience, New York, S. 187–204 (1948)
35. Jongen, H.T., Meer, K., Triesch, E.: Optimization Theory. Kluwer, Dordrecht (2004)
36. Jongen, H.T., Jonker, P., Twilt, F.: Nonlinear Optimization in Finite Dimensions. Kluwer, Dordrecht (2000)
37. Kall, P., Wallace, S.W.: Stochastic Programming. Wiley, Chichester (1994)
38. Kanzow, C., Schwartz, A.: Spieltheorie. Birkhäuser, Cham (2018)
39. Klatte, D., Kummer, B.: Nonsmooth equations in optimization. Kluwer, Dordrecht (2002)
40. Lampariello, L., Sagratella, S., Stein, O.: The standard pessimistic bilevel problem. SIAM J. Optim. **29**, 1634–1656 (2019)
41. Lempio, F., Maurer, H.: Differential stability in infinite-dimensional nonlinear programming. Appl. Math. Optim. **6**, 139–152 (1980)
42. Milnor, J.: Morse theory. Princeton University Press, Princeton, New Jersey (1968)
43. Mitsos, A.: Global optimization of semi-infinite programs via restriction of the right-hand side. Optimization, **60**, 1291–1308
44. Nash, J.F.: Equilibrium points in n-person games. Proceedings of the National Academy of Sciences **36**, 48–49 (1950)
45. Nickel, S., Stein, O., Waldmann, K.-H.: Operations research. Springer Gabler, Berlin (2014)
46. Nikaido, H., Isoda, K.: Note on noncooperative convex games. Pac. J. Math. **5**, 807–815 (1955)
47. von Querenburg, Boto: Mengentheoretische Topologie. Springer, Berlin (2001)
48. Reemtsen, R., Görner, S.: Numerical methods for semi-infinite programming: A survey. In: Reemtsen, R., Rückmann, J.-J. (Hrsg.) Semi-Infinite Programming, S. 195–275. Kluwer, Boston (1998)
49. Rockafellar, R.T., Wets, R.J.B.: Variational analysis. Springer, Berlin (1998)
50. Roy, R.: La distribution du revenu entre les divers biens. Econometrica **15**, 205–225 (1974)

51. Seidel, T., Küfer, K.-H.: An adaptive discretization method solving semi-infinite optimization problems with quadratic rate of convergence, Optimization, https://dx.doi.org/10.1080/02331934.2020.1804566

52. Shephard, R.W.: Cost and production functions. Springer, Berlin (1981)

53. Stein, O.: Bi-level strategies in semi-infinite programming. Kluwer, Boston (2003)

54. Stein, O.: Gemischt-ganzzahlige Optimierung I und II. Skript, Karlsruher Institut für Technologie (KIT), Karlsruhe (2020)

55. Stein, O.: Grundzüge der Globalen Optimierung, 2. Aufl., Springer Spektrum, Berlin (2021)

56. Stein, O.: Grundzüge der Nichtlinearen Optimierung, 2. Aufl., Springer Spektrum, Berlin (2021)

57. Stein, O.: How to solve a semi-infinite optimization problem. Eur. J. Oper. Res. **223**, 312–320 (2012)

58. Stein, O.: Konvexe Analysis. Springer Spektrum, Berlin (2021)

59. Stein, O.: On parametric semi-infinite optimization. Shaker, Aachen (1997)

60. Stein, O., Sudermann-Merx, N.: On smoothness properties of optimal value functions at the boundary of their domain under complete convexity. Math. Meth. Oper. Res. **79**, 327–352 (2014)

61. Still G.: Lectures on Parametric Optimization: An Introduction, Optimization Online, Preprint ID 2018-04-6587. (2018)

62. Werner, J.: Numerische Mathematik II. Vieweg-Verlag, Braunschweig (1992)

63. Wetterling, W.: Definitheitsbedingungen für relative Extrema bei Optimierungs- und Approximationsaufgaben. Numer. Math. **15**, 122–136 (1970)

64. Wright, S.J.: Primal-dual interior point methods. SIAM, Philadelphia (1997)

Stichwortverzeichnis

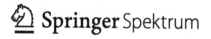

Springer

Willkommen zu den Springer Alerts

Unser Neuerscheinungs-Service für Sie:
aktuell | kostenlos | passgenau | flexibel

Mit dem Springer Alert-Service informieren wir Sie individuell und kostenlos über aktuelle Entwicklungen in Ihren Fachgebieten.

Abonnieren Sie unseren Service und erhalten Sie per E-Mail frühzeitig Meldungen zu neuen Zeitschrifteninhalten, bevorstehenden Buchveröffentlichungen und speziellen Angeboten.

Sie können Ihr Springer Alerts-Profil individuell an Ihre Bedürfnisse anpassen. Wählen Sie aus über 500 Fachgebieten Ihre Interessensgebiete aus.

Bleiben Sie informiert mit den Springer Alerts.

Jetzt anmelden!

Mehr Infos unter: springer.com/alert

Part of **SPRINGER NATURE**

Printed in the United States
By Bookmasters